防灾减灾/灾后重建与扶贫开发机制模式研究丛书

丛书主编　王国良

防灾减灾/灾后重建与扶贫开发相结合机制及模式研究

——以汶川地震为例

黄承伟　张　琦　等著

U0194104

中国财政经济出版社

图书在版编目（CIP）数据

防灾减灾、灾后重建与扶贫开发相结合机制及模式研究：以汶川地震为例／黄承伟等著．--北京：中国财政经济出版社，2012.5

（防灾减灾、灾后重建与扶贫开发机制模式研究丛书／王国良主编）

ISBN 978 - 7 - 5095 - 3448 - 9

Ⅰ．①防…　Ⅱ．①黄…　Ⅲ．①地震灾害 - 灾害防治 - 研究 - 中国 ②地震灾害 - 灾区 - 重建 - 研究 - 中国 ③农村 - 扶贫 - 研究 - 中国　Ⅳ．①P315.9 ②D632.5 ③F323.8

中国版本图书馆 CIP 数据核字（2012）第 037952 号

责任编辑：王　丽　　　　　　　　　责任校对：杨瑞琦
封面设计：汪俊宇

中国财政经济出版社 出版

URL：http：// www. cfeph. cn

E - mail：cfeph @ cfeph. cn

社址：北京市海淀区阜成路甲 28 号　邮政编码：100142

营销中心电话：88190406　北京财经书店电话：64033436　84041336

北京财经印刷厂印刷　各地新华书店经销

787×1092 毫米　16 开　17.5 印张　279 000 字

2012 年 8 月第 1 版　2012 年 8 月北京第 1 次印刷

定价：30.00 元

ISBN 978 - 7 - 5095 - 3448 - 9/F · 2917

（图书出现印装问题，本社负责调换）

质量投诉电话：010 - 88190744

防灾减灾/灾后重建与扶贫开发机制模式研究丛书

编 委 会

主　任：范小建

副主任：王国良　郑文凯

编　委：（按姓氏笔划排序）

　　　　王国良　司树杰　李春光　范小建　郑文凯

　　　　洪天云　海　波　夏更生　蒋晓华

主　编：王国良

防灾减灾/灾后重建与扶贫开发相结合机制及模式研究

项目指导组:

组　长　王国良　国务院扶贫办副主任

　　　　　史培军　北京师范大学常务副校长

副组长　徐　晖　国务院扶贫办规划财务司司长

　　　　　吴　忠　中国国际扶贫中心主任

成　员　王小林　中国国际扶贫中心研究处处长

　　　　　吴建安　民政部减灾中心灾害评估与应急部副主任

　　　　　向兴华　四川省扶贫办外资项目管理中心副主任

　　　　　陈宏利　甘肃省扶贫办外资项目管理中心处长

　　　　　吴　峰　陕西省扶贫办副处长

项目负责人:　黄承伟　中国国际扶贫中心副主任、研究员

执行负责人:　张　琦　北京师范大学经济与资源管理研究院教授

　　　　　　　陆汉文　华中师范大学社会学院教授

课题研究成员及分工:

　　黄承伟　研究思路设计、实地调研、报告撰写、总报告审定

　　张　琦　研究设计、实地调查、报告撰写、总报告修改

　　陆汉文　研究设计、实地调查、报告撰写

　　刘　源　中央民族大学中国少数民族研究中心研究员、博士,
　　　　　　实地调查、报告撰写

　　徐　伟　民政部、教育部减灾与应急管理研究院副教授、博

士，实地调查、报告撰写

王宏新　北京师范大学管理学院副教授、博士，实地调查、报
　　　　告撰写

赵　倩　中国国际扶贫中心博士，实地调查、报告撰写

北京师范大学经济与资源管理研究院芦星月、潘绍明，北京师范大学经济与工商管理学院胡勇，北京师范大学管理学院何力军和华中师范大学社会学院覃志敏、张春苹、岳要鹏、史翠翠等硕士研究生参加了文献收集、实地调查、数据分析工作。

目录 ▪▪▪▪

内容摘要 ……………………………………………………………（ 1 ）

第一章 防灾减灾/灾后重建与扶贫开发相结合研究概论 ……………（ 10 ）

一、灾害与贫困的关系 ………………………………………（ 12 ）

二、防灾减灾/灾后重建与扶贫开发相结合研究的必要性 ………（ 20 ）

三、防灾减灾/灾后重建与扶贫开发相结合机制的理论基础 ……（ 22 ）

四、防灾减灾/灾后重建与扶贫开发相结合机制的理论演进分析 …（ 24 ）

五、本研究的框架与内容、范围、方法和技术路线………………（ 28 ）

第二章 防灾减灾/灾后重建与扶贫开发相结合的国际经验 ………（ 36 ）

一、救灾和重建机制的国际经验 ……………………………（ 37 ）

二、灾后重建中的国际合作经验 ……………………………（ 55 ）

三、生计重建中的国际经验 …………………………………（ 57 ）

第三章 汶川地震对贫困的影响及其对灾害应急体系的启示………（ 62 ）

一、汶川地震的影响情况 ……………………………………（ 63 ）

　　二、汶川地震对贫困的影响分析 ……………………………………（ 66 ）

　　三、汶川地震后贫困村和贫困人口应急救援措施的分析 …………（ 73 ）

　　四、从汶川地震灾害的影响及其应急体系的运用中获得的教训、

　　　　经验和启示 …………………………………………………………（ 77 ）

第四章　汶川地震灾区防灾减灾/灾后重建与扶贫开发相结合模式

　　　　评析 …………………………………………………………………（ 83 ）

　　一、合作产业发展模式 ………………………………………………（ 84 ）

　　二、社区建设模式 ……………………………………………………（ 90 ）

　　三、整村推进与连片开发模式 ………………………………………（ 95 ）

　　四、城镇化模式 ………………………………………………………（ 98 ）

　　五、不同模式的比较分析 ……………………………………………（103）

第五章　灾后重建与扶贫开发相结合机制分析 …………………………（106）

　　一、灾后重建与扶贫开发相结合机制的逻辑框架 …………………（107）

　　二、灾后重建与扶贫开发相结合的外部统筹实施机制 ……………（109）

　　三、灾后重建与扶贫开发相结合的内部活力激发和能力培育机制 …（134）

第六章　汶川地震灾区农村恢复重建、扶贫开发与可持续发展：

　　　　机遇与挑战 ………………………………………………………（147）

　　一、灾区贫困村扶贫开发与可持续发展面临的机遇 ………………（147）

　　二、灾区贫困村防灾减灾、扶贫开发与可持续发展面临的挑战

　　　　………………………………………………………………………（158）

第七章　防灾减灾/灾后重建与扶贫开发相结合的政策建议 …………（171）

　　一、宏观层面的政策建议 ……………………………………………（172）

　　二、微观层面的政策建议 ……………………………………………（181）

附录：汶川地震灾区农村恢复重建与扶贫开发相结合的典型案例 ……（189）

后记 ……………………………………………………………………………（268）

内容摘要

四川汶川地震发生后，国家明确提出，要把灾后恢复重建和扶贫开发结合起来。扶贫系统在最短时间内完成了《汶川地震贫困村灾后重建总体规划》，规划覆盖了国家确定的 10 个极重灾县、41 个重灾县中受灾的 4 834 个贫困村，分批在 100 个受灾贫困村开展灾后恢复重建试点。按照国家统一部署的三年任务两年完成的目标，贫困村的灾后重建基本完成。但是，灾区扶贫发展的任务仍将继续。如今世界已经进入到多种灾害多发期，在相当长的时期内，自然经济社会运行将在灾害中形成新的循环体系，而防灾减灾/灾后重建与扶贫开发相结合则成为目前和未来理论工作者和实际工作者面临的课题。中国灾区贫困村灾后重建已经进行了两年多的实践及创新，这为开展防灾减灾/灾后重建与扶贫开发相结合方面的研究提供了基础。其中，防灾减灾/灾后重建与扶贫开发相结合的机制与模式研究是其重要的核心内容之一。

一、防灾减灾/灾后重建与扶贫开发
相结合的理论基础

防灾减灾/灾后重建与扶贫开发相结合的理论基础，就是灾害风险管理理论与减贫理论在时间维度和内容上的交叉融合，从而形成了研究的理论基础和主线。灾害风险管理理论与减贫理论在时间维度和内容上的交叉融合体现在：在灾前防御环节，因为灾害既是致灾因子又是致贫因子，因此无论是防灾减灾还是扶贫开发，都是要提高贫困区域和贫困群体对灾害打击的抵御能力；在灾中环节，应急救援格外重视对包括贫困人口在内的弱势群体的保障；在恢复重建环节，能力建设、产业发展等既是扶贫开发的工作内容，也是贫困社区恢复重建的内容。正是由于在灾前、灾中和灾后三个环节，防灾减灾/灾后重建工作与扶贫开发工作从理论上是全面交叉融合的，所以，防灾减灾/灾后重建与扶贫开发相结合的机制可以把两个不同领域的工作统领起来。

防灾减灾/灾后重建与扶贫开发相结合的机制，贯穿整个灾害风险管理全过程，即灾前防御、灾中应急与灾后重建三个阶段；同时又贯穿整个扶贫开发的全过程，包括降低脆弱性、救济和增强发展能力三个环节。防灾减灾/灾后重建与扶贫开发相结合的机制，就是要根据不同阶段贫困社区和贫困人口的现实状况，把扶贫开发工作纳入到灾前防御、灾中应急与灾后重建中去，科学管理和引导贫困村外部和内部力量，降低贫困农户和贫困农村的脆弱性，同时增强他们的恢复力，最终达到贫困村的可持续发展。

防灾减灾/灾后重建与扶贫开发相结合的机制可以分为灾后重建与扶贫开发相结合、防灾减灾与扶贫开发相结合的两个自然过渡并紧密联系的阶段。灾害发生后的中短期内，重点是将扶贫开发与贫困村恢复重建结合起来，着重推进农房重建、基础设施重建和公共秩序恢复等工作；在构建起一套完整的恢复重建与扶贫开发相结合的机制后，随着恢复重建工作的深化和时间的推移，这套机制可以延续和保留下来，并进一步提升和演变成为一种长期的防灾减灾与扶贫开发相结合的机制。

二、防灾减灾/灾后重建与扶贫开发结合的国际经验

国际上防灾减灾/灾后重建与扶贫开发结合的经验主要体现在以下五个方面的机制：灾后应急机制、组织协调机制（部门协调合作）、资金资源整合机制（资金管理与资源配置）、发展动力机制（社会资本、社区参与）和监测评估机制。

（一）应急机制

日本经验最值得借鉴，包括搜集信息、紧急疏散通道管制、避难场所、建筑物应急危房预测、政府对灾区救援的统一安置部署等。

（二）组织协调机制

在部门协调合作方面，日本设立国际和地方两级灾后复兴领导机构，保证组织协调工作，对于构建"自救、公救、共救"灾后重建体系很有效果；巴基斯坦成立了震后恢复重建局，对灾区分阶段进行资助，设计了几种模式的抗震民房，供灾民选择，并对其进行大规模培训，此举值得借鉴。此外，墨西哥政府的房屋重建的机制设置也非常有效。

（三）资金资源整合机制（资金管理与资源配置）

政府救助资金的作用起到无可替代的重要作用，这主要包括政府财政救助、政府主导型重建基金（如中南美洲国家萨尔瓦多建立社会投资基金）、政府参与银行信贷。另外，巨灾损失分担机制即政策性与商业性保险资金及其协作机构共同建立巨灾保险基金的做法受到推崇（灾害后，保险发达国家，如美国和日本将40%～50%的风险损失转嫁给了国际保险公司）；强制性的政策性保险，则属于政府参与的巨灾保险和非政府组织及小型金融机构的支持。

（四）发展动力机制（社会资本、社区参与）

一方面，政府可以通过积极的政策来创建灾区的社会资本。社会资本和

社会网络正是这样一种重要的社会力量。神户经验表明，虽然社会资本是一种非制度因素，但对政府灾后治理工作起到有益补充。另一方面，积极引导灾后重建中的社区参与，高度重视社区防灾备灾的意识和能力，重视并切实回应妇女在重建中的需求和参与，将社区参与重建作为整体重建生产的必要组成部分也是国际防灾减灾的宝贵经验。

灾后重建中的国际合作经验表明：遭受巨灾打击的国家的求援呼吁能够得到国际社会积极响应；政府工作效率低下将会导致国际支持与合作暂缓或停止；政策僵化影响国际援助的积极性；东盟国家的救灾合作机制是区域内国家间合作救灾的良好借鉴。

从生计重建中的国际经验看，学者们总结近 30 年来地震灾害的恢复重建经验后指出：要考虑设计多样化的生计恢复策略；要警惕生计恢复和培训时仅关注到单一群体或单一地域的需求；发展中国家重建中要尤为关注农业与自然资源基础；生计的恢复发展不仅依靠个人财产，还依靠技术和公共财产；重建要防止重公共基础设施重建轻弱势群体生活生计重建，从而出现两极分化的现象。

三、汶川地震对贫困的影响及其对灾害的预防与应急体系的启示

灾害已成为致贫和返贫的一个重要因素。灾害导致生产资本的破坏而造成生产效率降低，从而导致灾区出现贫困或使居民重新返贫或变得更为贫困。灾害又给扶贫开发带来了契机。灾后的复兴需要和乘数效应，以及灾后技术创新给灾区的生产发展带来了契机，有利于灾区贫困的消除或降低。

大量实践证明，符合区域和灾情特点的、可操作的灾害应急体系，能为灾害应急救援创造更多的时间，从而有效地减少灾害带来的损失或不利影响，减少因灾致贫现象的发生。

在我国，一方面，已建立国家和省级自然灾害应急救助预案，部分市、乡镇和村也纷纷开展应急救助预案的建设工作，但在现有的预案体系中，对贫困地区和贫困人口的关注，仅仅限于降低启动标准这一内容。另一方面，国务院扶贫办制定了贫困地区自然灾害应对预案，但也只是在宏观层面上对

贫困地区的灾害应急响应等级、行动、灾害应急保障等方面进行了规定。在汶川地震后，为减缓或防止因灾致贫现象的发生，国家和地方分阶段出台了临时生活救助、后续生活救助、"三孤"人员救助安置等政策，并实现了各项政策与现行冬春灾民生活救助、城乡低保、农村五保和社会福利等制度的有序衔接。

建立并完善区域灾害应急管理体系建设的预案、体制、机制与法制，有助于提高区域在灾害应急与救援过程中的效率，减少次生自然致灾因子的危险性，降低承灾体的脆弱性，提高灾害管理能力，最大程度降低灾害带来的负面影响。在我国，由于自然灾害频繁、贫困人口多、分布范围广、贫困强度和深度大，建立并完善区域灾害应急管理体系建设的预案、体制、机制与法制具有更加重要的意义。

首先，要进一步建立并健全我国各级自然灾害应急预案，突出对贫困地区与贫困人口的救助。在应急启动时，适当降低启动条件，以获得更多的救助资源；在应急救助中，实施遇难人员家庭抚恤政策和过渡期救助政策，实施灾后应急救助、临时期救助和后续生活救助相结合的体系，减少因灾致贫的可能性；在恢复重建中，实施住房贷款补贴等政策，减轻灾民的负担。

其次，建立专门针对贫困地区和贫困人口的自然灾害应急预案。各省、市或乡镇，特别是具有扶贫开发任务的省、市和乡镇，根据其自身扶贫开发情况及特点，制订相应的自然灾害应急预案。特别关注居民危房住户、五保户、低保户、残疾家庭、孤独老人等特定人群的紧急转移，最好做到专人救护，实施分片包干等。并定期开展预案演练，确保预案的可操作性和实施的有效性。

再次，不断增强灾害监测与预警能力。完善灾害监测和速报网络，提高灾害预报的能力与水平，充分利用本土知识，建立并健全群测群防体系，编制专门针对贫困县和贫困人口的灾害风险地图。

最后，健全应急管理保障体系。加强贫困地区的应急物资储备体系建设，优化储备点的布局和储备物资的种类与数量，建立高效的调运机制。健全长效规范的应急保障资金投入和拨付制度，建设专业化的应急救援队伍，建立管理完善的对口支援、社会捐赠和志愿服务等社会动员机制，提高区域居民的防灾减灾参与积极性和主动性。

四、汶川地震灾区防灾减灾/灾后重建与扶贫开发结合模式评析

通过对灾区贫困村灾后重建的实际调研和分析，本研究把防灾减灾/灾后重建与扶贫开发相结合的模式划分为四种，即合作产业发展模式、社区建设模式、整村推进与连片开发模式和城镇化模式，并分别从背景与内涵、基本做法、优劣势分析和实用条件与可推广性进行了客观性分析评价。提出了平原地区的农业产业化发展条件最有利，以合作社为核心的合作产业发展是实现农业产业化的最为有效的方式之一；处于山大沟深的山区贫困村，可以选择社区建设模式；另外一类有可开发优势资源，而区域经济发展滞后和基础设施发展缓慢的山区贫困村，可开展整村推进与连片开发；对于位于城镇周边的被纳入城镇灾后重建发展规划中的具有民族特色的贫困村，则通过城镇化和产业转型来缓解贫困，并防灾、减灾。

五、汶川地震灾区灾后重建与扶贫开发相结合的具体机制分析

机制是一套科学的管理方法和系统的运行规律，也是对实践经验的理论总结。灾后重建与扶贫开发相结合的具体机制是在既要完成灾后重建，又要推进扶贫开发的双重任务环境下，总结扶贫部门及其他部门探索出的具有借鉴意义的管理方法，归纳具备普遍意义的系统运行规律。灾后重建与扶贫开发相结合的有效机制，主要体现在贫困村外部整合统筹实施机制和贫困村内部活力激发与能力培育机制的有机统一。

（一）外部统筹实施机制

外部统筹实施机制主要包括应急响应、规划管理、监测评估、组织协调、多元合作和资源整合六项内容。应急响应、规划管理、监测评估共同构成了统筹管理环节，在整个机制中起到总体战略安排的作用。其中，规划管

理是灾后重建与扶贫开发的契合点，贯穿于贫困村灾后重建的全过程，是统领灾区贫困村扶贫开发、灾后重建、防灾减灾的核心；应急响应是规划管理的前期铺垫，监测评估是规划管理调整和修正的依据。组织协调、多元合作和资源整合构成实施执行环节，在整个机制中起到具体战术执行的作用。组织协调是政府内部多部门的协调机制，多元合作是非政府部门的参与与合作，资源整合是在组织协调和多元合作的基础上对各种渠道的资源进行有效整合。

（二）内部活力激发和能力培育机制

内部活力激发和能力培育机制是外部统筹实施机制的自然延续和最终落脚点。如果说外部统筹实施机制是通过整合管理外部资源助力贫困村恢复重建与扶贫开发，那么内部活力激发和能力培育机制就是要在这种外部作用下，寻求在贫困村内部建立起一种内源性的、可持续的发展方式。内部活力激发和能力培育包括主体参与、内源发展和可持续发展三个环节。主体参与是在流程设计上提供贫困人口参与的机会和渠道；内源发展强调从内部增强和激发贫困村和贫困人口的参与能力和激情；可持续发展是指在贫困村最终构建起可自我维持的持续性的良性发展系统。

整个机制以规划管理为灾后重建与扶贫开发相结合的契合点，发挥规划管理的纲领性作用，统领灾后重建与扶贫开发工作全局。应急响应是规划管理的前期铺垫。在规划管理的统筹指导下，从管理实施层面有序展开组织协调、资源整合和主体参与三项内容。监测评估则是整个外部机制框架反馈和自我修正的通道。规划管理、应急响应、组织协调、资源整合、主体参与和监测评估作为一套完整的外部发展机制，直接或间接作用于贫困村发展；在贫困村内部，内源发展和可持续发展两项运行规律是外部干预和内部发展的落脚点。在整个机制中，外部统筹实施机制是重点，内部发展机制是外部干预机制的落脚点。

对此，本研究对内外机制的9个方面，分别从具体做法和成就、相结合机制中的作用以及机制建立运行中的要点、衔接点、关键因素、程序、路径以及适应性等方面进行了分析论述。

六、汶川地震灾区贫困村的防灾减灾、扶贫开发
与可持续发展：机遇与挑战

尽管汶川地震灾区贫困村的恢复重建任务可以在两年内基本完成，但是，防灾减灾和扶贫开发，尤其是贫困村的可持续发展是一个长期性任务，任重而道远。从发展机遇来看，基础设施及公共事业发展得到了快速恢复；住房建设与集中安置目标基本实现，为灾区农户生活消除了后顾之忧；生产建设与产业发展初步恢复，探索创新模式并促进可持续发展；环境保护与生态建设受关注程度提高，强化了可持续发展的观念和意识；能力建设投入加大、社会保障效果明显；组织发展与社区关系互动推进，可持续发展后劲足。

面临的挑战可归纳为：缓解灾害的影响需要一个过程；普惠性的恢复重建政策增强了贫困村、贫困群体抗风险的能力，但在一定程度上也提高了部分特困家庭的贫困脆弱性；灾后贫困村恢复重建的外部支持机制需要进一步完善；灾后贫困村恢复重建进程中外部环境的不可控因素多元化；特殊贫困群体的需求需要特别的扶持机制。

七、汶川地震灾区防灾减灾/灾后重建与
扶贫开发结合的政策建议

灾后重建对扶贫系统而言是一项创新性工作，把防灾减灾/灾后重建与扶贫开发结合起来，则更需要不断地研究、探索。两年多防灾减灾/灾后重建与扶贫开发结合的实践积累了一定经验，但也出现了很多问题和矛盾，需要继续总结经验，吸取教训，以及在政策制度上进一步地完善和优化。

（一）宏观层面政策建议

将受灾贫困地区恢复重建纳入到国家整体发展战略之中；加强灾区贫困人口瞄准和扶持力度；将受灾贫困地区作为集中连片特殊区域制定新的中长

期规划；逐级明确责任完善防灾减灾/灾后重建与扶贫开发结合组织体系；逐步扩大现有农村专项扶贫项目的资金规模和内容；继续推进对口援建政策并使其长期化、常态化；健全社会保障制度、发挥保障性政策的益贫效应；建立和健全常态化的贫困地区风险防范与危机应对机制；针对特别人群建立特别援助机制；坚持以战略意识推动工作，加强国际视野下的合作。

（二）微观层面对策建议

在县域发展规划之中对贫困村发展作出专门安排；创新能力建设的内容和方式；以县为单元，以乡和村为平台，加强部门项目间的资源整合力度；扩大灾区基层民主建设，建立适应市场经济要求的群众参与机制；注重贫困村的环境友好与生态保持；建立并健全防灾减灾与扶贫开发相结合的自然灾害应急预案与救助体系；研究、把握防灾减灾/灾后重建与扶贫开发结合的内在规律，提高工作的前瞻性；注重能力建设，着眼于可持续发展。

防灾减灾／灾后重建与扶贫
开发相结合研究概论

2008 年 5 月 12 日 14 时 28 分，四川省汶川县发生里氏 8.0 级特大地震。地震波及四川、甘肃、陕西、重庆、云南等 10 个省（自治区、直辖市）的 417 个县（市、区），总面积约 50 万平方公里。据官方统计，四川汶川地震造成 69 227 人遇难，374 643 人受伤，17 923 人失踪，造成直接经济损失 8 451 亿元人民币，其中四川占 91.3%，甘肃 5.8%，陕西占 2.9%[①]。

汶川地震灾区范围和贫困地区高度重合，51 个极重和重灾县中，有扶贫

---

① 国务院新闻办公室：《四川汶川地震抗震救灾进展情况》，[EB/OL]．http：//www. 512gov. cn/GB/123057/8107719. html。

工作重点县 43 个（其中国定县 15 个、省定县 28 个），革命老区县 20 个，少数民族县 10 个，贫困村 4 834 个。仅四川省受灾贫困人口就达 210 万人，因灾返贫、致贫人口近 370 万人，贫困发生率为 30%[①]。

汶川地震发生后，党和国家领导人明确提出要将恢复重建和扶贫开发结合起来。2008 年 6 月 13 日，中共中央总书记、国家主席胡锦涛在省（自治区、直辖市）和中央部门主要负责同志会议上指出："灾区农村恢复重建，要注重与社会主义新农村建设和推进扶贫开发结合起来，尊重农民意愿，以群众自建为主，实行政府补助、社会帮扶，改善农村生产生活条件，为促进农村经济社会长期发展创造有利环境。"2008 年 6 月 21 日，国务院总理温家宝在陕西、甘肃考察抗震救灾工作时强调，要"把恢复重建和扶贫工作结合起来，加大对受灾贫困地区的支持力度，从根本上改变贫困地区的生产生活条件，促进贫困地区经济社会发展。"

在此背景下，扶贫系统在大力参与抗震救灾工作的同时，认真谋划贫困地区的灾后重建工作，于 2008 年 6 月 16 日在京召开了贫困村灾后重建规划工作组第一次全体会议，研讨了规划编制、试点方案、政策措施和工作要求，随后向四川、甘肃、陕西省扶贫办下发了《关于做好贫困村灾后重建规划编制工作的通知》，要求尽快完成灾后重建规划编制工作。2008 年 7 月 20 日，国务院扶贫办完成并报送《汶川地震贫困村灾后重建总体规划》，国家确定的 10 个极重灾县、41 个重灾县中受灾的 4 834 个贫困村成为恢复重建的规划范围。2008 年 9 月，国务院扶贫办开始在川、陕、甘三省 19 个贫困村实施灾后重建规划与实施试点。随后，为了推动整体工作，国务院扶贫办灾后重建办和三省扶贫办分批开展了 100 个村的试点。灾后贫困村恢复重建的主要目标是：通过国家支持、社会帮助和群众参与、自力更生，经过两年多的努力，使受灾贫困村的基础设施、产业开发、民主管理与自我发展能力恢复到灾前水平，基本实现《中国农村扶贫开发纲要（2001 年～2010 年）》确定的目标。

[①] 国务院扶贫办：《扶贫办主任范小建赴川指导扶贫系统抗震救灾工作》，http: // www. cpad. gov. cn/data/2008/0602/article_ 338004. htm。

一、灾害与贫困的关系

所谓自然灾害，是指自然环境的变异使人类经济活动和社会生活受到损害。古今中外所发生的自然灾害总是与贫困紧密相联。世界银行在 20 世纪 90 年代的研究中发现，80% 以上的穷人并不是"总是穷（always poor）"，而是"有时穷（sometimes poor）"，原因是他们面临各种自然灾害袭击时难以抵挡，从而陷入贫困或返回贫困境地。

（一）自然灾害的分类

自人类文明以来，自然灾害就威胁着人们的生存，仅 20 世纪，就有近百次大规模的自然灾害（见表 1-1）。地震、洪水、饥荒、火山喷发等是全球最主要的自然灾害。

表 1-1　　　　　　　　　地球十大自然现象灾害

飓风	飓风和台风都是指风速达到 33 米/秒以上的热带气旋，只是因发生的地域不同，才有了不同名称。
火山喷发	是岩浆等喷出物在短时间内从火山口向地表的释放。
火灾	是指在时间或空间上失去控制的燃烧所造成的灾害。在各种灾害中，火灾是最经常、最普遍地威胁公众安全和社会发展的主要灾害之一。
海啸	是一种具有强大破坏力的海浪。水下地震、火山爆发或水下塌陷和滑坡等大地活动都可能引起海啸。
洪水	由暴雨、急骤融冰化雪、风暴潮等自然因素引起的江河湖海水量迅速增加或水位迅猛上涨的水流现象，常淹没堤岸滩涂，甚至漫堤泛滥成灾。
冰川消融	由冰的融化和蒸发引起冰川消耗的现象，它是冰川物质消耗的主要方式。
沙尘暴	是一种风与沙相互作用的灾害性天气现象，它的形成与地球温室效应、厄尔尼诺现象、森林锐减、植被破坏、物种灭绝、气候异常等因素有着不可分割的关系。
地震	指地球内部缓慢积累的能量突然释放引起的地球表层的振动。
热浪	指天气持续地保持过度的炎热，也有可能伴随有很高的湿度。这个术语通常与地区相联系，所以一个对较热气候地区来说是正常的温度，对一个通常较冷的地区来说可能是热浪。
旱灾	旱灾是普遍性的自然灾害，不仅农业受灾，严重的还影响到工业生产、城市供水和生态环境。

（二）贫困的含义及标准

人们对贫困的定义不尽相同，比较公认的是世界银行的表述：当某些人或者某些家庭或者某些群体没有足够资源去获得他们那个社会承认的，一般都能够接受到的饮食、生活条件、舒适和参与某些活动的机会，就是处于贫困状态（世界银行，1981）；贫困是缺乏达到最低生活水准的能力（世界银行，1990）；贫困不仅仅意味着低收入和低消费，而且还意味着缺乏受教育机会、营养不良、健康状况差，即贫困意味着无权、没有发言权、脆弱和恐惧等①（世界银行，2001）。由此可以看出，贫困的涵义具有相对性，它随时间、空间及人们的思想观念的变化而变化。从纵向看，贫困是一个历史概念，在较长的时间跨度内，它是动态的、变化的，变化速率依经济发展快慢和公众对最低生活理解的变化而定；从横向看，不同国家（地区）的贫困标准不同，主要取决于各国（地区）社会经济发展水平。

贫困一般可分为绝对贫困和相对贫困。绝对贫困是指个人或家庭依靠劳动所得和其他合法收入不能维持基本的生存需要，陷于物质生活极度困苦之中。相对贫困是指相对于一般社会成员的生活水平而言，生活水平在最低层次的那部分人的生活状况②。

贫困线是对"贫困"的度量，是指满足人们最基本的生存所必需的费用，是对绝对贫困的度量。确定贫困线是一项极其复杂的工作。国际上通用的方法主要有：恩格尔系数法、数学模型式、基本需求法、比例法。国际上通行的具体做法是将相对贫困线定为社会平均收入的1/3。世界银行根据33个发展中国家贫困状况的研究结果，提出了人均每天1美元的贫困标准。

（三）自然灾害与贫困

1. 世界史上的主要自然灾害

自然灾害总是与贫困紧密相关，突如其来的自然灾害对人类的生产、生存带来了巨大挑战，下面仅以地震为例对世界历史上的主要自然灾害进行简单介绍。地震可谓群害之首，它不仅直接危害着人类的生存，还会引发海啸、山

---

① 廖赤眉、彭定新："贫困与反贫困若干问题的探讨"，《广西师范大学学报》，2002年第1期。

② 康涛、陈斐："关于我国农村贫困与反贫困的研究"，《华中农业大学学报》（社会科学版），2002年第4期。

崩、泥石流、火灾等次生灾害，这些次生灾害造成的破坏也是巨大的，有时甚至超过地震灾害本身所造成的危害。地震风险最高的地区是在欧亚接壤的土耳其、伊朗和我国西部一带以及日本列岛、中国台湾、菲律宾至印度尼西亚和美国西海岸、墨西哥、秘鲁和智利一带。统计资料显示，全球至今有史料可查的地震灾害共计数百起，其中80%以上的地震都发生在以上区域。在数量繁多的地震中，死亡人数达5万人以上的共计30余起（见表1-2）。

表1-2　全球死亡人数达 50 000 人以上的主要地震（单位：万人）

日期	地点	造成的损失	死亡人数
公元前 217 年	北非	100 多个城市被地震摧毁	5~7.5
19 年	叙利亚	地震覆盖了该地区	12
365 年 7 月	埃及	地震摧毁了埃及古代世界的第四大奇迹	5
526 年 5 月	叙利亚	该城及所有居民被埋在地下	25
893 年	印度	地震吞没了该国	18
1040 年	波斯大不里士	地震把该城市化为乌有	5
1268 年	土耳其埃拉	城市倾覆	6
1290 年 9 月	中国直隶（河北）	地震掩埋了城市	10
1556 年 2 月	中国	历史上死人最多的地震	83
1626 年 7 月	意大利那不勒斯	地震毁灭了城市，30 多个城市遭殃	7
1667 年 5 月	高加索谢马卡	持续数月的一系列地震	8
1693 年	意大利那不勒斯	突发的地震造成惨重破坏	9.3
1693 年 1 月	西西里	54 个城市和 300 多个村庄在地震中消亡	10
1702 年 2 月	日本江户	地震摧毁了当时的首都	20
1727 年	波斯大不里士	地震倾覆了该城	7.7
1731 年 11 月	中国北京	所有居民被地震吞噬	10
1737 年 10 月	印度加尔各答	地震把大片区域化为废墟	30
1755 年 11 月	葡萄牙里斯本	近现代最强的地震，150 万平方英里的地区可感到地震	5~10
1793 年 4 月	日本云仙	云仙岳火山附近爆发地震，洪水淹死许多人	5.3
1797 年	意大利卡拉布利亚	地震毁灭了该城	5
1857 年 3 月	日本东京	大规模的地震引发了大面积的火灾	10.7
1908 年 12 月	西西里墨西拿	居处的 98% 被毁，17 万平方英里的地区受到震动	16
1920 年 12 月	中国甘肃	地震摧毁了该省，里氏震级 8.6 级	18
1923 年 9 月	日本东京和横滨	两城都被摧毁；震级为里氏 8.3 级	14.3
1927 年 2 月	中国甘肃	强烈的地震摧毁了该省	10
1932 年 12 月	中国甘肃	高台区被摧毁	7
1935 年 5 月	印度奎达	城市被摧毁，周围 100 英里以内的地区被水淹没	5.6
1939 年 1 月	智利	地震袭击了 5 万平方英里的地区，震级为里氏 8.3 级	5
1939 年 12 月	土耳其埃尔津詹	5 万余所房屋被毁	5
1970 年 5 月	秘鲁永盖	该度假城市被淹，60 万人无家可归	6.67

资料来源：杰伊·罗伯特·纳什著：《最黑暗的时刻——世界灾难大全》（商务印书馆·1998）统计制作。

2. 中国自然灾害的特点

（1）灾害种类多，造成灾害类型复杂多样。中国位于亚洲东部和太平洋西岸，直接受到世界上最大的陆地和最大的海洋的影响，属于东亚季风气候。在这种气候的影响下，每年9月~10月至次年3月~4月，干冷的冬季风从西伯利亚和蒙古高原吹到我国，造成全国冬季寒冷干燥，很易发生冰雪冻害；夏季从4月~9月受海洋上吹来的暖湿气流的影响，全国普遍高温多雨，容易发生洪涝、台风、干热风等灾害，直接影响农业生产和人民生活；春秋两季为冬夏风的交替时期，天气多变，各种灾害都有可能发生[1]。因此，中国灾害灾种多杂，灾害后果严重，旱涝风雹，饥馑荐臻。

（2）灾害发生范围广，造成灾害影响面大。中国一年四季几乎总有灾害发生。春季北方有"十年九旱"之称，江南多低温连阴雨。春夏之交北方常有干热风，南方多冰雹、雷雨、大风和局部暴雨。夏秋是中国灾害最多的季节，自南而北先后多暴雨、洪涝，盛夏多伏旱，夏秋之交沿海多台风、风暴潮。秋季在东北地区常有早霜袭击，长江中下游有"寒霜风"危害。冬季全国各地都有寒潮、霜冻威胁。牧区有"白灾"和"黑灾"。这些灾害在平原、高原、山地、海岛等凡有农业的地方都会发生，说明中国自然灾害的范围极其广泛。

（3）以水旱灾害为主。在中国各种自然灾害中，尤以水旱灾害为常见，据竺可桢先生统计，自公元1世纪至19世纪，中国发生旱灾1 013次，水灾658次[2]。20世纪80年代，中国政府组织统计，自宋代至清代，中国共发生水旱灾害近2 000余次，其中水灾1 042次，旱灾912次。以水旱灾害为主的自然灾害频发，对粮食产量带来巨大的负面影响，逢灾必荒已是中国古代的历史常象。

（4）灾害发生频率高，造成灾害频繁。洪涝和干旱是对农业危害最大的两种自然灾害，其出现时间和地区都比较集中，危害程度很大。南方一般发生在5月~6月，北方7月~8月。珠江、长江、淮河、黄河等流域是旱涝最频繁的地区。

（5）时空交替分布，对农业影响复杂。因受副热带高压活动的影响，中国汛期雨带自南向北的推移呈跳跃形式，其前进速度或停滞时间异常会

---

① 张波著：《农业灾害学》，陕西科技出版社1999年版。

② 竺可桢："中国近五千年来气候变迁的初步研究"，《考古学报·竺可桢文集》，1972年第1期。

形成一方出现洪涝，而另一方出现干旱的情况。因此，干旱与洪涝在地区分布上往往是相嵌分布，最常见的形式为南涝北旱，南北涝中间旱，或北涝南旱。

3. 灾害与贫困的关系

贫困是一个极其复杂的社会经济现象，是经济、政治、资源、地理、历史、文化等众多因素综合作用的结果。国际理论界提出的各种致贫因素论中就包括"环境成因论"，以 Vincent. Parrillo 为代表，他认为，恶劣的自然环境与交通条件是贫困的根源。贫困地区和贫困人口大都处在山区、边远地区、热带地区等自然环境恶劣的地区，这些地区不仅缺乏满足生产与生活需要的自然资源，并且时常会发生地震、干旱、洪涝等自然灾害，破坏其正常的生产生活。SOPAC（South Pacific Applied Geoscience Commission，南太平洋岛屿应用地球科学委员会）于 2009 年 4 月出的一份报告中以斐济为案例，深入分析了灾害与贫困的关系。低收入人群，尤其是生活在贫困线以下的人群，大都生活在边缘地区。数据显示，1970~2007 年间，斐济共发生 124 次自然灾害，包括热带气旋、海啸、干旱、洪涝、地震和局地强风暴，波及整个国家，造成直接损失约 5.32 亿美元。频繁的自然灾害加剧了贫困发生，贫困恶化又使得人们更加无力抵御自然灾害，从而陷入恶性循环。斐济的 GDP 在 30 年中缓慢增长，而其基尼系数从 1970 年的 0.43 下降到了 2002 年的 0.34，收入分配不平等加剧。针对斐济国自然灾害和贫困的恶性循环，报告中提出了灾害风险管理（DRM）的概念，包括降低灾害风险（DRR）和灾害管理（DM）两部分。DRR 要求发展有利于穷人的经济（Pro poor economic development），提高社会条件以减少贫困发生，例如给最脆弱群体提供教育以及公共卫生保障；DM 包括完善应急计划和设施，提供危害监测培训，并完善灾害预警机制，加强应急管理。

宫谦温、张钧宝（音译）（2007）认为灾害发生会对农业生产造成极大的破坏作用。灾害对欠发达地区的破坏性更为严重，由于这些地区较弱的抗灾能力会导致贫困的发生。他们以安徽为例，利用面板数据进行计量分析，得出在安徽农业自然灾害和农村贫困呈显著正相关。但他们通过计量分析发现，农作物受灾面积占总种植面积的比例和农村贫困比例呈负相关，原因在于农民的抗灾能力以及国家和地方政府给予的救援力度都有所增强。

Paul K. Freeman（1999）分析了自然灾害、基础设施和贫困三者之间的关系。他认为自然灾害和贫困之间是通过基础设施建立联系的，包括三个部分。首先，基础设施的完善与否本身就是衡量贫困的标准之一；其次，基础设施建设是经济增长的重要组成部分；最后，基础设施的破坏可能会对贫困群体造成直接或间接的损失。他指出这种"关系链"对于较为依赖基础设施发展的农村地区最为常见。亚洲的自然灾害占全世界总自然灾害的一半。在过去的十年中，由于洪涝灾害造成的损失年均约 150 亿美元（Munich Re，1998），而这些损失中 65% 是来自对基础设施造成的破坏（Swiss Re，1997）。由于基础设施建设是减贫的有效措施，因此，自然灾害频发造成基础设施损毁将导致贫困的恶化。

上述主要是国际上目前关于灾害与贫困关系的相关研究得出的一些结论和成果，下面从两个相对的方面具体进行阐述。

（1）自然灾害对贫困的影响。在我国，生态脆弱地区是贫困人口集中分布的典型区域，在地理空间布局上贫困地区及生态与环境脆弱地区有着高度相关性、重叠性和一致性。从地理分布上来看，中国生态脆弱区主要分布在北方干旱、半干旱区，南方丘陵区，西南山地区，青藏高原区及东部沿海水陆交接地区。其分布特点为：分布面积大、类型多，脆弱性表现明显。这些地区既是生态破坏最典型和自然灾害频发的区域，也是贫困问题最集中的地区（图 1-1）。据统计资料显示，中国典型自然灾害频发地带地区内约 92% 的县为贫困县；约 86% 的耕地属于贫困地区耕地；约 83% 的人口属于贫困人口。国际环保组织绿色和平与国际扶贫组织乐施会的共同研究也表明，中国绝对贫困人口的 95% 生活在生态环境极度脆弱的地区[1]。贫困和自然灾害往往是交织在一起的，二者相互作用，相互影响，稍有不慎，即会引发二者之间的恶性循环。

自然灾害的破坏作用，不仅仅是对自然生态环境的影响，也会破坏整个社会经济循环系统的功能，成为我国国民经济发展的长期性制约因素。自然灾害与农村贫困呈正相关关系，主要表现在以下几个方面：

①自然灾害导致农村贫困率上升。中国自然灾害大多发生在贫困地区，尤其是西部生态脆弱地区。这些区域生态系统结构稳定性较差，各要素之间相互作用强烈，对环境变化反应尤其敏感，系统整体抗干扰能力弱，一

---

[1]　许吟隆、居辉："气候变化与贫困——中国案例研究"，《国际环保组织》，2009 年第 6 期。

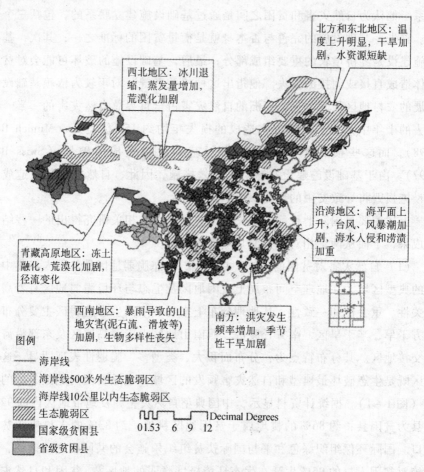

图 1-1　中国生态脆弱区与贫困县的位置关系

且脆弱的生态系统遭到严重破坏，它也会加速自然灾害爆发，而这势必将进一步导致和加剧贫困。据统计，我国现有国家级贫困县 592 个，分布在西部的比重高达 60%。这些县自然条件恶劣，生态环境脆弱，基础设施落后，自然灾害频繁，人们的抗风险能力极差。

　　②自然灾害使农村返贫现象严重。如西南山地贫困区马边县，属少数民族偏远贫困县，暴雨洪涝频发，其引发的泥石流、滑坡等地质灾害十分严重。2000 年以来，暴雨洪涝灾害造成的直接经济损失总值达 21 379 万元，灾害损失日益加剧，全县经济发展受到严重影响，部分群众长期处于贫困

状态，由暴雨等极端天气事件造成的次生灾害使当地部分群众脱贫又返贫[①]。

③自然灾害频繁发生制约着农村经济健康发展。据估计，我国每年因洪涝，森林、草原火灾，农作物病虫害等自然灾害造成的损失约占国民生产总值的 5.09%[②]。尤其是我国西部农村既是经济不发达地区又是生态脆弱区和自然灾害的重灾区；自然环境恶化，耕地零碎，土层脊薄，石漠化现象十分严重。同时，西部农村绝大多数又属传统农业生产区，极不利于农业生产的发展，加之自然灾害频繁发生，极大地影响了西部贫困地区农村的经济发展。因此，气候变化可能使该地区的农业生产、居民生存和生活条件进一步恶化，对农村经济发展起着严重制约作用。

（2）贫困对自然灾害的影响。纵观各国灾害史，但凡重大自然灾害频发的地区也都是相对贫困的地区。如图 1 - 1 所示，中国自然灾害频发区大都也处在经济较为落后地区。贫困对自然灾害的发生起着至关重要的诱导作用，具体如下：

①贫困地区对资源采取掠夺式、粗放型的开发利用方式，导致了环境破坏。如发菜、干草等大量采挖，这都是以牺牲环境来换取少数人的利益，不仅加剧了贫困地区的生态危机，诱发自然灾害频发，更进一步加剧了当地人民群众脱贫致富的难度。

②过大的收入差距所带来的心理失衡。

③较低的文化素质。从风险意识来看，文化水平低者，喜欢安于现状，对频发的自然灾害和日益加深的贫困形成错误的思维惯性。因为贫困更会加剧生态危机，从而诱发各种自然灾害。

总而言之，灾害是我国大多数贫困地区的主要致贫因素之一，而贫穷与落后又使人们为了获得足够的生存资源，靠毁林开荒、陡坡种粮等来维持生活，从而导致水土流失、生态恶化、自然灾害频发，带来更严重的贫穷。"贫困—环境破坏—越来越贫困"的恶性循环，引发的是"环境退化——贫困——进一步环境退化——进一步贫困"的恶性循环。

---

① 许吟隆、居辉："气候变化与贫困——中国案例研究"，《国际环保组织》，2009 年第 6 期。
② 王国敏："农业自然灾害与农村贫困问题研究"，《经济学家》，2005 年第 3 期。

二、防灾减灾/灾后重建与扶贫开发
相结合研究的必要性

事实证明，区域环境恶劣和自然灾害的侵袭是贫困的重要根源，而这些往往与人类千百年来对自然资源的不合理开发直接相关，是"非可持续发展"的恶果。生态环境恶化、自然灾害频发，直接制约和困扰了这些地区经济社会的发展。

（一）灾害频繁发生、日益恶化的自然环境使扶贫难度不断加大

扶贫开发是解决农民群众最关心、最直接、最现实的问题的有效措施。为新农村建设奠定良好的物质基础和生产生活条件，不仅关系到贫困群众的利益，而且直接关系到新农村建设的成败，在农村经济社会发展中具有不可替代的作用。随着全球气候升温，北方干旱日渐严重，大面积的旱地作物将面临更加严重的减产，干旱、半干旱地区的牧草生长量也将减少；南方的洪涝灾害以及由暴雨引发的山体滑坡、泥石流等灾害也使得作物减产、生命安全无保障等情况日益严重；黄土高原地区降水少，蒸发大，水分亏缺量在300~650毫米，干旱突出，同时，由于降雨集中在秋季，植被覆盖率低，土质疏松，因而水土流失严重，生态环境恶劣。以上因素很可能会影响中国的粮食生产，使农业的不稳定性和风险加大。另外，生态脆弱、干旱的地区往往交通不便、文化落后、市场经济不发达，各种因素交织在一起导致了贫困程度很深，扶贫难度越来越大。随着干旱日趋严重，贫困群众人畜饮水日趋困难，而深距离打井或远距离拉水成本加大，降低了生活水平。水资源相对不足而又严重流失，是一些干旱地区经济社会发展的主要制约因素，也是这些地区长期贫困落后的主要根源。破除单纯扶贫的思维模式，因地制宜地建立起防灾减灾/灾后重建政策机制，对于扶贫工作可起到巨大的推动作用。

（二）单纯救灾不能根本解决贫困问题

事实表明，单一依靠灾后救济不是根本解决贫困的办法，因为自然灾害侵袭往往使劳动生产毁于一旦，使经济发展遭到损失和破坏。自然灾害不但

制约了经济生产发展，还破坏、抵消了长期发展成果。因此，贫困地区要脱贫，除了发展生产、提高生活以外，还需要积极开展减灾工作，减轻和消除灾害带来的负面影响。在灾害发生之后进行救灾，可以解决受灾以后生活和生产中的临时困难。但是，由于灾害影响是长期的，因此减灾具有消除贫困的长期效果。把扶贫开发和提高群众生活水平与减少灾害损失相结合，可以提高扶贫工作效益，保障经济的稳定持续发展，从而加快脱贫步伐。减灾保证扶贫，扶贫推动减灾，减灾扶贫相辅相成。避免灾害与贫困的恶性循环，定能推进贫困地区的生产经济发展，改善和提高人民的生活水平，从根本上消除贫困。

（三）我国贫困地区的减灾工作尚待提高

为了增强抗灾能力，需要兴办减灾工程，强化基础设施。因为贫困地区的经济本不发达，经济实力和科学技术基础都很薄弱，减灾投入力量非常有限。另外，由于以往只注重减灾工作的短期效益，忽视灾前的减灾投入，造成整体防灾能力较弱。为了提高减灾能力，使贫困地区少受灾害的破坏，首先面临的是减灾资金投入的问题。从灾害经济学的角度来看，减轻灾害实际上是对生命财产和资源的保护。它所从事的工作从表面上看是支出，而不是直接创造经济效益的活动。然而，这种减灾的投入（如灾前的预防、灾后阻止灾情的扩大等）提高了抵御灾害的能力，阻止或减轻了灾害，减少了灾害造成的损失。

（四）未来扶贫开发战略的需要

一方面，新十年扶贫开发纲要的制定，必然包含防灾减灾、灾后恢复重建与扶贫开发相结合的内容，因为该相关政策的制定，需要理论层面的支持；另一方面，未来十年的扶贫政策需要根据实际情况进行调整，而在政策调整过程中，现实性问题比较容易达成共识，而一些前瞻性问题，如灾害风险管理等领域，一般较难与相关机构达成共识，这就需要构建理论方法体系作为协调政策的基础。

（五）推进防灾减灾与扶贫开发相结合的国际合作的需要

国际社会和广大发展中国家一致高度评价中国的减贫成就，学习借鉴中国减贫经验的愿望十分强烈，这为扶贫领域配合国家外交战略，在增加对外发展援助的同时，加大减贫与发展经验的输出力度，具有重要的现实及战略意义。其中，基于中国汶川地震灾后恢复重建的实践，总结提炼出了中国灾害风险管理与减贫的理论与方法，这作为国际交流的重要内容，是丰富扶贫外交的重要内容和创新领域。

三、防灾减灾/灾后重建与扶贫开发
相结合机制的理论基础

防灾减灾/灾后重建属于灾害治理范畴，而扶贫开发则属于贫困治理范畴。之所以要将两个不同理论范畴的内容结合起来，是因为在汶川大地震灾区与贫困地区高度重合的特殊背景下，灾害治理和贫困治理两个范畴相互作用影响、相互融合渗透，产生了很多共同点，成为了一个不可分割的理论整体。

（一）以灾前防御、灾中应急、灾后恢复重建为核心的灾害风险管理理论

灾害风险管理理论认为，管理灾害风险需要从灾前防御、灾中应急、灾后恢复重建三个环节入手。

首先，从灾前防御环节来看，灾害风险管理理论认为：

灾害损失 = 致灾因子强度 × 承载体脆弱性。

地震灾害作为自然现象，人类社会很难消除其致灾因子，因此只能从防御的角度降低承载体的脆弱性。

其次，从灾中应急的环节看，及时地抢险救灾以及尽量保障实现"有饭吃、有衣穿、有干净水喝、有临时住所、有病能医、学生有学上"的"六有"目标，有助于将灾害发生后的后续损失控制在可接受的范围内。

再次，在短期应急救援期过后，灾害风险管理就进入了灾后恢复重建环节。恢复重建不仅是要将社会秩序、公共设施和服务等恢复到灾前水平，还包括适度超前规划加速灾区发展、提高灾害抵御能力等更高要求。可以看到，灾前防御、灾中应急、灾后重建是三个相互递进、互为依托的可循环过程，尤其是灾后重建，通过科学合理的重建规划，可以有效提高地震高危地

区的灾前防御水平，进而为降低灾害风险打下良好基础。

（二）以致贫因子和脆弱性为基础的减贫理论

类似于灾害风险管理理论，现代减贫理论认为贫困是由致贫因子和脆弱性两方面决定的。家庭的福利不仅依赖于平均收入和支出，也依赖于家庭面临的风险，特别是拥有资产较少的家庭。脆弱性的程度依赖于风险的特点和家庭抵御风险的机制。抵御风险的能力依赖于家庭特征，即家庭的资产状况。因此，穷人的生计更脆弱，他们的家庭资产稀少，风险抵御能力低，或者说他们的风险抵御能力范围不能完全保护他们遭受贫困风险的打击。在家庭缺少风险抵御能力的情况下，风险打击导致个人或家庭福利降低或贫困，因此，家庭抵御风险的能力低是导致穷人持续性贫困的一个重要原因。由此可见，减贫需从三个环节入手：第一个环节是预防环节，即提高贫困抵御能力，降低脆弱性；第二个环节是保障环节，即对已经陷入贫困的人口进行救济；第三个环节是发展环节，即通过能力建设、产业发展等增加贫困人口的发展机会、提高发展能力，实现从输血到造血的转变。

（三）灾害风险管理理论与减贫理论在时间维度和内容上的交叉融合

在汶川大地震灾区与贫困地区高度重合的特殊背景下，灾害风险管理理论与减贫理论产生了交叉融合（见图1－2）。

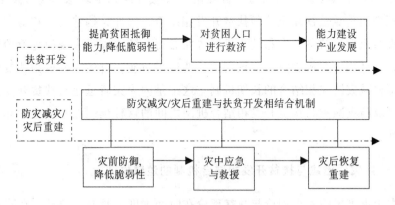

图1－2　防灾减灾、灾后重建与扶贫开发相结合机制作用图

在灾前防御环节，因为灾害既是致灾因子又是致贫因子，因此无论是防灾减灾还是扶贫开发，都是要提高对灾害打击的抵御能力；在灾中环节，应

急救援格外重视对包括贫困人口在内的弱势群体的保障；在恢复重建环节，能力建设、产业发展等既是扶贫开发的工作内容，也是贫困社区恢复重建的内容。

正是由于在灾前、灾中和灾后三个环节，防灾减灾/灾后重建工作与扶贫开发工作从理论上是全面交叉融合的，所以防灾减灾/灾后重建与扶贫开发相结合机制可以把两个不同领域的工作统领起来。

防灾减灾、灾后重建与扶贫开发相结合的机制，贯穿整个灾害风险管理全过程，即灾前防御、灾中应急与灾后重建三个阶段，同时又贯穿整个扶贫开发的全过程，包括降低脆弱性、救济和增强发展能力三个环节。防灾减灾、灾后重建与扶贫开发相结合的机制，就是要根据不同阶段贫困社区和贫困人口的现实状况，把扶贫开发工作注入到灾前防御、灾中应急与灾后重建中去，科学管理和引导贫困村外部和内部力量，降低贫困农户和贫困农村的脆弱性，同时增强他们的恢复力，最终达到贫困村的可持续发展。

四、防灾减灾/灾后重建与扶贫开发相结合机制的理论演进分析

按照灾害风险管理理论与减贫理论交叉融合的思维理念，灾害发生后，中、短期内重点是恢复重建与扶贫开发相结合，因此，构建一套相对完善有效的灾后重建与扶贫开发相结合机制势在必行。随着灾后大规模建设项目的结束，这种相结合机制将从中短期向长期逐步过渡，自然演变成为扶贫开发与贫困村减灾防灾相结合的长期机制。这正是因为灾后重建与扶贫开发相结合机制及防灾减灾与扶贫开发相结合机制之间的这种延续性、演变性和逻辑一致性。

（一）灾后重建与扶贫开发相结合机制的逻辑框架

由于灾害风险管理理论与减贫理论在时间维度上具有一致性，在降低贫困人口脆弱性上具有相似性，因此在汶川地震灾区与贫困地区高度重合的情况下，防灾减灾、灾后重建与扶贫开发可以形成一种相互融合和良性循环的体系（见图 1-3）。在这个相互融合的循环体系中，如果有灾害发生，那么

灾害打击与脆弱性共同作用，对贫困社区产生打击并造成损失（虚线下半部分）；灾害打击后，防灾减灾、灾后重建与扶贫开发相结合机制发挥作用，首先恢复贫困社区的基础设施和生活秩序，然后增强贫困村自我发展的能力，进而提升贫困村的防灾减灾水平（虚线上半部分）。

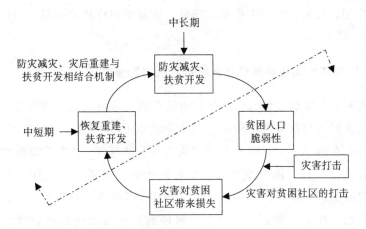

图 1 - 3　灾害打击与防灾减灾、灾后重建与扶贫开发相结合机制循环图

从上图虚线下方，即灾害对贫困社区的打击来看，损失取决于两个方面：其一是灾害打击的强度；其二是贫困人口的脆弱性。灾害打击的强度往往是不可控的，那么只能通过降低贫困人口的脆弱性（亦即提高防灾减灾能力）来减少灾害对贫困社区的打击带来的损失，这有赖于在扶贫开发中融合进防灾减灾的理念。

从上图虚线上方，即防灾减灾、灾后重建与扶贫开发相结合机制来看，由于灾害风险管理理论与减贫理论在时间维度上具有一致性，相结合机制可以分为灾后重建与扶贫开发相结合、防灾减灾与扶贫开发相结合两个自然过渡、紧密联系的不同阶段。灾害发生后中短期内，重点是将扶贫开发与贫困村恢复重建结合起来，着重推进农房重建、基础设施重建和公共秩序恢复等工作；在构建起一套完整的恢复重建与扶贫开发相结合机制后，随着恢复重建工作的深化和时间的推移，这套机制可以延续和保留下来，并进一步提升和演变成为一种长期的防灾减灾与扶贫开发相结合机制。灾后重建与扶贫开发相结合、防灾减灾与扶贫开发相结合这两个阶段并非完全割裂，而是紧密联系的。在灾后重建与扶贫开发相结合阶段就要考虑防灾减灾的需要；在防灾减灾与扶贫开发相结合阶段，相结合机制的整体框架和工作思路并没有发生改变，只是为了适应灾区发展的阶段性特征，相结合的内容从恢复重建演变成了防灾减灾。

在防灾减灾、灾后重建与扶贫开发相结合机制的作用下，贫困村的生计得以恢复和发展，其脆弱性得以降低。如果再有灾害发生，由于有防灾减灾机制的作用，贫困村的损失将相对降低，恢复重建将相对容易，进而进入一种良性循环的轨道。

（二）向防灾减灾与扶贫开发相结合机制的演变

防灾减灾、灾后重建与扶贫开发相结合机制分为灾后重建与扶贫开发相结合、防灾减灾与扶贫开发相结合两个紧密联系、自然过渡的阶段。其中，后者是前者在内涵上和时间上的逻辑演变与自然延伸。"灾后重建与扶贫开发相结合机制"和"防灾减灾与扶贫开发相结合机制"在目标上具有一致性、在时间上具有延续性、在主导部门上具有贯穿性，因此两者之间的逻辑演变与自然延伸是一种必然。演变与延伸的具体路径包括规划管理上的统一、组织协调上的一致、资源整合上的自然过渡以及实施方式上的前后衔接。

1. 向防灾减灾与扶贫开发相结合机制演变的必然性

（1）时间上的延续性决定了"防灾减灾与扶贫开发相结合机制"和"灾后重建与扶贫开发相结合机制"在时间维度上具有先后性、过渡性和递延性。灾害发生中短期内，扶贫开发的工作重点是和恢复重建相结合，而在中长期内，相结合的重点将逐渐过渡到扶贫开发与防灾减灾相结合。

灾后重建是一种应急性质的中短期行为，旨在恢复，同时注重发展；防灾减灾更多地是一种制度性的、常态化的长期行为，以发展为基础，面向未来。因此，贫困村恢复重建与防灾减灾在时间上具有先后性，而扶贫开发则贯穿在贫困村恢复重建与防灾减灾全过程中。以扶贫开发为轴，把恢复重建与防灾减灾结合进来，"防灾减灾与扶贫开发相结合机制"和"灾后重建与扶贫开发相结合机制"必然会随着时间的推移、工作重点的转变，实现一种时间上和逻辑上的过渡和递延。

（2）目标上的一致性决定了"防灾减灾与扶贫开发相结合机制"和"灾后重建与扶贫开发相结合机制"虽然外在表现和内容不同，但却是内部目标一致的整体机制。防灾减灾、灾后重建与扶贫开发相结合机制的共同目标是在灾后降低贫困村和贫困农户的脆弱性，提高其生计和发展水平，增强抵御灾害的能力。这个目标分为灾后重建与扶贫开发相结合、防灾减灾与扶贫开发相结合两个阶段来完成，目标上的一致性使两个阶段性机制共同构成防灾减灾、灾后重建与扶贫开发相结合整体机制。

（3）主导部门贯穿两个阶段，使得防灾减灾与扶贫开发相结合机制和灾后重建与扶贫开发相结合机制在管理实施上前后对接，成为一个部门主导下的两个阶段的工作，以一种水到渠成的形式完成过渡。贫困村村内的建设及扶贫开发工作都是由扶贫系统主导的，扶贫部门作为主导部门贯穿贫困村灾后重建和防灾减灾两个阶段。前一个阶段是将灾后重建和扶贫开发结合起来，第二个阶段是在扶贫开发建设中考虑防灾减灾的需求，两个阶段都以扶贫开发工作为轴进行结合。正因为同一个主导部门贯穿"防灾减灾与扶贫开发相结合机制"和"灾后重建与扶贫开发相结合机制"，因此它们可以畅通地完成演变。

2. 向防灾减灾与扶贫开发相结合机制演变的具体路径

防灾减灾与扶贫开发相结合机制是从灾后重建与扶贫开发相结合机制演变和延伸而来的，因此，其演变和延伸的路径必然与灾后重建与扶贫开发相结合机制的总体框架紧密对接。在灾后重建与扶贫开发相结合机制中，规划管理是灾后重建与扶贫开发相结合的契合点，也是统领灾区贫困村扶贫开发、灾后重建的核心；组织协调、资源整合和主体参与是实施规划管理的有效方式。防灾减灾与扶贫开发相结合机制也必然沿着这个路径进行演变。

（1）规划管理上的统一，使防灾减灾与扶贫开发相结合机制和灾后重建与扶贫开发相结合机制衔接成为一个不可分割的整体，进而二者在逻辑上进行深层次的演绎和递进。规划是整个灾区恢复重建的总体安排和全局谋划，具体工作围绕规划展开。通过编制地区发展规划、恢复重建规划、扶贫开发规划等，将灾后重建、防灾减灾及扶贫开发纳入到贫困地区的整体发展战略之中，以规划的形式明确不同阶段的战略布局、战略重心、战略步骤及战略实施方针，就为中短期内的灾后重建与扶贫开发相结合机制演变成为长期的防灾减灾与扶贫开发相结合机制奠定了制度基础。

（2）组织协调上的一致，使防灾减灾与扶贫开发相结合机制和灾后重建与扶贫开发相结合机制共用一套组织协调方式，借助部门配合和组织实施的连贯性与延续性实现两项机制在组织协调上的过渡。防灾减灾与扶贫开发相结合机制和灾后重建与扶贫开发相结合机制都是扶贫部门主导和协调下的多部门分工合作，因此，虽然是两个阶段的相结合机制，但却共用一套组织协调方式，只是在这种部门协作模式下相结合的重点从灾后重建演变成了防灾减灾，这就使得两个阶段的机制能够在统一的组织协调方式下进行演化。

（3）资源整合上的自然过渡，使灾后重建与扶贫开发相结合机制整合和配置的相关资源，能够延续下来并被纳入防灾减灾与扶贫开发相结合机制中。灾后重建与扶贫开发相结合机制中的资金来源多样，包括中央和地方灾后恢复重建专项基金、财政扶贫资金、对口援建资金、国内外赠款、社会募集资金以及金融机构贷款、以工代赈资金等等。这些资金在灾后重建与扶贫开发相结合阶段进行了整合、捆绑，并持续地投入到贫困村中去。随着向防灾减灾与扶贫开发相结合机制的过渡，这些资金的整合和配置方式并不会发生改变，只是通过建设项目使资金投向更加侧重生计建设中的防灾减灾。

（4）实施方式上的前后衔接，使得"参与式"的方法贯穿于灾后重建与扶贫开发相结合机制和防灾减灾与扶贫开发相结合机制。在贫困村层次，两个不同阶段的机制都是通过主体参与的方式最终作用到农户的，无论是项目决策、实施、监测还是社区治理组织、乡村企业组织都保持一致，因此，两个机制采取了同样的实施方式，前后并没有割裂而是紧密衔接的。

总之，防灾减灾与扶贫开发相结合机制是在灾后重建与扶贫开发相结合机制的基础上，随着时间的推移和工作重点的转变而进行的一些微调和演变，它们是防灾减灾、灾后重建与扶贫开发相结合机制在不同时期的两种不同表现形式，其核心要义、总体框架以及作用机理是高度一致的。

五、本研究的框架与内容、范围、方法和技术路线

（一）研究框架和内容

第一章：防灾减灾/灾后重建与扶贫开发相结合的理论基础

首先，通过对世界和中国灾害与贫困的关系进行了简述和分析，提出了防灾减灾、灾后重建与扶贫开发相结合的必要性，包括灾害频繁发生、日益

恶化的自然环境使扶贫难度不断加大；单纯救灾不能根本解决贫困问题；我国贫困地区的减灾工作尚待提高；未来扶贫开发战略的需要；推进防灾减灾与扶贫开发相结合的国际合作的需要等等。其次，提出了防灾减灾、灾后重建与扶贫开发相结合机制的理论基础，在于灾害风险管理理论与减贫理论在时间维度和内容上的交叉融合，从而形成了研究的理论基础和主线，并对灾后重建与扶贫开发相结合向防灾减灾与扶贫开发相结合的演变进行了分析探讨。本研究的框架与内容、范围、方法和技术路线，也在第一章进行了说明。

第二章：防灾减灾、灾后重建与扶贫开发结合的国际经验

本章意图很明确，就是通过对国际上防灾减灾、灾后重建与扶贫开发结合所积累的经验进行分析归纳，以期能对中国的防灾减灾、灾后重建与扶贫开发结合的理论和实践有借鉴作用。本章从灾后应急机制、组织协调机制（部门协调合作）、资金资源整合机制（资金管理与资源配置）、发展动力机制（社会资本、社区参与）和监测评估机制五个方面分别进行了论述，其中有很多有益经验值得学习。同时，对灾后重建中的国际合作经验进行了总结。生计重建中的国际经验包括：要考虑设计多样化的生计恢复策略；要警惕生计恢复和培训时仅关注到单一群体或单一地域的需求；发展中国家重建中要尤为关注农业与自然资源基础；重建要防止重公共基础设施重建轻弱势群体生活生计重建，出现两极分化的现象等等。

第三章：汶川地震对贫困的影响及其对灾害预防与应急体系的启示

本章主要是通过汶川地震对贫困县、贫困村、贫困户和贫困人口的影响分析及其对我国各级政府包括乡镇和村庄在灾害预防与应急体系建设方面的实证分析，力求从灾害预防与应急体系的视角，来对灾区恢复重建过程中的扶贫开发实行长期性、战略性措施，提出了在各级自然灾害应急预案中突出对贫困地区与贫困人口进行救助的必要性；建立专门针对贫困地区和贫困人口的自然灾害应急预案必不可少；增强灾害监测与预警能力迫在眉睫和健全应急管理保障体系是关键环节等观点。

第四章：汶川地震灾区防灾减灾、灾后重建与扶贫开发结合模式评析

本章是本研究报告的核心内容之一，通过对灾区贫困村灾后重建的实际调研和分析，将防灾减灾、灾后重建与扶贫开发相结合的模式划分为四种，即合作产业发展模式、社区建设模式、整村推进与连片开发模式和城镇化模

式，并分别从背景与内涵、基本做法、优劣势分析和实用条件与可推广性进行了客观性分析评价，提出了平原地区农业产业化发展条件最有利，以合作社为核心的合作产业发展是实现农业产业化的最为有效的方式之一，而处于山大沟深的山区贫困村，可以选择社区建设模式。对于区域经济发展滞后和基础设施发展缓慢的山区贫困村，可开展整村推进与连片开发；对于位于城镇周边的具有民族特色的贫困村被纳入城镇灾后重建发展规划中，通过城镇化和产业转型来缓解贫困、防灾、减灾。

第五章：汶川地震灾区灾后重建与扶贫开发结合的具体机制分析

机制是一套科学的管理方法和系统的运行规律，也是对实践经验的理论总结，就是在既要完成灾后重建又要推进扶贫开发的双重任务环境下，总结扶贫部门及其他部门探索出的具备借鉴意义的管理方法，归纳具备普遍意义的系统运行规律。灾后重建与扶贫开发相结合的有效机制主要体现在贫困村外部整合统筹实施机制和贫困村内部活力激发与能力培育机制的有机统一。外部的统筹实施机制主要包括应急响应、规划管理、监测评估、组织协调、资源整合和多元合作。内部活力激发和能力培育机制则主要包括主体参与、内源发展和可持续发展功能。在灾后重建与扶贫开发相结合机制中，外部统筹实施机制强调建立一套完善的外界干预管理实施程序和资源整合配置方式；内部活力激发和能力培育机制则寻求在贫困村内部建立起一种内源性的、可持续的、主体参与的发展方式。对此，本章对内外机制的9个方面分别从具体做法和成就，在相结合机制中的作用以及机制建立运行中的要点、衔接点、关键因素、程序、路径以及适应性等方面进行了分析论述。

第六章：汶川地震灾区贫困村防灾减灾、扶贫开发与可持续发展：机遇与挑战

尽管汶川地震灾区贫困村的恢复重建任务可以在两年内基本完成，但是，防灾减灾和扶贫开发，尤其是贫困村的可持续发展是一个长期性任务，任重而道远。对此，本章从长远的角度对汶川地震灾区贫困村防灾减灾、扶贫开发与可持续发展所面临的机遇与挑战从6个方面进行了分析论述。从发展机遇来看，基础设施及公共事业发展得到了快速恢复；住房建设与集中安置目标基本实现，为灾区农户生活消除了后顾之忧；生产建设与产业发展初步恢复，探索创新模式促进可持续发展；环境保护与生态建设受关注程度强化，可持续发展观念意识加强；能力建设投入加大、社会保障效果明显；组

织发展与社区关系互动推进，可持续发展后劲足。从面临的挑战来看可归纳为：缓解灾害的影响需要一个过程；普惠性的恢复重建政策增强了贫困村、贫困群体抗风险的能力，但在一定程度上也提高了部分特困家庭的贫困脆弱性；灾后贫困村恢复重建的外部支持机制需要进一步完善；灾后贫困村恢复重建进程中外部环境的不可控因素多元化；特殊贫困群体的需求需要特别的扶持机制。

第七章：汶川地震灾区防灾减灾、灾后重建与扶贫开发结合的政策建议

灾后重建对扶贫系统而言是一项创新性工作，把防灾减灾、灾后重建与扶贫开发结合起来，更是一个需要不断地研究、探索的过程。两年多防灾减灾、灾后重建与扶贫开发结合的实践积累了一定的经验，但也出现了很多问题和矛盾，需要我们继续总结经验、吸取教训，还需要在政策制度上进一步地完善和优化。宏观层面的政策建议包括：将受灾贫困地区的恢复重建纳入到国家整体发展战略之中；加强灾区贫困人口瞄准和扶持力度；将受灾贫困地区作为集中连片特殊区域制订新的中长期规划；逐级明确责任，完善防灾减灾、灾后重建与扶贫开发相结合的组织体系；逐步扩大现有农村专项扶贫项目的资金规模和内容；继续推进对口援建政策并使其长期化、常态化；健全社会保障制度，发挥保障性政策的益贫效应；建立和健全常态化的贫困地区风险防范与危机应对机制；针对特别人群建立特别援助机制；坚持以战略意识推动工作，加强国际视野下的合作。微观层面的政策建议包括：在县域发展规划之中对贫困村发展作出专门安排；创新能力建设的内容和方式；以县为单元、以乡和村为平台，加强部门项目间的资源整合力度；扩大灾区基层民主建设，建立适应市场经济要求的群众参与机制；注重贫困村的环境友好与生态保持；建立并健全防灾减灾与扶贫开发相结合的自然灾害应急预案与救助体系；研究、把握防灾减灾、灾后重建与扶贫开发相结合的内在规律，提高工作的前瞻性；注重能力建设，着眼于可持续发展。

本研究的附录部分，选择了 5 个类型的灾后贫困村恢复重建案例。

（二）研究范围

本研究所指贫困，主要针对农村贫困，不涉及城市贫困，研究中所指扶贫开发的对象是农村贫困地区（贫困县和贫困村）和贫困人口。

本研究基于中观和微观层面，着眼点是县、乡、村的恢复重建和扶贫开

发工作，以微观见宏观。鉴于灾区绝大部分贫困人口居住在贫困村内，而且新世纪以来"整村推进"是我国扶贫开发的成功经验和主要模式，贫困村是本研究的重点。

贫困村恢复重建和扶贫开发相互交叉，很难区分哪些是恢复重建、哪些是扶贫开发。因此，本研究所指恢复重建与扶贫开发相结合，是指将贫困村的组织建设、基础设施建设等和长远生计发展结合起来。事实上，除住房和公共服务设施之外，贫困村恢复重建中的基础设施、生产恢复、能力建设、环境改善等项目都是由各级扶贫开发部门主导并协调其他部门组织实施的。因此，恢复重建与扶贫开发相结合，就是要回答扶贫部门如何既做好扶贫开发工作，又做好贫困村恢复重建工作的问题。

本研究以汶川地震为案例，通过重点分析灾后重建与扶贫开发相结合的机制和模式及其有关问题，为防灾减灾与扶贫开发相结合的机制和模式研究提供参考。

（三）研究方法

本研究采取的方法主要有实地调研法（包括了问卷调查、深度访谈）、理论研究法、专家座谈会。

1. 实地调研法

本研究注重实践研究方法，力求通过调查研究获得第一手资料，了解实际情况，真正感受和加深灾后重建的理性认识，身临其境地参与到防灾减灾、灾后重建及扶贫开发工作中去。课题组 2010 年 3 月分成两组分别赴四川、甘肃、陕西的 6 个县村的地震灾区调研，加上课题组长期参与贫困村灾后重建的调研工作，因此，本研究调研范围包括了北川县、绵竹市、罗江县、广元市利州区、南江县，甘肃的武都县、康县和陕西的略阳、棉县等极重灾和重灾县（市、区），深入到灾区县（市、区）政府部门和贫困村中调研，分别在县、乡和村召开座谈会 15 次，并对 6 个村的 50 人次进行深度访谈。

2. 实证分析研究法

本课题所研究的是一个应用性非常强的问题，所以在研究过程中将较多地采用实证分析法。实证分析旨在通过具体案例，对经济或社会现象的内在规律或机理进行客观分析，提出逻辑一致的解释性结论，并对这种解释性结论进行适当的经验检验。实证分析的主要手段是静态分析与动态分析、定性分析与定量分析、逻辑演绎与经验归纳等。

3. 充分利用吸收已有的研究成果和资料

本研究成果是在众多原有研究成果基础上的运用、补充、延伸、深化、完善、发展和提升的过程。在研究当中，我们广泛地搜集和整理了有关灾害学的研究成果，包括防灾减灾研究成果、扶贫开发研究成果，尤其是汶川地震灾后重建过程中的多个领域，包括社会学、经济学、法学、民族学、人类学、心理学、资源学、环境学等自然社会学的研究成果，广泛吸收了各级政府、社会团体、民间组织等有益的创新实践经验和方法。例如，《贫困村灾后恢复重建基线调查报告》是本研究的重要参考资料。本报告是以在规划区随机抽取 10 个县、100 个受灾贫困村、3 000 户农户进行问卷调查为基础完成的，内容涉及地震损失情况、收入状况及其变化、财产状况及其变化、生计恢复情况等①。此外，《国务院扶贫办贫困村灾后恢复重建规划与实施试点监测评价基线报告》②、《国务院扶贫办贫困村灾后恢复重建规划与实施试点监测评价终期报告》③、《汶川地震灾后贫困村恢复重建试点效果综合评估报告》④、《汶川地震灾后贫困村救援与恢复重建政策效果评价报告》⑤ 等研究成果提供了大量的基础数据和第一线情况，为本研究奠定了很好的基础。

4. 力求进行理论研究的创新性探索

本研究运用社会学、经济学、人类学、灾害学等多学科理论，对减灾减贫与扶贫开发相结合的模式与机制进行理论解释和疏导，在理论指导下开展实证分析和评估分析，提出合乎理论规律的意见和方针。关于灾害风险研究和贫困研究分别在各自领域内取得了很多研究成果，但是将灾后重建与扶贫开发相结合进行研究在各国尚属首次，这就无形中增加了研究的难度。本研究正是从两者交叉融合的角度，力求对我国汶川的灾后重建，尤其是贫困村

---

① 国务院扶贫办灾后重建办：《贫困村灾后恢复重建基线调查报告》，2009 年 10 月。

② 国务院扶贫办灾后重建办：《国务院扶贫办贫困村灾后恢复重建规划与实施试点监测评价基线报告》，2008 年 12 月。

③ 国务院扶贫办灾后重建办：《国务院扶贫办贫困村灾后恢复重建规划与实施试点监测评价终期报告》，2009 年 6 月。

④ 国务院扶贫办灾后重建办：《汶川地震灾后贫困村恢复重建试点效果综合评估报告》，2009 年 10 月。

⑤ 国务院扶贫办灾后重建办：《汶川地震灾后贫困村救援与恢复重建政策效果评价报告》，2009 年 12 月。

的灾后重建实践进行一次理论上的探索。我们的目的就是力求通过基于风险、脆弱性与贫困理论相结合的新视角分析，实现在理论上的创新研究。一方面，对贫困与脆弱性之间的关系有所认识，从而对减贫政策的制定和开展扶贫工作提供新思考，从而力求在灾害风险、脆弱性与减贫机制方面有突破性发现。

5. 项目交流研究法

组织项目组专家、国内外知名学者就本研究情况开展交流，增强项目成果的公信力。

各种研究方法的结合重点体现在以下三个方面：一是将规范研究与实证研究相结合。注重实际调研的案例研究，增强研究的针对性、可行性和可操作性。二是动态分析与静态分析相结合。注重当前政策现实的静态分析，通过静态截面来反映系统全貌，并注重未来发展趋势和方向，以动态分析为基点，使时序和空间相结合。三是理论研究和政策研究相结合。遵循理论研究为政策研究及实际工作研究服务的原则，注重提出具备现实操作性的研究结果。

（四）技术路线

技术路线可参考图 1 – 4。

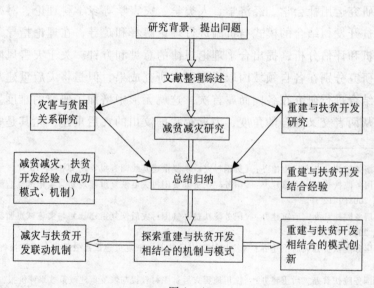

图 1 – 4

参考文献：

1. 廖赤眉、彭定新等："贫困与反贫困若干问题的探讨"，《广西师范大学学报》，2002 年第 1 期。

2. 康涛、陈斐："关于我国农村贫困与反贫困的研究"，《华中农业大学学报》（社会科学版），2002 年第 4 期。

3. 宋俭、王红著：《大劫难——500 年来世界重大自然灾害纪实》，武汉大学出版社 2004 年版。

4. ［美］杰伊·罗伯特·纳什著：《最黑暗的时刻—世界灾难大全》，沈愈、郭森等译，商务印书馆 1998 年版。

5. ［英］汤因比著：《历史研究》（上），上海人民出版社 1959 年版。

6. 张波著：《农业灾害学》，陕西科技出版社 1999 年版。

7. 邓拓著：《中国救荒史》，北京出版社 1998 年版。

8. 卜风贤："周秦两汉时期农业灾害时空分部研究"，《地理科学》，2002 年第 4 期。

9. 邓云特著：《中国救荒史》，商务印书局影印版 1993 年版。

10. 樊志民、冯风："关中历史上的旱灾与农业问题"，《中国农史》，1988 年第 1 期。

11. 张波编：《中国农业自然灾害史料集》，陕西科技出版社 1994 年版。

12. 吴宾："周、秦、汉、唐时期关中地区自然灾害与粮食安全问题研究"，《气象与减灾研究》，2006 年第 4 期。

13. 中国社科院历史所：《中国历代自然灾害及历代盛世农业政策资料》，农业出版社 1985 年版。

14. 张晓："水旱灾害与中国农村贫困"，《中国农村经济》，1999 年第 11 期。

15. 许吟隆、居辉："气候变化与贫困——中国案例研究"，《国际环保组织》，2009 年第 6 期。

16. 王国敏："农业自然灾害与农村贫困问题研究"，《经济学家》，2005 年第 3 期。

17. 刘萍："西部地区贫困人口问题的非经济因素分析与政策研究"，《北方经济》，2009 年第 11 期。

第二章

防灾减灾/灾后重建与扶贫
开发相结合的国际经验

汶川地震后，国内相关政府部门、救援发展机构、学术界等从紧急救援、重建规划、监测评估、生计恢复发展等灾后发展的不同阶段，开展了大量研究，提出了许多重要而有价值的观点和建议。与此同时，国际社会也从资金、技术和国际经验等各方面对中国汶川地震恢复重建进行了有力支持。众所周知，应对一场特大地震造成的破坏，不仅需要投入数万名专业技术人员和数百亿资金，而且，广泛了解世界范围内的减灾重建经验，能够有效地为本国重建工作提供前车之鉴。本章综合国际上对于地震救灾和重建活动中的经验总结和启示，注重提取这些地区在恢复重建过程中对于贫穷人群的生计恢复发展策略、做法和经验总结，希望助益于中国汶川特大地震之后贫困群体面临的下阶段生计发展重建工作。

震灾恢复重建的国际经验头绪众多，已有的研究和介绍也为数不少，本章主要从灾后应急机制、组织协调机制、资金资源整合机制、发展动力机制、生计重建的国际经验等几个方面综合世界其他国家和地区灾后重建中的宝贵经验。此外，还分析了三种具有不同自然和社会背景的重建案例，关注这三个案例恢复重建过程中对于促进贫穷人群生计发展的策略和方法，希望为汶川地震减贫与重建相结合提供经验和参考模式。

一、救灾和重建机制的国际经验

（一）灾后应急机制

日本是国际上地震发生频率较高的国家，同时也在抗震救灾中积累了许多丰富的经验。1995 年神户地震后，日本政府曾因反映迟缓，协调不力而饱受诟议，"政治麻痹"成了当时日本流行的讽刺语[1]。但神户地震后，日本政府总结经验，吸取教训，采取了一系列措施，逐步建立起了处于世界先进水平的抗震防御及救援系统。在近年发生的新泻地震、福冈地震和日本东北部地震中，人员伤亡较少，给国家带来的经济损失也相对较低。

表 2 - 1 日本近年主要地震及伤亡状况表[2]

时间	地点	震级	伤亡状况
2004 年 10 月 23 日 16 点 56 分	日本新泻	7.0 级	27 人死亡，3400 多人受伤
16 分钟后再次地震		5.9 级	
27 日该地区再次发生地震		6.1 级	
2005 年 3 月 20 日 10 时 53 分	日本福冈	7.0 级	1 人死亡，655 人受伤（24 日统计）
2008 年 6 月 14 日晨	日本东北地区地震	7.2 级	7 人死亡，200 人受伤

资料来源：张强、陈怀录、刘宇香：《日本抗震救灾经验与我国地震灾区恢复重建》，《兰州大学学报》（社科版），2008 年 9 月，154—157 页。

---

① 徐富海："国外巨灾应急管理案例分析"，《中国减灾》，2008 年第 10 期。
② 张强、陈怀录、刘宇香："日本抗震救灾经验与我国地震灾区恢复重建"，《兰州大学学报》（社科版），2008 年第 9 期。

地震一般会导致受灾地区道路动脉干线遭到严重破坏。日本的经验是地震发生后，优先考虑灾区干线的恢复重建，方便外界救援物资、人员的进入。在此基础上，日本目前已形成了成熟的震后紧急救助体系。日本完善的震后紧急救援措施可概括为以下几个方面：

1. 搜集信息

地方政府能够及时全面搜集当地地震信息，包括灾情范围、受灾人口、生命线工程等，全面掌握地震对当地造成的破坏情况，并及时向中央政府汇报。而中央政府则在全国设置统一的灾情收集机构，以便在第一时间掌握信息，调动全国人力及财力投入到受灾地区。

2. 紧急疏散通道管制

对地震灾区通往外界的干线道路进行疏散管制，不允许一般车辆及周边人们进入紧急通道，方便外界的救援物资及人员畅通进入灾区，节省救援时间，提高救援效率。

3. 避难场所

日本选择中小学、广场、草坪等开阔场地作为紧急避难所。同时，中小学的体育馆在设计中顶棚轻，比一般建筑更具抗震性，可用于震后的避难生活场地。中小学拥有备用厕所，在紧急状况下全部对外开放，为震后人们的生活提供了方便。

4. 建筑物应急危房预测

政府能够在第一时间内组织专业人员对灾区建筑物进行评估，对评估后的建筑物设置红、黄、绿三种标志，其中，绿色建筑为未损坏建筑，震后居民在一定时间后可优先考虑入住或工作；黄色建筑表明该建筑物已受到了一定程度的破坏，需要维护加固；红色建筑则禁止人员进入。

5. 政府对灾区救援的统一安置部署

首先是对灾区道路等生命线工程进行恢复；其次，政府统一提供住房或廉租房，国家给予一定资金支持，有计划、有步骤地推进灾区的恢复重建。

2003 年伊朗地震的紧急救援行动在事后获得了各界的好评。地震发生当天，伊朗总统哈塔米立即对抗震救灾工作作出指示，政府也召开紧急内阁会议。在紧急事务委员会的统一指挥下，伊朗紧急反应机构立即启动，在克尔曼市建起了一个危机中心，在巴姆市则建起了现场救灾中心，全面协调地震灾区前方的指挥行动。内政部、卫生部、军方、红新月会和来自 44 个国家的 1 600 名搜救和医疗救助人员一道展开了大规模的救援行动。伊朗红新月会在很短的时间里动员了 8 500 名救援志愿者前往灾区参加救助。近 12 000 名伤员被空运到其他省份的医院进行救治。伊朗政府通过国家电台、电视台和媒体向全社会发出了救灾总动员，希望民众献血，邻省向克尔曼省提供急救物品，全国捐赠灾民们最需要的衣服、食物和防寒物品。

2004 年印度洋暴发地震海啸，受灾国家展开了大规模的自救行动。领导人亲赴灾区指挥救助。各国政府紧急拨出资金用于灾区重建、救助灾民，政府各部门及军队全力以赴搜寻遇难者和救助灾民。泰国总理他信几天中两次南下泰南，慰问灾民，指挥救助。泰国政府紧急拨出 100 亿泰铢（约合 2.5 亿美元）预算用于救灾。

在 2005 年的巴基斯坦地震中，虽然政府反映迅速，但由于缺乏有效组织，救援工作效率较低。地震发生当天，总统穆沙拉夫和总理阿齐兹赴现场视察灾情，指示军方全力救援。巴基斯坦成立救灾特别小组，组织军民共同抗震救灾。10 月 9 日，巴基斯坦政府派出直升机和运输机运送军队和救灾物资。国内未受灾的地区也紧急募集款项支援灾区，还有无数志愿者拿着锹、扛着镐，成群结队徒步赶往重灾区进行援助。但因缺乏有效的组织和指挥，救灾作用并没有充分发挥出来。

（二）组织协调机制（部门协调合作）

日本设立国际和地方两级灾后复兴领导机构保证组织协调工作，构建"自救、公救、共救"的灾后重建体系。

阪神大地震发生 1 个月后，根据《关于阪神淡路大震灾复兴的基本方针和法律》，日本于 1995 年 2 月 24 日在中央设立"阪神淡路复兴对策总部"和"阪神淡路复兴委员会"。阪神淡路复兴对策总部的部长为内阁总理大臣，副部长为负责灾后复兴的内阁官房长官和国土厅的长官，其他省厅的多个大臣任委员，旨在实行综合行政对策。"阪神淡路复兴委员会"主要由学者专家和地方政府官员组成，其设立宗旨是为总理大臣提供咨询，进行复兴相关政策的综合调查审议。

县级政府组织方面于 1995 年 1 月 17 日设立"兵库县南部地震灾害对策本部"，次日改组为"兵库县南部地震灾害对策综合本部"，下设 13 个分部。同年 3 月 15 日设立"阪神、淡路大震灾复兴本部"。2005 年 3 月 31 日废止。

2005 年 4 月 1 日设 "阪神、淡路大震灾复兴推进会议"。

国家和地方两级灾后复兴领导机构的制度成为灾后复兴的有力行政支持①。构建的 "自救、公救、共救" 体系主要包括：在 "自救" 方面，日本自 1966 年起就建立了完善的地震保险制度，人们只要参加了地震保险，一旦发生地震就能获得保险公司的赔付金，这大大减轻了灾民在重建过程中的经济负担。在 "公救" 方面，即政府救助是灾民在重建过程中最重要的救助来源，主要有两种形式：一种是通过地震保险再保险的方式，帮助和促使保险公司积极开展地震保险业务并按标准进行赔付；另一种是中央和地方政府根据受灾的严重程度和自救能力，直接向灾民提供资金救助。为减轻灾民重建时的负担，政府还根据《灾害减免法》不同程度地减免对灾民的所得税和固定资产税等其他赋税。在 "共救" 方面，即社会救助除社会各界捐款救助外，日本的金融机构也会出台一些救济措施，如临时缓缴按揭贷款、减少贷款利息等来减轻灾民负担。日本形成的居民、政府、非政府组织、志愿者相互合作的这套 "自救"、"公救"、"共救" 体系，在灾后重建中发挥了重要作用。

伊朗巴姆地震重建中，在组织协调机制方面主要根据重建阶段设置②。巴姆地震重建主要分成两个阶段：第一阶段是制订详细的重建计划。伊朗政府为此专门设立了督导办公室，制订计划时引入了专家顾问机制，对巴姆城的城市设计和规划进行全面评估和分析。重建计划的主要内容包括：清理全城废墟，在原址上进行重建；专家学者、工程师、专业建筑商提供技术支持，进行防震减震等方面的宣传教育；雇佣当地人参与重建以增加就业机会；充分利用国际捐款进行基础设施建设等。第二阶段是住房和城市发展委员会成立了一个名为 "巴姆可持续重建宣言" 的委员会，由专家学者组成，负责今后若干年的巴姆重建工作。

巴基斯坦 2005 年的震后重建分为几个阶段，需要 3 年到 5 年时间。首先，巴基斯坦成立了震后恢复重建局，该局将直接向总理报告工作。其次，制定了灾后恢复重建的原则方针，通过了《农村灾后恢复重建政策文件》和《城市灾后恢复重建政策》等文件。政府对倒房毁房提供资金资助和技术支

---

① 国家发改委外事司："日本阪神地震灾后重建的启示和借鉴"，《中国经贸导刊》，2008 年第16 期。

② 徐富海："国外巨灾应急管理案例分析"，《中国减灾》，2008 年第 10 期。

持，鼓励个人自立自强，自己劳动或雇工建筑房屋。第三，开展灾情和需求情况评估，震后恢复重建局派出600名援助和监察人员到9个受灾区调查，摸清待资助人员名单，划分资助类别，确定重建补助标准。第四，根据灾民住房受损情况分阶段进行资助。第五，邀请巴基斯坦国家工程服务公司设计适用抗震民房，备用几种模式供灾民选择。第六，进行大规模培训。至2007年10月，巴基斯坦已经重建了15万座房屋，20万座房屋正在重建，所有60万毁房倒房将计划在2008年中期修建完成。

2004年印度洋海啸发生后，大量国际组织和资金涌入斯里兰卡，斯政府在资金、物资、人力上都相对充裕，斯政府只要能做好协调工作，救灾和重建工作本来可以做得更好。但由于斯各级政府效率低下，专业人员缺乏，无法有效地把救灾力量组织起来而导致重建状况混乱。沿海地区经常发生的情况是，有些渔民得到了渔船，有些渔民得到了渔网，有些渔民得到了船用发动机，但这些渔民实际上都无法下海捕鱼。在重建用地问题上，经常发生地方政府把一块地同时交给好几个组织的情况。

1985年墨西哥大地震后的第20天，墨西哥便成立了全国重建委员会。重建委员会由官员、专家学者、民间组织、企业团体等各界人士广泛参加，主要负责安置难民，优先修复受到破坏的住宅、医院、学校以及通讯、供水系统等公共设施，疏散过于集中的机构，鼓励一部分中央机关和企业到地方去。组成重建委员会的民间力量在灾区重建中献计献策，出钱出力，在墨西哥的重建工作中发挥了极其重要的作用[1]。在全国重建委员会的协调下，墨西哥各级政府部门都广泛参与到了灾后重建之中。地震后一年，墨西哥城的学校、医院等主要公共设施基本完成修复，大部分灾民的房屋重修和安置也在3年内完成。

墨西哥政府认为其有效的基础设施重建得益于房屋重建的机制设置。由全国知名的建筑专家组成了房屋评估小组和规范委员会。评估小组负责对灾区受损房屋进行检测，以决定维修或重建的具体方式以及时间先后。而规范委员会除了指导房屋修缮外，还有一个重要任务就是尽快推出墨西哥城新的建筑规范。1985年大地震后不久，墨西哥修改了相关的建筑规范法，将墨西哥城易受地震影响的区域房屋抗震能力从地震前的7.5级调整至了8.5级。

---

① 新华："灾后重建世界共同面临的课题"，《协商论坛》，2008年第7期。

政府根据各区域地质的不同，对房屋的修建和维修作了不同规定，对于地质较松软的地区，需要严格审查建筑许可，甚至直接规定建筑材料种类的使用。值得指出的是，墨西哥的民间力量在灾后重建中发挥了重要作用。地震发生后，由于政府缺乏应对重大自然灾害的经验，没有立刻做出反应，而是普通民众以及一些民间组织最先投入救灾之中。墨西哥著名的"鼹鼠"救援队就诞生于这个时候，他们通过特殊的绳索、打钻和固定工具打通行进渠道，甚至爬到坍塌建筑物内部来确定幸存者状况。

（三）资金资源整合机制（资金管理与资源配置）

震灾不仅造成巨大的生命财产损失，短期内还会给国家、当地宏观经济金融运行造成明显的负面影响。据美国风险评估公司 AIR Worldwide 测算，汶川地震造成的经济损失超过 200 亿美元，折合人民币约 1 400 亿元左右。中国科学院可持续发展战略首席科学家牛文元教授的测算表明，地震带来的直接经济损失达 1 300 亿～1 500 亿人民币，相当于近十年来中国年均各类自然灾害损失总额的 70%～75%[1]。充分的财政支持、透明的资金管理以及多方整合的资金资源都直接影响到灾区恢复重建的进展和效果，一些国外政府或机构在应对此类突发灾害性事故方面已有自己的有效解决机制，了解他们灾后重建的资源整合、资金配置经验，对于进一步完善中国的灾后金融支持体系具有重要借鉴意义。

1. 政府财政救助

政府的财政救助是重建过程中灾民重要的救助来源。在日本，对受灾民众以及受灾地区的财政救助体系主要包括经济和生活方面的救助、住宅的修补或重建、对中小企业以及个体经营者的援助以及对于地区整体规划的援助等。日本政府的救助主要有两种形式，一种是通过地震保险、再保险的方式帮助和促使保险公司积极开展地震保险业务并按标准进行赔付；另一种是中央和地方政府直接给灾民补助。一旦发生重大地震灾害，政府对保险公司担负的地震保险责任进行再保险。具体做法是[2]：如果保险公司赔付的地震保

① 谢欣甜、费婧蓉、杨胜刚："灾后重建的金融支持：国际经验与中国的对策"，《湖南社会科学》，2009 年第 3 期。

② 刘洋："国外保险风险证券化及对我国的启示"，《哈尔滨工业大学学报》（社会科学版），2008 年第 1 期。

险金总额在 660 亿日元以下时，全部由保险公司来承担赔付；如果赔付总额在 660 亿日元以上 3 300 亿日元以下时，政府承担其中 50% 的赔付金；如果赔付总额超过 3 300 亿日元，政府将承担 95% 的赔付金额。除此之外，日本政府还依据受灾者生活重建救助制度，为灾民直接提供资金援助。现行的救助制度不仅放宽了享受援助的条件，同时将最高援助金额从原来的 100 万日元提高到了 300 万日元。资金来源由中央和地方政府共同承担，主要根据受灾者的严重程度及自救能力等因素具体确定对受灾者的援助金额。为减轻灾民重建时的负担，政府还依法对灾民应该缴纳的所得税和固定资产税给予不同程度的减免。日本的受灾者生活重建救助资金设置还注意调整并提高针对性，以有效回应弱势群体的需求。如为回应阪神地震带来高龄化社会状况的需求，在从临时住宅向固定住宅过渡的过程中，国家、县、市协调通过了"受灾高龄家庭等生活恢复援助金"、"受灾中老年固定住宅资历援助金"、"受灾者生活独立援助金"等不同种类的援助资金。

表 2 - 2　　　日本阪神地震恢复重建针对高龄受灾者援助金的类型

援助金类型	针对群体	援助内容
受灾高龄家庭等生活恢复援助金	低收入阶层高龄者	为期 5 年，2 万日元/月，总额 90 万 ~ 150 万日元
受灾中老年固定住宅自立援助金	45 岁以上、年收入 507 万日元以下的家庭	为期 2 年，2 万日元/月
受灾者生活独立援助金	特别措施	需根据前两项相应规定进行调整后进行支付

2001 年 2 月，印度古吉拉特邦地震后，邦政府宣布四个救助政策分别资助四类不同的受灾家庭，惠及 30 万个家庭，规模达 10 亿美元，其资金主要来自印度中央政府和邦政府、各类机构的捐赠和贷款、总理和部长救助基金等。

2. 政府主导型重建基金

日本被认为是一个中央集权的国家。阪神地震灾后重建中中央政府担负着最重要的角色。1995 年 4 月 1 日，兵库县与神户市共同成立了《阪神·淡路大震灾复兴基金》，以此支援灾区重建各类工作。重建基金实质上是集国家财力、社会捐助及商业投资，资助建设基础设施和基本的公共设施项目，即举全国之力重建家园。它主要分为两类，第一类是基本基金，主要是中央政府的投入；第二类是投资基金。基本基金主要是建设基础设施和基本的公共设施项目，而投资基金则是商业性项目。在重建过程中，两种基金相互结合发挥作用。

值得借鉴的是，虽然日本中央政府负担了基本基金财务的大部分（如基金利息支付完全由中央政府以交付税方式负担），但在整个复兴基金的运作过程中，地方政府具有相当的分配以及支应自主权。生活重建的项目，包括住宅、医疗、就业、产业、教育等，都由地方政府扮演主要角色。中央因为负担基金利息支出，也稍具发言权。这种运作呈现出中央与地方的伙伴关系，是中央与地方合作关系的最好范例①。

在灾难频发的中南美洲国家萨尔瓦多，国家建立社会投资基金（SIFs），主要用于对遭受灾难的贫困地区提供快速救助，常常是为小型建设工程提供资金。基金与贫困地区直接保持联系，分散管理，并与社会组织和地方政府紧密合作，运作透明、高效。

3. 政府参与银行信贷

2003 年伊朗巴姆地震后，通过住房基金（Housing Foundation 为政府的一个执行部门，负责受损房屋的建设和重建）把资质良好的个人介绍给银行获取资金，并由商业、学术、工程以及住房基金等部门的知名人士组成建筑与城市发展委员会（CAUD），对房屋重建和城市规划提供指导，同时核定每个家庭和企业的信贷额度和银行贷款规模。CAUD 还负责分配已经获批的用于校舍围墙和花园围栏重建贷款的分配。1995 年日本阪神大地震后，日本金融机构向遭受自然灾害需修缮、建设或者购买房屋的家庭提供低息贷款。房屋半坏的家庭最高可获得 170 万日元低息贷款，房屋全坏的家庭最高可获得 250 万日元低息贷款。另外，对于为受灾的迁住户，每户最高可申请 150 万日元的贷款，并实行一定幅度的利息补贴。此外，政府还提供贷款信用保证，提高银行承贷意愿。

4. 巨灾损失分担机制：政策性及商业性保险资金及其协作

不断发生的巨灾使人类遭受了巨大的经济损失，但是由于各国在对巨灾损失分担方面存在严重差异，从而形成不同的结果。灾害后，保险发达国家如美国和日本将 40% ~ 50% 的风险损失转嫁给了国际保险公司；遭受海啸袭

①　仇保兴主编：《震后重建案例分析》，中国建筑工业出版社 2008 年版。

击的东南亚各国，由于政府经济实力较弱，只能靠国际援助渡过难关；中国作为世界上自然灾害最严重的少数国家之一，则主要是靠政府和社会的无偿赈灾和救济分担巨灾损失，数额十分有限，并造成严重的财政负担。借鉴国际经验，在中国现有的机制基础之上，建立风险一体化的、以政府为主导地位的、由保险市场和资本市场参与和支持的多渠道、多层次的巨灾分担机制，是解决当前中国巨灾损失分担的现实且明智的选择[1]。

（1）强制性的政策性保险，属于政府参与的巨灾保险。我国台湾地区于2002年4月1日实施住宅地震基本保险，该制度采取住宅火险自动附加地震险的方式，住户如果投保住宅火险，将自动获得地震险的保障。在新西兰，居民向保险公司购买房屋或房内财产保险时，被强制征收地震巨灾保险和火灾保险费。

为了应付地震等自然灾害给农业带来的严重后果，保障农业再生产的经营稳定，并使之适应国民经济的高速发展，日本、美国等国都采取了农业保险或农作物保险的支持形式，为农民和消费者带来不小的实惠。日本和中国一样具备人多地少的状况，通过对日本农业保险的研究，可以对于中国农业巨灾损失分担提供良好的借鉴。总的来说，日本的农业保险有以下几点值得学习：一是依据本国国情选择相应的农业保险制度。日本根据自身农业建立在分散的、个体农户小规模经营的基础之上的特点，依托农业共济组织选择了以政策性保险为主的农业保险制度。二是通过完善法律法规促进农业保险的健康发展。日本《农业灾害补偿法》对开展农业保险的农业共济组织的方方面面都作了详尽、具体、严格的规定。三是政府对农业保险提供补贴。日本农户参加保险，仅承担很小部分保费，大部分由政府承担，保费补贴比例依费率不同而高低有别，日本政府用于农业保险的财政支出占农林水产总支出的4%～6%。四是通过再保险制度分散农业风险。日本通过三重风险保障机制将农业风险在全国范围内分散。五是农业保险计划与其他政策措施配套实施。日本政府大都把财政对农民的保费补贴与农业信贷、价格保护、农业灾害救济、生产调整等捆绑起来实施，增加了农民投保的积极性。六是根据实际情况进行不断调整，选择差异化待遇。例如，对赔付额进行调整，农民可以选择农场单位保险计划或地块单位保险计划，前者在投保农作物遭受全

---

[1] 谢欢："巨灾损失分担机制：理论研究与国际经验"，《山东大学硕士论文稿》，2007年。

损时获得的最高赔付率要高于后者，但是在一般灾害情况下，参加农场单位保险的农民得到的赔付额低于参加地块单位保险的农民。将费率确定的范围缩小了，以更好地反映不同地区风险水平的差异性，并且将参加法定保险农作物面积的下限提高，即允许许多种植农作物面积较小的兼业农民不参加农作物保险。

美国具有和中国类似的自然环境状况，政治上受凯恩斯主义的影响，因此政府对于巨灾损失分担往往采取积极的态度，通过税收、财政补贴等方式去分担巨灾损失。这种做法对于现在由政府分担大部分巨灾损失的中国尤为具有借鉴意义。为了减少巨灾风险，政府加大力度对农业和农作物通过保险进行转移。1938年，美国建立了联邦农作物保险公司（FCIC），这就意味着联邦农作物保险开始建立了。1980年，联邦农作物保险法案建立了新的联邦多险种农作物保险计划（MPCI）。联邦农作物保险是通过私营保险人的销售系统销售的，主要作为私营保险人销售的农作物保险的附属。FCIC的MPCI为超过农场主控制能力的自然情况引起的全部损失提供保障。1994年10月，公司对该计划作了最新的变动，它要求每个参加美国农业部提供的各种农业支持计划的农场主都必须签订强制性MPCI保险，否则即丧失未来的援助。该计划受到政府的极大补助，可视为对农业部门进行支持的一种形式。

（2）自愿性的商业保险。在德国，发生灾害后，保险公司的偿付款能够确保在原地重建同样的新房，新房价成为房屋保险计算的基础。房屋保险属非强制性，可以由房主自主决定是否投保，但德国房主大都选择购买该保险。而通过银行贷款购买或建造的房屋，银行一般都要求户主必须入保。日本自1966年起就建立了完善的地震商业保险制度，户主只要参加了地震保险，就能获得保险公司的赔付金。现阶段日本的地震保险属非强制性，民众可以根据自己对灾害保险的认识和对本地区的地震危险性等进行综合判断后，考虑是否购买地震保险。

（3）商业保险与政策性保险的密切结合运作机制。新西兰地震保险制度的主要特点是国家以法律形式建立符合本国国情的多渠道巨灾风险分散体系，走政府行为与市场行为相结合的道路。新西兰地震风险应对体系由地震委员会、保险公司和保险协会三部分组成，分属政府机构、商业机构和社会机构。一旦灾害发生，地震委员会负责法定保险的损失赔偿，保险公司依据保险合同负责超出法定保险责任部分的损失赔偿，而保险协会则负责启动应急计划。台湾地区建立了"四层主体"救灾保险运作机制，即台湾当局设立住宅地震保险基金、商业保险公司设立住宅地震保险共保组织，再加上国际再保险市场以及台湾地区的"财政"①。

鉴于巨灾风险的特殊性，分担机制比较成熟的国家和地区基本都采取政府支持或直接介入，并与商业保险公司共同建立巨灾保险基金的做法，对巨灾风险进行单独的有效管理，并对巨灾损失形成了一套较为成熟的分担机制，即政府制定有效的公共政策，通过相关立法，并由国家财政提供适当的财政资助（以基金、补贴的方式或者采用税收上的优惠政策），让保险公司甚至是资本市场广泛参与，采用市场化的运作方式，形成全国性或区域性的保障体系。这种模式不仅可以避免保险行业单独承保巨灾风险，承担巨灾损失，而且可以更好地利用和发挥资本市场的作用，在国家防损减灾工作中发挥特殊的作用②。

（4）非政府组织和小型金融机构的支持。印度的人道发展行动组织（DHAN）在灾难发生后帮助受灾群众组织起来进行互助。该组织与印度1 500个社区建立了联系，该组织还与其他非政府组织（NGO）和商业保险机构合作，为社区提供专业的财务支持。

联合国把2005年定为世界小额信贷年。2006年，孟加拉国的格莱珉银行（Grameen Bank，GB）的创始人尤努斯（Yanus）教授荣获2006年的诺贝尔和平奖，自此，小型金融机构（MFIs）所提供的小额信贷在扶贫进程中所起的作用受到国际社会的高度重视和肯定，它们在印尼、印度、斯里兰卡等发展中国家提供着大量金融服务。孟加拉国1998年洪灾后，小型金融机构在家庭贷款中起到了很大的作用。在这一时期，大多数小型金融机构重新规划贷款计划，允许贷款者推迟还款，即便贷款人有数笔贷款，只要还清了已有贷款的一半以上，仍能获得新的贷款。小型金融机构的成员们也可形成团体，共同负担小额信贷的利息和本金偿还。

也有不少国家把正规金融和非正规金融发展结合起来，形成了金融机构和非政府组织紧密联系的小额信贷模式，如印度国有开发银行——印度农业和农村发展银行（NABARD）。NABARD是将非正规农户互助组（SHG）与

---

① 宋汉光："金融支持巨灾重建的国际经验和政策启示"，《福建金融》，2008年第8期。
② 谢欢："巨灾损失分担机制：理论研究与国际经验"，《山东大学硕士论文稿》，2007年。

正规金融业务结合起来从事小额信贷的模式。该模式开始于 1991 年，NA-BARD 通过其员工和合作伙伴（亦称互助促进机构，指基层商业银行、信用社、农户合作组织、准政府机构）对由 15～20 名妇女组成的农户互助组进行社会动员和组建培训工作。农户互助组内部先进行储蓄和贷款活动（俗称轮转基金），NABARD 验收后直接或通过基层商业银行间接向农户互助组发放贷款。NABARD 对提供社会中介和金融中介服务的合作伙伴提供能力建设和员工培训支持，并对基层商业银行提供的小额贷款提供再贷款支持。在 2002～2003 财政年度，NABARD 共向 26 万个新成立的农户互助组提供约 1.6 亿美元的新增贷款。截至 2003 年 3 月，NABARD 已累计对国内 1 160 万贫困家庭提供贷款，覆盖印度全国近 20% 的贫困家庭[①]。

（四） 发展动力机制（社会资本、社区参与）

1. 社会资本

受灾居民原有的社会网络可以在一定程度上弥补正式制度的缺失，为灾民提供必要的社会支持，在此过程中，政府可以通过积极的政策来创建灾区的社会资本。人们通常认为灾后重建与灾害治理是政府的责任，因而考虑更多的是以指令和控制为主的政府计划、基础设施建设和政府危机处理系统的建立等。但国内外经验表明，这种自上而下的治理体制并非万能，往往需要其他社会力量的补充和完善，社会资本和社会网络正是这样一种重要的社会力量。赵延东分析了中国西部 11 个省（市、自治区）19 008 个家户样本后指出[②]：受灾居民原有的社会网络可以在一定程度上弥补正式制度的缺失，为灾民提供必要的社会支持。而受灾者在灾后积极的社会参与活动以及信任结构等都可以使受灾者更好地团结起来，共同抵御灾害的打击。这些都是制定灾害治理政策时不应忽略的重要资源。

---

① 谢欣甜、费婧蓉、杨胜刚："灾后重建的金融支持：国际经验与中国的对策"，《湖南社会科学》，2009 年第 3 期。

② 赵延东研究的数据来自科技部中国科技促进发展研究中心"中国西部省份社会与经济发展监测研究"，该中心于 2004 年 6 月～2005 年 2 月在甘肃、青海、宁夏、陕西、内蒙古、新疆、云南、贵州、四川、广西、重庆等 11 个西部省（市、自治区）组织实施了大规模入户调查。实际抽取样本 44 738 户，符合受访条件的样本 43 858 户，完成全部问卷的样本 41 222 户，应答率为 94%。由于研究主题为受灾居民灾后恢复问题，赵延东将研究样本限制为过去一年中所在社区遭受过严重自然灾难的居民户，共 19 008 个家户样本。参见赵延东："社会资本与灾后恢复——一项自然灾害的社会学研究"，《社会学研究》，2007 年第 5 期。

　　社会资本可以分为两个基本层次：（1）微观层次（又称个体外在层次）的社会资本。它是一种嵌入于个人行动者社会网络（social networks）中的资源①，产生于行动者外在的社会关系，其功能在于帮助行动者获得更多的外部资源。（2）宏观层次（又称集体内在层次）的社会资本。它在群体中表现为规范、信任和网络联系的特征，这些特征形成于行动者（群体）内部的关系，其功能在于提升群体的集体行动水平。

　　大量经验研究表明，微观社会资本有助于个人得到就业信息、社会资源、知识及社会支持，因而有助于人们获得更高的社会经济地位；而宏观社会资本则对提高社会的经济绩效、推动和维护民主化进程、消除贫困、保证社会的可持续发展等起着不可或缺的作用②。

　　世界银行认为，社会网络在灾害中可以将人们联系在一起，应该在救灾应对的各个阶段给予考虑③。对印度尼西亚的地震海啸灾后应对进行总结后发现：救灾和重建如果能确定、使用并加强现存的社会资本，就会更加有效。围绕社区的灾后重建方法建立在这种社会资本的基础之上，需要投入大量的时间和人力，但却可以让受助者更加满意、支付更为快捷、地方权力更为充分④。

　　在1995年日本神户地震之后的紧急救援中，受灾者及左邻右舍在震后的自救和互救挽救了大部分幸存者生命，重建过程中，也是以受灾者社区为主确定社区成员是否满意于重建进展，政府则由于应对迟缓而饱受批评。在此过程中，日本各界逐渐认识到灾后重建和复兴不应仅局限于探索技术层面的解决方法，震后的灾害管理应是多学科的，应将技术层面解决与社会层面解决联系起来。灾后重建并非仅事关民房等基础设施重建，而是应将整个社区重建发展为更为安全的居住区域。为推动社区成员在这个社区发展集体行动中都有所贡献，对社会资本及其作用的理解和利用则成为关键所在。

---

　　① 社会网络分析是一套分析社会结构的理论和方法，其基本观点是将个人或组织之间的社会联系所构成的系统视为一个个"网络"，并认为整个社会就是由这些网络所构成的大系统。

　　② 赵延东："社会资本与灾后恢复——一项自然灾害的社会学研究"，《社会学研究》，2007年第5期。

　　③ World Bank（2006）p. 45.

　　④ John Cosgrave, *Responding to earthquakes 2008：Learning from earthquake relief and recovery operations*, ProVention, July 6, 2008, p. 15.

神户经验表明，虽然社会资本是一种非制度因素，但政府在创建社会资本问题上可以通过积极的政策来创建灾区的社会资本。除了为灾民和灾区提供物质援助、重建当地基础设施之外，政府还应采取积极的措施重建当地的社会网络，充分利用当地既存的社会组织与社会规范，特别要重视灾民自发组织和非政府组织在灾后重建中的作用，动员灾区人民更积极地参与到灾后重建中来。这样可以对政府灾后治理工作中可能存在的不足起到有益的补充，帮助受灾居民和受灾社区更快更好地恢复正常生活。

日本神户案例：政府帮助灾区创建社会资本①

在被规划为土地重新整理和重新发展的区域，政府牵头成立了被称为"Machizuluri"的城镇发展组织，由当地居民、企业和其他当地利益相关者组成。绝大多数 Machizuluri 组织都是在原有的邻里协会等社区自发组织的基础上组成，并强调组织的自治性。其功能主要有两个：1. 给社区成员提供重要的讨论未来发展计划的"机会"，这也是未来重建的第一步；2. 成为社区成员同政府官员、重建计划顾问等互动的平台。

神户 Mano 区案例：社会资本在重建中的重要作用	
"Mano Machizukuri 组织"带领社区开展的重要活动	其有序、高效的成功主要得益于：
震后紧急救援阶段：灭火、救人、清空学校、建立社区厨房、设立夜间守卫、进行建筑物受损调查、发布社区通讯周报、管理过渡安置点等。	1. 由多种社区小组（中年人小组、社会保护小组、青少年问题小组、儿童小组、老年人小组、社会工作小组、妇女小组、邻里小组等等）构成的社区群体网络非常活跃；
重建复兴阶段：成立 Mano 复兴社区组织办公室、建设社区组织中心、成立公司"Manok-ko"用于社区发展、为受灾群体建立公共住房收集签名、游说政府为老年人提供特别住宅、为社区重建立示范住宅、准备联合建房项目书、管理日托中心等。	2. 社区成员共同努力，社区项目活动经验丰富；3. 拥有较高威望的、强有力的社区领导人非常重要。

---

① Nakagawa and Shaw. Social Capital: A Missing Link to Disaster Recovery, *International Journal of Mass Emergencies and Disasters*, VOL. 22 （March 2004）, pp. 5 – 34.

神户 Mano 区案例表明，虽然该区域震后被划为"灰色地带"（即除非社区成员自己动员起来开展活动，否则很难获得外界公共支援），虽然在重建过程中也不时地面临重重困难，但拥有社会资本的社区在重建中表现更为突出。正是由于当地灾害发生之前既有较为丰富的自发组织，也拥有丰富的活动经验，因此在灾害发生后，才能够更好地组织起来做出反应。从中我们可以得出的政策含义是：对社会资本的重视和投资不能仅局限于灾害发生后的一种应急性措施，而应成为一项长期的、稳定的政策，这不仅是灾害治理政策中的重要部分，也是保证社会和谐稳定发展的社会政策中所不可或缺的部分。

中国素有重视人伦关系的文化传统，个人的人际关系网络在社会生活中一直扮演着重要角色，在灾害中也不例外。中国目前正处于社会转型时期，计划体制下建立的社会保障与救济体系在灾后重建和援助问题上显得力不从心，而新的救济体系尚待建立。在这样一种制度转型的"真空期"，应关注到社会资本和社会网络这样的非正式制度资源在应对灾害影响中的作用，并应特别关照其对于受灾群体中弱势群体的作用如何。

2. 灾后重建中的社区参与

随着灾害管理由自上而下发展到更加关注社区主导的方法，受灾社区不再是被动等待援助的受难者，而是灾后各个阶段工作的直接且积极的参与者。印度古吉拉特地震、东南亚地震海啸到土耳其地震后的各类灾害重建经验的总结中，不断强调受灾群体和社区参与重建工作的重要性，指出受损群体的参与能够保证重建项目考虑到当地背景、本土知识和限制，从而能够有助于提高项目效果和影响力[1]。无论是水灾、风灾还是地震，受灾社区参与重建能够增强外部援助者与受灾群体之间的互信，形成对重建的共识从而提高重建效率。

（1）应高度重视社区防灾备灾的意识和能力。社区参与并非仅体现于紧急救援和灾后重建阶段，在灾害发生的当时，社区既是受害者，也是积极的自我拯救者。灾难的强毁灭性决定了社区需要援助和支持，但人们并非仅是等待援助的到来，人们得到的最初的支持往往来自家庭和社区内部。印度古吉拉特地震、印尼日惹地震以及 2004 年东南亚地震海啸中，大部分幸存者

---

① Marks, C & AWP David, *Review of AIDMI's Temporary Shelter Programme in Tsunami – Affected Southern India.* Ahmedabad：All India Disaster Mitigation Institute. World Band（2003）

通报说他们主要由朋友和邻居救出，而不是由有组织的救援队救出。地震造成的交通设施严重损毁，增加了灾民对于朋友、邻居的依赖性。外界救援队往往会不惜代价飞赴灾区，但他们往往活动时间有限，因此救援成果也比较有限。印度古吉拉特地震后，英国媒体集中报道了由 69 人组成的救援队，他们仅仅救出了 7 个人①。

> **印尼日惹地震案例②**
>
> 　　日惹的一个地区由于面临附近火山爆发的威胁，几乎 1/4 家庭参加了日常组织的灾难准备训练。地震后，受灾家庭大部分很快得到救助，并对获得的救助更为满意。比较研究发现那些对灾难的准备训练参与少的社区就不是这样。

（2）重建项目经常需要在速度和质量之间寻求平衡，而不断提高重建项目的参与性是众所一致的观点。在重建执行行为中的参与性价值已经被广泛认同，但在重建规划制订及设计和重建进展监测评估阶段，社区组织和利益相关者的充分参与却常被忽略。

> **2000 年莫桑比克洪灾后，社区参与重建的教训③**
>
> 　　在灾后重建过程中，受灾社区仅参与了基本的，通常意义上的提供劳动力、参与各个重建委员会，并执行由外部援助机构确立的重建规则等。

随着重建的进展，社区往往会创造成新的社区结构，这些是外来机构难以做到的。社区自身的恢复和外来机构推动的重建并非一定是矛盾的，公共服务领域等往往是外来援助机构所擅长的，而生计恢复的优先选择和新的社会组织形式、管理方式则通常在社区完成其重建的过程中逐步形成。

---

① Humanitarian Initiatives UK, Disaster Mitigation Institute, & Mango. *Independent Evaluation*, *The DEC Response to the Earthquake in Gujarat January*, *October*, 2001: *Vol. 2*: *Main Report*. London: Disasters Emergency Committee., http://www.actionaid.org.uk/content_document.asp? doc_id = 348 June, 8, 2008.

② Bliss, D., & Campbell, J. *Recovering from the Java earthquake*: *Perceptions of the affected*, http://www.fritzinstitute.org/PDFs/findings/JavaEarthquake_Perceptions.pdf June, 8, 2008.

③ Wiles, P, K Selvester, L Fidalgo, *Learning Lessons from Disaster Recovery*: *The Case of Mozambique*. Washington DC: World Bank.

（3）重视并切实回应妇女在重建中的需求和参与。重建中忽视社会性别因素，忽视对女性的具有针对性的援助和支持，这是灾后援助和重建中反复出现的问题。性别因素应该是地震灾难重点考虑的问题，因为在地震中遇难的女性往往多于男性，使社区内性别角色受到影响。这里的性别问题不仅指灾难对妇女的影响，也包括灾难对男性和女性的不同影响。地震海啸后，大量妇女死亡使很多男性失去妻子，导致社会问题并给生计发展带来压力。在重建过程中，印度渔妇没有得到补偿，因为她们不是渔夫协会的成员，而后者控制着补偿款的发放。

无论在房屋重建还是生计发展项目中，都应该更多回应妇女，特别是贫穷妇女在决策过程中的参与性。在巴基斯坦地震的重建案例中，社区接受的援助并没有很好地满足他们的需求和优先排序，所提供的支持也没有能同社区，特别是妇女展开充分沟通，这些都导致社区的挫败感不断增加。

（4）将社区参与重建作为整体重建生产的必要组成部分。我国台湾地区"9·21地震"也集中于乡村地区，与汶川地震可比性较强。"9·21地震"受损地区多属于小规模地方乡镇与农村、山村等，主要产业以农业、山上作物和日常性商业为主，区域内原著民、福建人、客家人和外省人掺杂居住，呈现出多元文化的特征。在这类同时涵盖灾害破坏大、贫困的、少数民族的、社区认同和文化传承比较强等因素的地区重建中，台湾谢英俊团队在日月潭邵族部落组织村民集体自力建房造村的独特实践非常有借鉴性[1]。谢英俊设计出一种造价低廉但坚固耐用的轻钢结构房屋，并且配合一整套非常简单的施工法。这样，邵族部落里所有人，只要"有手有脚有劳动意愿的"，都能参与进来。谢英俊的这套方法还有更深的内涵：借由集体劳作凝聚强化部落族群意识，使村落不至解体，甚至能加强和维持村落即将消失的各项原有功能与结构。

在2005年台湾地区政府宣布"9·21地震"重建任务完成之际，学者们依救援、应变和重建过程，对受灾农村社区的重建进行了总结和检讨。在民众参与方面具有代表性的几个社区的总结中得出了如下几点共识。

---

[1] 徐百柯："台湾灾后重建的启示"，《中国减灾》，2008年第8期。

中国台湾地区 "9·21" 震后农村社区恢复重建经验①

◆ 救援和应变阶段：农村社区的重建多由社区自行完成。

◆ 地震前已有社区组织运作的社区在救援阶段可顺利发挥组织运作、统筹的功能，进行搜救、应变等相关事务处置，从而保障社区民众在地震初期比较有生活保障。

◆ 应变阶段：民众以临时性住所为暂居地，多居于住家、社区的空旷处，平日工作以获得日常所需，多余农产常分送亲友，近似自给自足的生活使民众有更多时间聚集讨论社区与个人未来的重建与发展。

◆ 农村社区安置与重建阶段：政府资源及外部团队的协助具有重要影响力。各社区依不同状况有不同的重建方式，在团队的引导下，社区在安置阶段注重社区重建规划与新的学习。重建阶段开始后，则可顺利依循前阶段的设定来重建个人与社区的生活、生产等。

（五）监测评估机制

无论提供现金、就业机会、房屋和道路重建等何种援助，援助机构都应不断从利贫和公平视角评估谁将从这些政策行为中短期、长期真正受益。同时，不断开展与协调当地社会经济分析和评估是非常关键的，不仅能够提高重建政策的公平性，而且有助于形成机制限制重建中腐败行为的发生②。在巴基斯坦重建案例中，由于当地的政治冲突和地形等因素，仅给部分受灾群体提供房屋重建，或者给不同群体提供了不同类型的房屋，这些都导致了当地对于公平问题的质疑。

① 吴正德：《边陲的声音——南投县中寮乡和兴村"9·21"灾后自发性重建之探讨》，中原大学建筑研究所硕士论文，2000 年；黄世辉、张世昆：《参与式灾后社区重建——以大雁涩水社区为例》，中日（即日本与中国台湾地区，本章作者注）社区营造小型探讨会论文，台湾大学城乡所，2002 年；詹欣华：《社区永续发展——以南投县桃米社区为例》，台湾中正大学政治学研究所硕士论文，2003 年；赖孟玲、黄世辉、蔡梦珊："'9·21'灾后乡村地区社区总体营造重建调查实况分析"，《第十八届第一次建筑研究成果发表会论文集》，2006 年 6 月。

② ALNAP, Humanitarian Action: Improving performance through improved learning, *Annual Review* (2002)

二、灾后重建中的国际合作经验

通过共同防治抵御来降低灾害对人类的损害，已经成为世界各国共同的关注点，并将世界各国紧密联系在一起。

（一）遭受巨灾打击的国家的求援呼吁能够得到国际社会的积极响应

伊朗巴姆地震后，国际社会应伊朗政府的求援呼吁，立即向伊朗地震灾区提供紧急人道主义援助。44个国家派出了1 600名搜救和医疗救助人员，大量国际救灾物资运抵地震灾区。

巴基斯坦地震之后，总统穆沙拉夫亲自陪同外国记者到地震现场，通过国际媒体向全世界发出呼吁。联合国机构组成了一个7人应急协调小组，地震当晚赴巴基斯坦。第二天，联合国灾害评估队也赶赴灾区开展灾害评估。震后12个小时内，共有40多个国家44支救援队处于待命状态，包括中国国际救援队在内的多国救援队、联合国机构、非政府组织等，纷纷前往地震灾区协助救援。巴基斯坦政府从全世界得到了24亿美元的资金或物资援助承诺，其中10亿美元来自单个国家，14亿美元来自地区或国际组织。

国际社会在震动全人类社会的印度洋海啸后也纷纷伸出援手，向受灾国提供了大量援助。联合国副秘书长扬·埃格兰表示，印度洋海啸救援是人类迄今对重大自然灾害所作出的"最为有效的应急反应"。印度洋海啸发生几天后，几乎所有受灾人群都得到了食物。在灾难发生后两到三个星期，几乎全部受灾人口都获得了水、卫生医疗设备以及庇护。

（二）政府工作效率低下导致国际支持与合作暂缓或停止

斯里兰卡政府在印度洋海啸的救灾过程中，由于效率低下，在海啸发生后一年内，政府使用的救灾资金只占承诺总数的10%左右，这使一些救援机构开始拒绝发放后续的救援资金。根据斯政府的统计，在国际社会向斯里兰卡承诺的34.2亿美元重建资金中，到2007年底已经用于海啸重建的仅有约11.3亿美元。这其中固然有一些组织不遵守承诺的因素，但一个重要原因是一些机构对重建工作不满意，因而拒绝继续发放救灾资金。

（三）政策僵化打击国际援助的积极性

2004 年海啸过后，由于斯里兰卡政府对待国外援助物资和救援机构过于苛刻，打击了外国援助的积极性。斯里兰卡对进口的大部分物资都征收极高的进口税，这一规定在海啸发生后的特殊时期也没有改变。据报道，联合国儿童基金会曾被要求向灾区群众提供两辆救护车，但车辆到达斯里兰卡后，经过两个月的时间才办完清关手续，而且还需要交纳 8 万美元的进口税费。另外一个著名救援组织乐施会（Oxfam）则被要求缴纳约 100 万美元的税，该组织的车辆才能进入斯里兰卡展开救灾活动。

（四）东盟国家的救灾合作机制走过了循序渐进的过程，是区域内国家间合作救灾的良好借鉴

东盟在 2004 年东南亚海啸和 2005 年缅甸飓风的救灾过程中，其应对自然灾害的措施和机制发生了巨大改变，实现了由"纸上谈兵"到具体操作实践的转变，这个循序渐进的过程，在缅甸救灾后有了一个质的转变和飞跃。

在海啸救灾中，东盟主要发挥了第一时间的动员作用，呼吁联合国发挥协调国际社会各界参与救援工作，而东盟内部的国家在积极响应东盟号召的同时，更多的是对受灾国的一种直接的双边援助。东盟外的国家如美国、日本一开始欲组成"救灾四方小组"这样的多边救援合作机制，之后是在联合国的统一协调下，进行国际认捐，直接对受灾国派出医疗队和救援队，体现了一种多边与双边跨国合作相互交叉但相对来说双边合作更多一点的局面。

在缅甸飓风时，东盟除了第一时间进行动员和呼吁之外，其成员国也对缅甸进行了直接的援助，如新加坡不仅直接救援缅甸，还发挥自身的作用协助缅甸有效接受国际援助。除此之外，东盟还积极化解缅甸与国际社会的矛盾与误解，积极协调两者互信互谅，从而使东盟协助和代表缅甸接受国际援助。西方国家如美国、挪威等都是通过东盟对缅甸进行救援，而国际组织如世界银行的资金也是通过东盟秘书处援助缅甸的救灾和恢复工作。这说明由地区组织领导的救灾机制，不仅能够最有效地解决问题，同时也符合地区内各方利益。

三、生计重建中的国际经验

对受灾人口而言，灾后恢复的重大问题是生计问题。灾难可以在几个方面影响家庭生计。首先，由于死亡、受伤或者精神创伤而导致人力资本缺失。其次，财产损失，包括居所、土地、家畜和店铺。这种损失可以是有形的，也可以是无形的。再次，正式或非正式部门的就业机会丧失。这在那些依靠旅游业的地区非常明显。地震海啸发生后，斯里兰卡旅游业的衰落给那些以旅游业为生的人造成冲击。市场或通往市场的渠道缺失也是灾后生计恢复的巨大挑战。海啸发生后，印尼亚齐（Ache）的渔民卖不出手中的鱼，因为人们害怕这些鱼吃了死尸而不敢买鱼。汶川地震后，四川以蔬菜种植为主要收入来源的农户因难以及时卖出蔬菜而遭受重大经济损失。同时，救灾或重建措施的机会成本也对生计带来影响。巴基斯坦地震后，在外工作的男性家庭成员从外地或国外返回，直接参与家庭的救助和重建，这导致家庭汇款收入的缺失。汶川地震灾区也有大量农村劳动力不得不从务工地返回家乡参与家庭重建，丧失了家庭打工收入。

世界粮农组织的研究指出[①]：地震给穷人的生计带来的打击最为沉重，这些群体应是首先需要从重建工作中获益的群体。学者们总结近30年来地震灾害的恢复重建经验，建议震灾后的生计重建要考虑到以下因素。

（一）要考虑设计多样化的生计恢复策略

联合国发展计划署（UNDP）在报告《减少灾害风险》中指出："农村的穷困人口大多处于危险的境地，因为他们往往不再是自给自足的农民，而是依赖复杂的生计策略，包括进行季节性迁移或依靠住在城市或海外的亲戚寄来汇款"[②]。一般来说，在发展中国家，针对穷人的生计恢复策略有可能会非常复杂。巴基斯坦地震后，对偏远山区（Allai 谷地）的研究表明，只有

[①] MOA/FAO, *Post - Earthquake Rapid Livelihoods Assessment*. Food Agriculture Organisation of the United Nations and the Department of Agriculture, Muzaffarabadk (2005), p. 21.

[②] UNDP, B., *Reducing disaster risk: a challenge for development*. (New York: United Nations Development Programme, Bureau for Crisis Prevention and Recovery).

四分之一的家庭主力从事某种形式的农业生产。可以看出，想象中单一的"农民"生活与实际的"农民、牧民、小生意人和临时工"生活存在差异。因此，支持机构应该尽量提供灵活的支持应对现实存在的复杂生计，而不是想象出来的东西。多样化的生计恢复策略会降低风险性，并有助于促进一些地区的农村和城镇一体化。

（二）要警惕生计恢复和培训时仅关注到单一群体或单一地域的需求

针对有技能的劳动力提供的生计恢复发展的支持及培训往往成为这类工作的主要内容，因为这些群体相对来讲更容易参与进去。无地农民、妇女、儿童和残障人士等这些群体应该需要不同的生计发展支持策略。在世界银行总结莫桑比克灾后恢复案例中发现[1]：由于许多援助机构缺乏后勤支持体系而难以回应多样化的生计发展需求，造成当地生计恢复注重提供种子、农具、引进农作物品种等农业区生计，而忽略了为城市、半农区和渔业区提供服务。类似的问题也在东南亚海啸的生计重建中再次出现。

（三）发展中国家重建中要尤为关注农业与自然资源的基础

专家认为，山区农村重建与城镇重建应实施两者互补差异化就地重建方针。基于乡村在生产方式、消费模式、公共品提供、空间关系等方面的特征均与城镇不同，灾后的乡村不应盲目追求集中重建模式。[2] 日本新潟山区农村坚持的就地、就近、分散为主的重建途径，保证了其山区重建目标——"村民安居乐业、城市人口回乡观光、景色优美、充满活力的田园乡村"的实现。

（四）重建要防止重公共基础设施重建，轻弱势群体生活生计重建，出现两极分化的现象

日本阪神地震后，神户的重建和复兴形成了"光"与"影"的鲜明对比。灾后当地城市基础设施的重建让人们看到了光明。道路、港口、铁道和

---

① Wiles, P, K Selvester, L Fidalgo, *Learning Lessons from Disaster Recovery*：The Case of Mozambique.（Washington DC：World Bank）.

② 仇保兴："借鉴日本经验，求解四川灾后规划重建的若干难题"，《城市规划学刊》，2008 年第 6 期。

建筑物等城市基础设施在重建时被置于首要位置，不但获得修复和重建，有的甚至超过阵前水平，如神户新建了机场。但是，如果深入城市内部观察人们的生活，不难看到阴影的存在。虽然已经过了 10 多年，普通人尤其是低收入者、老年人的生活，以及商业街个体户的生意，也仅恢复到震前七八成水平①。因为这些被视为"个人责任范围"而被置于公众关注以外，这方面的重建一拖再拖，以致影响了整个城市的复兴进程。当然，生计的恢复发展不仅依靠个人财产，还依靠技术和公共财产。

参考文献：

1. 徐富海："国外巨灾应急管理案例分析"，《中国减灾》，2008 年第 10 期。

2. 张强、陈怀录、刘宇香："日本抗震救灾经验与我国地震灾区恢复重建"，《兰州大学学报》（社科版），2008 年 9 第 9 期。

3. 国家发改委外事司："日本阪神地震灾后重建的启示和借鉴"，《中国经贸导刊》，2008 年第 16 期。

4. 新华："灾后重建世界共同面临的课题"，《协商论坛》，2008 年第 7 期。

5. 谢欣甜、费婧蓉、杨胜刚："灾后重建的金融支持：国际经验与中国的对策"，《湖南社会科学》，2009 年第 3 期。

6. 刘洋："国外保险风险证券化及对我国的启示"，哈尔滨工业大学学报（社会科学版），2008 年第 1 期。

7. 仇保兴主编：《震后重建案例分析》，中国建筑工业出版社 2008 年版。

8. 谢欢：《巨灾损失分担机制：理论研究与国际经验》，山东大学硕士论文稿，2007 年。

9. 宋汉光课题组："金融支持巨灾重建的国际经验和政策启示"，《福建金融》，2008 年第 8 期。

10. 赵延东："社会资本与灾后恢复——一项自然灾害的社会学研究"，《社会学研究》，2007 年第 5 期。

11. 徐百柯："台湾灾后重建的启示"，《中国减灾》，2008 年第 8 期。

12. 吴正德：《边陲的声音——南投县中寮乡和兴村"9·21"灾后自发性重建之探讨》，中原大学建筑研究所硕士论文，2000 年。

13. 黄世辉、张世昆："参与式灾后社区重建——以大雁涩水社区为例"，中日（即

---

① 叶佳："日本专家谈灾后重建经验教训"，《中国改革报》，2008 年 7 月 10 日。

日本与中国台湾地区，本章作者注）社区营造小型探讨会论文，台湾大学城乡所，2002年。

14. 詹欣华："社区永续发展——以南投县桃米社区为例"，台湾中正大学政治学研究所硕士论文，2003年。

15. 赖孟玲、黄世辉、蔡梦珊："'9·21'灾后乡村地区社区总体营造重建调查实况分析"，第十八届第一次建筑研究成果发表会论文集，2006年。

16. 仇保兴："借鉴日本经验，求解四川灾后规划重建的若干难题"，《城市规划学刊》，2008年第6期。

17. 叶佳："日本专家谈灾后重建经验教训"，《中国改革报》，2008年7月10日。

18. John Cosgrave, Responding to earthquakes 2008: Learning from earthquake relief and recovery operations, *ProVention*, July 6, 2008, p. 15.

19. Nakagawa and Shaw, Social Capital: A Missing Link to Disaster Recovery, *Journal of Mass Emergencies and Disasters*, Vol. 22 (2004), p. 5 - 34.

20. Marks, C & AWP David, Review of AIDMI's Temporary Shelter Programme in Tsunami - Affected Southern India. in Ahmedabad ed. , *All India Disaster Mitigation Institute*. World Band (2003)

21. Gujarat, India: Lessons Learned From Recovery Efforts. *Unpublished working paper*. (Washington DC: AD Hoc Advisory Committee Meeting, 2003), p. 21 - 23.

22. OED (2005), Project Performance Assessment Report, (Turkey. World Bank: *OED Report No. 32676 - TR*.

23. Humanitarian Initiatives UK, Disaster Mitigation Institute & Mango, Independent Evaluation: The DEC Response to the Earthquake in Gujarat January, Vol. 2 (october 2001). *Main Report. London, Disasters Emergency Committee, Last viewed*, http: //www. actionaid. org. uk/content_ document. asp? doc_ id = 348 June 8, 2008.

24. Bliss, D. , & Campbell, J, Recovering from the Java earthquake: Perceptions of the affected. , http: //www. fritzinstitute. org/PDFs/findings/JavaEarthquake_ Perceptions. pdf, June 8, 2008.

25. Wiles, P, K Selvester, L Fidalgo, Learning Lessons from Disaster Recovery: The Case of Mozambique. (Washington DC: World Bank, 2005).

26. David King &Yetta Gurtner, Community Participation in Disaster Response and Recovery, in ALNAP ed. , *Responding to Earthquakes* 2008: *Learning from Earthquake Relief and Recovery Operations*, (2008).

27. ALNAP, Humanitarian Action: Improving performance through improved learning, *Annual Review*, (2002).

28. MOA/FAO, Post – Earthquake Rapid Livelihoods Assessment. Food Agriculture Organisation of the United Nations and the Department of Agriculture, Muzaffarabadk p. 21.

29. UNDP, B. Reducing disaster risk : a challenge for development. (New York: United Nations Development Programme, Bureau for Crisis Prevention and Recovery. 2004) .

30. Wiles, P, K Selvester, L Fidalgo, Learning Lessons from Disaster Recovery: The Case of Mozambique. (Washington DC: World Bank, 2005) .

第三章

汶川地震对贫困的影响及其对
灾害应急体系的启示

大量实践证明，符合区域和灾情特点的、可操作的灾害应急体系，能为灾害应急救援创造更多的时间，从而有效地减少灾害带来的损失或不利影响。制订针对老弱病残孕幼等灾害弱势群体的灾害应急体系，不仅能减少灾害对他们的影响，而且还能有效减少"因灾致贫"、"因灾返贫"现象的发生。

本章以汶川地震对贫困地区的影响为例，在科学评估地震灾害对贫困影响的基础上，分析了我国现有的自然灾害应急预案以及在汶川地震应急处置和恢复重建过程中对贫困人口的关注程度情况（图3-1）。

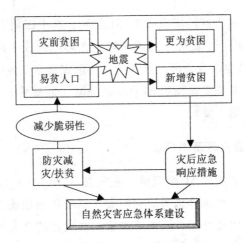

图 3 - 1　汶川地震对贫困的影响及对灾害应急体系建设研究框架

一、汶川地震的影响情况

（一）汶川地震灾情概况

汶川地震是建国以来影响最大的一次地震，重创我国约 50 万平方公里的国土面积。本次地震造成位于四川境内地震 X、IX 度烈度区内的极重灾区共 10 个县（市），面积约 2.6 万平方公里；位于地震 VII、VIII、IX 度烈度区内的重灾区共 41 个县（市、区），其中四川省 29 个，甘肃省 8 个，陕西省 4 个，面积约 9.0 万平方公里；位于地震 VI、VII 度烈度区的一般灾区 186 个县（市、区），其中四川省 100 个，陕西省 36 个，甘肃省 32 个，重庆市 10 个，云南省 3 个，宁夏回族自治区 5 个，面积约 38.4 万平方公里；影响区共 180 个县（市、区）①。

地震造成 69 227 人遇难，374 640 人受伤，17 939 人失踪，倒塌房屋 1 500 余万间，影响灾区 1.15 亿人口，受灾人数达 4 600 万人，因灾紧急转移 1 500 余万人。大量群众成为无房可住、无生产资料和无收入来源的"三

①　国家减灾委员会、科学技术部　抗震救灾专家组：《汶川地震灾害综合分析与评估》，科学出版社 2008 年版。

无"困难人员。造成直接经济损失 8 451 亿元，其中四川占 91.3%，甘肃占 5.8%，陕西占 2.9%①。此外，地震还对生态环境造成了严重的破坏，因灾受损耕地面积达 13 000 余公顷，川甘陕三省重灾县水土流失面积较震前增加近 2 万公顷，生态系统受损面积 64 000 余公顷，生态系统自我调节能力和资源环境承载能力严重下降②。

（二）汶川地震灾区基本情况

此次地震灾害造成的 51 个极重、重灾县（市、区）大部分都处在我国高原或多山地区，自然条件恶劣。它们大多属于我国地震、崩塌、滑坡和泥石流等地质灾害，以及暴雨、洪水等气象水文灾害的高发地区，每年因灾带来的损失大，加之严重的植被破坏和水土流失，使其生态环境和生活、生产条件更为恶劣。

这些地区大多属于我国的西部或西南边远地区，基础设施薄弱。灾前三省 51 个县（市、区）有 1 056 个村不通路，187 个村不通电，3 647 个村不通自来水，371 个村不通电话，2 686 个村不通广播，1 311 个村不通电视③。

统计数据表明，这些地区的社会经济发展水平极低。这 51 个县（市、区）2007 年地区生产总值为 2 066.5 亿元，人均 1.0 万元，是全国人均的 53%；地方财政一般性预算收入 53.3 亿元，人均 262 元，为全国人均的 7%；农民人均纯收入 2 086 元，是全国人均的 50%④。

（三）汶川地震灾区灾前的贫困状况

此次地震灾害涉及的地区大多数处于我国的贫困地区，受地震影响的 51 个极重、重灾县（市、区）中，共有贫困县 43 个（占总数的 84.3%），其中国家扶贫开发工作重点县 15 个，省级扶贫开发重点县 28 个，老县区 20 个，少数民族县区 10 个。行政区共有 1 271 个乡镇，14 565 个行政村，其中

①② 国家减灾委员会、科学技术部　抗震救灾专家组：《汶川地震灾害综合分析与评估》，科学出版社 2008 年版。

③ 陆汉文："'汶川地震灾后恢复重建总体规划'实施对贫困人口的影响评估报告"，《"汶川地震灾后恢复重建总体规划"实施社会影响评估报告》，2009 年 12 月 15 日。

④ 根据《中国统计年鉴 2009》、《四川省统计年鉴 2009》、《甘肃统计年鉴 2008》和《陕西统计年鉴 2009》计算得出。

贫困村 4 843 个（占总数的 33.2%），总人口 1 986.7 万，其中贫困户 32 万户，贫困人口 218.3 万人（占总数的 11.0%）（表 3 - 1）。

表 3 - 1　　汶川地震 51 个极重、重灾县（市、区）的贫困状况

省份	极重、重灾县（市、区）				老县区（个）	少数民族（个）	贫困村（个）	贫困人口（万人）
	总数	扶贫开发工作重点县						
		小计	国家	省级				
四川	39	31	7	24	18	9	2 516	94.4
甘肃	8	8	6	2	0	1	1 811	96.0
陕西	4	4	2	2	2	0	507	27.8
合计	51	43（84.3%）	15	28	20	10	4 834（33.2%）	218.3（11.0%）

* 数据来源：国务院扶贫办贫困村灾后恢复重建规划工作组编，《汶川地震贫困村灾后恢复重建总体规划》，2008。

　　51 个县 4 834 个贫困村总户数 117.8 万户，其中农户 114.6 万户。总人口 436.3 万人，其中农业人口 416 万人，少数民族人口 45.2 万人。总劳动力 230 万个，2007 年输出劳动力 86 万个，平均每户 0.75 个。农户住房 636.5 万间，平均每户 5.4 间。总面积 3.88 万平方公里，其中耕地 502.6 万亩，人均 1.2 亩；林地 2 265 万亩，其中经济林果园 108 万亩，户均 0.94 亩；草地 652 万亩，户均 5.7 亩。规划村按地形地貌划分：山区村 2 729 个、丘陵村 2 017 个、平原村 88 个；按民族划分：少数民族人口占 30% 以上的村有 825 个，占 17%。2007 年规划村农民人均纯收入为 1 873 元（仅为全国的 45.2%），村集体经济收入 4 658 万元，平均每村不足万元。51 个县中不通路、电、自来水、电话、广播电视的村全部集中为规划村①。

（四）汶川地震灾区灾后的贫困状况

　　对 51 个极重、重灾县（市、区）的抽样调查显示，按照中国政府新贫困线标准估计，2007 年规划区贫困村的贫困发生率为 33.5%，贫困深度为 29.2%，贫困强度为 92.3%。根据 4 834 个贫困村总人口 436.3 万人估计，

---

　　① 陆汉文："'汶川地震灾后恢复重建总体规划'实施对贫困人口的影响评估报告"，《"汶川地震灾后恢复重建总体规划"实施社会影响评估报告》，2009 年 12 月 15 日。

贫困人口数量为 146 万人。由于政府和社会各界的救助，2008 年的贫困发生率、贫困深度和贫困强度分别为 18.5%、17.4% 和 107.6%，但从地震后的情况来看，贫困发生率和贫困深度较灾前有所提高。资料显示，灾区 43 个贫困县的贫困发生率由灾前的 30% 上升到 60% 以上，因灾返贫率达 30%。农民人均纯收入由 2007 年底平均 1 873 元下降到千元以下（扣除补贴性收入）。无房、无生活来源、无生产资料的农户数量大幅增加，群众生活面临更多困难，受灾贫困村的经济社会发展水平严重倒退。

但政府和社会各界的救助主要是地震后 3 个月内的生活救济和重建阶段的一次性住房维修重建补助，伴随着住房维修重建的庞大支出，不属于具有减贫效应的长期固定收入来源，且灾区农户的农业生产和外出务工活动在 2009 年还不能恢复到灾前水平，2009 年的贫困发生率、贫困深度、贫困强度再次大幅上升①。

二、汶川地震对贫困的影响分析

研究表明，灾害已经成为致贫的一个重要因素，也是返贫的重要原因之一。据统计，贫困地区灾害发生率要比一般地区高 5~10 倍。

（一）汶川地震对贫困县的影响

受地震影响的 51 个极重、重灾县（市、区）中，有国家扶贫开发重点县（简称国定贫困县）15 个（占 29.4%）、512 万人（占 24.7%）；省级扶贫开发重点县（简称省定贫困县）28 个（占 54.9%）、1112 万人（占 52.8%）；非贫困县 7 个（占 13.7%）、474 万人（占 22.5%）。就影响的县域行政单元数和人口而言，地震对贫困县的影响要大于非贫困县。

通过对不同县域类型地震造成的直接经济损失、倒塌房屋和死亡人口三方面进行分析（表 3-2）可以看出，地震造成的人均直接经济损失中，非贫困县的损失为国定贫困县的 2.9 倍，为省定贫困县的 2.5 倍；地震造成的人均倒塌房屋数也是非贫困县的最多，分别为国定和省定贫困县的 2.5 倍和

---

① 陆汉文："'汶川地震灾后恢复重建总体规划'实施对贫困人口的影响评估报告"，《"汶川地震灾后恢复重建总体规划"实施社会影响评估报告》，2009 年 12 月 15 日。

1.4 倍；地震造成的死亡人口比例，则是省定贫困县最大，为 0.57%，国定贫困县最小，为 0.01%，非贫困县居中。这主要是由于地震造成死亡人口、直接经济损失和倒塌房屋最多的 10 个极重灾县（市）中，6 个是省定贫困县，4 个是非贫困县。就这个角度而言，地震对贫困县的影响要小于非贫困县。

表 3-2　　汶川地震 51 个极重、重灾县（市、区）受地震影响的情况

	县数（个）	人口（万人）	人均直接经济损失（万元/人）	人均倒塌房屋数（间/人）	因灾致死人口率（%）
国定贫困县	15	521	2.0	0.4	0.01
省定贫困县	28	1 112	2.3	0.7	0.57
非贫困县	7	474	5.8	1.0	0.47
合计	51	2 107	3.0	0.7	0.42

（二）汶川地震对贫困村的影响

同样，为进一步分析地震对贫困村和非贫困村的影响，我们对比了地震对这两类行政村造成的死亡人口和倒塌房屋情况（表 3-3）。可以看出，影响区有贫困村 4 834 个（占 33.2%），436.3 万人（占 22.0%），农民人均纯收入 1 873 元，非贫困村 9 731 个（占 66.8%），1 550.4 万人（占 78.0%），农民人均纯收入 4 025 元。不论从村均死亡人口还是因灾致死人口比例而言，非贫困村都要远远大于贫困村，分别为后者的 6.9 倍和 4.0 倍。村均倒塌房屋数和人均倒塌房屋数也是非贫困村大于贫困村，前者分别为后者的 2.1 倍和 1.2 倍。就这个角度而言，地震对贫困村的影响要小于非贫困村。

表 3-3　　　　汶川地震 51 个极重、重灾县（市、区）
中贫困和非贫困村受地震影响的情况

	行政村数（个）	人口（万人）	农民人均纯收入（元）	村均死亡人数（人/村）	因灾致死人口率（%）	村均倒塌房屋（间/村）	人均倒塌房屋（间/人）
贫困村	4 834	436.3	1 873	1.2	0.13	553	0.61
非贫困村	9 731	1 550.4	4 025	8.3	0.52	1 177	0.74
合计	14 565	1 986.7	3 533	5.9	0.44	970	0.71

为了进一步分析、判断受灾贫困村类型而建立的模型。将汶川地震受灾村根据影响程度进行分类，如图 3-2 所示。分布于 A 区的是贫困程度较浅、受灾程度较轻的贫困村；分布于 B 区的是受灾比较重，但原来贫困程度比较浅的贫困村；分布于 C 区的是贫困程度深、受灾程度重的贫困村；D 区属于受灾程度轻，但贫困程度深的贫困村。

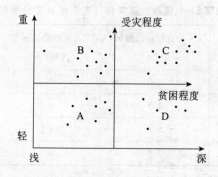

图 3-2　受灾贫困村贫困程度和受灾程度分析模型

　　按照上述框架，调研发现，四种类型受灾贫困村的分布是：C 类村（受灾程度重、贫困程度深）在 4 834 个村中约占 40%，其他三种类型各占 20%。这样的分析及类型划分，为灾后重建工作安排、资源分配提供了粗略的基本依据。C 类贫困村地处偏远地区，分布在高山、半高山，大多数少数民族村也属于这种类型。不同类型的贫困村需求不同，重建内容和资金需求也有差异，需要在灾害贫困影响评估的基础上，通过进一步定量、定性对贫困村类型及需求进行划分。

　　比较有现实意义的就是我们可以根据上图所示的贫困程度和受灾程度形成的不同组合，相应形成不同的政策需求类型。也就是说，灾害影响程度和贫困程度之间的关系，必然要求灾后重建与扶贫开发有机地结合起来。

（三）汶川地震对贫困农户的影响

　　灾害造成了大规模的人员伤亡、建筑物和基础设施的破坏，以及耕地的损失，降低了社区和农户层面的资产存量，导致农户陷入贫困陷阱，出现因灾致贫、返贫现象。本报告主要从地震对人口、住房、收支和耕地变化四个方面，借鉴国务院扶贫办灾后重建办公室《地震灾害对贫困的影响评估报告——来自汶川地震灾区 15 个贫困村的调研》[1] 来分析地震对贫困人口的影响。

1. 地震对人口的影响

地震造成人力资本的损失主要由于人员伤亡而产生，特别是那些在地震中致残的人口，从长期发展来看，自然灾害直接降低了这类人口灾后生计恢复的可能。地震除造成人员伤亡外，还能对灾民的健康状况造成不利的影响。对甘肃西和县卢河乡薛集村的调查表明，汶川地震后，村民健康条件差的比例明显增加，地震对村民的健康状况带来了较大的负面影响，而富裕人口的健康状况要普遍好于贫困人口[2]。

对川甘陕 15 个贫困村的调查报告进一步表明，中等农户和贫困农户表示家庭成员因灾受伤、因灾健康条件变差的比重要高于富裕农户。而因灾生病的家户中，中等农户家庭成员患病比例要高于富裕农户和贫困户。从性别结构来看，因灾受伤、因灾生病和因灾健康状况变差的人员中以女性居多，女性所占的比例分别为 64.0%、59.2% 和 52.2%。从年龄结构看，因灾受伤、因灾生病和因灾健康状况变差的人员中，以中老年人员为主，35～60 岁的人员所占比例分别为 48.9%、49.5% 和 46.5%，60 岁以上的老年人员所占比例分别为 30.4%、39.9% 和 27.7%。从健康状况变差人员的年龄分布来看，以中老年人为主，中年人所占的比例为 46.5%，老年人所占的比例为 30.4%。

2. 地震对农户住房的影响

贫困户在地震中房屋倒塌的比例达到 67%，中等户房屋倒塌的比例为 58%，富裕户房屋倒塌的比例为 52%[3]。中等户和富裕户中有很大一部分比例房屋只受到了轻微的损坏，而贫困户中除了一户房屋受轻微损坏外，其余的都是中等以上损坏或者是倒塌。农户房屋的受损情况直接会影响到重建期间劳动力的投入，进而影响到灾后不同农户的打工收入。

在对川甘陕 15 个贫困村进行调查的受灾农户中，贫困户的原住房土木

---

① 国务院扶贫办灾后重建办公室、中国农业大学人文与发展学院："地震灾害对贫困的影响评估报告——来自汶川地震灾区 15 个贫困村的调研"，2009 年。

② 国务院扶贫办贫困村灾后恢复重建工作办公室："汶川地震灾后贫困村恢复重建工作与培训会议参阅资料（九）——防灾减灾与缓贫调研报告"，2009 年。

③ 国务院扶贫办贫困村灾后恢复重建工作办公室："汶川地震灾后贫困村恢复重建工作与培训会议参阅资料（九）——防灾减灾与缓贫调研报告"，2009 年。

结构比例、建筑年代久远住房的比例都要大于一般户和富裕户相应的比例，而住房砖混结构的比例，高额建设资金投入的比例，贫困户都要小于一般户和富裕户。在农户住宅受损程度方面，98%以上的住户都有不同程度的受损，但其中富裕户的受损程度相对较低，全部倒塌、部分倒塌、全部危房的达52.83%，而一般户为72.26%，贫困户更达到了78.28%。这主要是由于富裕户的家庭经济条件好，住房结构抗震性能好，抵御灾害的能力也强，在灾中受损的比例也相对较小。另一方面，几乎大多数家户的住房需要重建和维修，由于原住房类型的不同，在灾中受损程度也不一样。住房需要重建的家户中，富裕户的比例为44.4%，中等户为60.6%，贫困户为70.3%。而需要维修的家户中，富裕户的比例要大于中等户和贫困户，其比例分别为53.7%，38.1%和28.4%。农户越贫困，其房屋在地震中受损的程度也越高，因而表现为灾后需重建房屋的比例也越高。农户越富裕，其房屋在地震中受损的程度相对较低，因而表现为灾后需要维修的比例也相对较高。

3. 地震对农户收支的影响

对川甘陕15个贫困村的调查表明：2007年，富裕户的户均总收入为35 000多元，是中等户的近3倍，贫困户收入的近5倍。2008年，富裕户的总收入比2007年增加5.4%，而中等户减少21.1%，贫困户减少24.3%。不同类型的农户在人均收入方面仍然显示出富裕户有所增加，中等户、贫困户减少显著的特点。可以看出，地震对于不同类型农户的收入影响存在很大差异，其对贫困户、中等户的影响远胜于富裕户，表现为地震之后富裕户与中等户、贫困户之间的收入差距显著扩大。

就现金支出而言，不论是灾前还是灾后，家庭日常食品、医疗和教育分列最主要的三种，占总支出的60%。与2007年相比，2008年的家庭日常食品和教育支出减少，而医疗支出增加了5个百分点。就不同收入程度的家户而言，富裕户的支出在灾后有增加的趋势，而一般户和贫困户表现为缩减的趋势。就食物支出比例而言，富裕户的食物支出明显提高，而一般户和贫困户明显降低；就医疗支出比例而言，三种类型的家庭都有所提高，但富裕户提高的幅度最大，一般户次之，贫困户最低。从中可以看出，地震对富裕户的影响最小，一般户次之，而贫困户最大。

有一半以上的农户表示自己家没有存款，贫困户和中等户没有存款的农户较多，而多数富裕户都有存款。地震之后，绝大多数农户将存款主要用于住房建设，其次是家庭生活支出，将存款用于医疗支出、教育支出、农业生产等的农户均较少。

2008 年，富裕户的平均借款金额为 44 566 元；中等户的平均借款金额为 24 304 元；贫困户的平均借款金额为 22 409 元。尽管富裕户的借款额要大于一般户和贫困户，但就借款额占户均年收入的比例而言，则正好相反，贫困户最大，富裕户最小。就借款用途而言，这些借款主要用于住房的修复或重建，其次是生活支出和医疗支出，而一些富裕户则主要用于农业生产的发展等。

4. 地震对农户耕地的影响

耕地资源是农户衣食的主要来源，地震对耕地的破坏，将或多或少地影响农户的生计。据 15 村的调查数据显示，24.80% 的农户耕地受到了不同程度的损坏。其中，贫困户有 19.74%，一般户有 27.11%，富裕户有 32.00% 的农户耕地因灾受损。一般户和富裕户的耕地受损比例相对较大，这主要是由于一般户相对富裕户的耕地面积相对较少。另一方面，在住房占用耕地方面，27.26% 的农户的耕地被占用，其中贫困户有 26.19%，一般户有 28.57%，富裕户有 20.75%。耕地是农民生计的主要维持来源，耕地被占用，将或多或少地影响到农民，尤其是贫困农民的生计问题，导致他们的收入来源减少，进而更为贫困；同时，耕地的减少，也会使部分主要依靠种植业的一般户或富裕户变成贫困户。因此，在灾后重建工作中，要着重考虑为农民找到新的生计途径。

总而言之，地震灾害造成了灾区大量的物质资本、人力资本、金融资本和自然资本的损失，其影响是深远的。

（1）地震对人口的影响。就不同收入的家户而言，在因灾使得健康条件变差、因灾伤亡的比重方面富裕户要低于一般户和贫困户；就不同性别和年龄结构而言，因灾受伤、因灾生病和因灾使得健康状况变差的女性要大于男性，老年人要高于中青年。

（2）就地震对住房倒塌的影响而言，贫困户倒塌的比例要分别大于一般户和富裕户。而需要维修住房的比例中，富裕户最大，一般户次之，贫困户最小。

（3）就家庭收入而言，呈现富裕户有所增加，中等户、贫困户减少显著的特点。富裕户的支出在灾后有增加的趋势，而一般户和贫困户表现为缩减的趋势。富裕户的借款额要大于一般户和贫困户，但就借款额占户均年收入的比例而言，则正好相反，贫困户最大，富裕户最小。

（4）一般户和富裕户的耕地受损比例较贫困户大，在住房占用耕地方面，贫困户和一般户大于富裕户。

（四）防灾减灾/灾后重建的投入给扶贫开发带来新契机

尽管灾害带来生命财产的损害和贫困程度加深的结果，但是，国家和各级政府实施的防灾减灾与灾后恢复重建资金、技术、人才等大量的投资，也给灾区的扶贫开发工作带来了极好的契机。

（1）通过对滑坡泥石流、洪水等灾害隐患点（区）的排查，合理规划农村住房用地，规避洪水高危区、滑坡泥石流高发区等，建立和健全灾害监测、预报、预警和应急体系，从而降低致灾因子影响的强度及其可能性。

（2）通过提高农村道路、桥梁、涵洞等基础设施，以及学校、医院等公共设施的抗灾能力，建设灾害应急避难场地（所），进行救灾物质储备，进行防灾减灾教育投入，开展防灾减灾宣传、培训、演练等活动，提高农民防灾减灾意识和灾害应对能力，制订专门针对灾害脆弱群体的应急预案，实施政策性农业保险等，降低承灾体的脆弱性，增强灾害恢复能力，从而降低灾害的风险。

通过上述途径降低致灾因子危险性和承灾体脆弱性，降低区域灾害的风险，以减少灾害对农村生活和生产活动带来的负面影响。就灾害经济学的角度而言，防灾减灾投入，就是为了减少灾害对经济带来的负面影响，在农村贫困地区则直接表现为减少灾害引起的贫困问题，即因灾致贫或因灾返贫。

同时，灾后恢复重建能够将更多的灾区发展急需的人才、资金和技术等资源集中到一起，直接用于提高贫困村和贫困人口的生活水平和生产活动能力，促使他们逐渐脱离贫困。

就灾害的正面经济表现而言，灾后的复兴需要和乘数效应[1]，以及灾后技术创新[2]给灾区的生产发展带来了契机，有利于灾区贫困的消除或降低。

---

[1] Albala – Bertrand. J. M, *Political Economy of Large Natural Disasters: with Special Reference to Developing Countries*, (Clarendon Press, 1993).

[2] Tol, R. S. J. and Frank P. M. Leek, Economic Analysis of Natural Disasters, in T. E. Downing, A. J. Olsthoorn and R. S. J. Tol eds., *Climate, Change and Risk*, Routledge. (1999), pp. 308 – 327.

三、汶川地震后贫困村和贫困人口
应急救援措施的分析

从灾害管理循环的角度来看，区域综合灾害管理的措施包括灾前防灾与备灾措施、灾中应急与救援措施和灾后恢复与重建措施。

建立并完善区域灾害应急管理体系建设的预案、体制、机制与法制，有助于提高区域在灾害应急与救援过程中的效率，减少次生自然致灾因子的危险性，降低承灾体的脆弱性，提高灾害管理能力，最大程度降低灾害带来的负面影响。

对于自然灾害频繁的我国，迫切需要进一步完善我国各级自然灾害应急预案。我国西部自然灾害频繁区，也是我国自然条件恶劣、生态环境脆弱区，这些地区贫困人口多、分布范围广、贫困强度和深度大。为最大降低灾害对这些地区的居民生活、生产和经济发展的影响，实现脱贫致富，建立专门针对这些贫困地区和贫困人口的自然灾害应急预案，显得尤为迫切和重要。

（一）我国政府不同层次现有灾害应急救助措施及对贫困人群关注情况

1. 国家层面出台的自然灾害应急救助文件

国家层面关于自然灾害应急救助的文件主要有《中华人民共和国突发事件应对法》、《国家突发公共事件总体应急预案》和《国家自然灾害救助应急预案》。前两者除自然灾害外，还包括事故灾难、公共卫生事件和社会治安事件的预防与应急准备、监测与预警、应急处置与救援、恢复与重建等。规定按这四类突发事件的紧急程度、发展势态和可能造成的危害程度，把预警分为一级、二级、三级和四级，分别用红色、橙色、黄色和蓝色标示，一级为最高级别。没有涉及专门针对贫困地区的有关内容。

《国家自然灾害救助应急预案》就自然灾害的四级应急启动进行了更为细致的部署。其中，对于 I、II 级响应，指出"对救助能力特别薄弱的地区等特殊情况，启动标准可酌情降低"；对于 III、IV 级响应，指出"对救助能力特别薄弱的'老、少、边、穷'地区等特殊情况，启动标准可酌情降低"。也就是说，与其他地区相比，"老、少、边、穷"地区可以提前相应等级的应急响应，以便灾害发生时，有更多的应急救援时间和更多的救援人力、物资、资金等资源的投入，最大程度地降低了脆弱性高的贫困地区的灾害损失。

2. 省、市级自然灾害救助应急预案

在《中华人民共和国突发事件应对法》、《国家突发公共事件总体应急预案》和《国家自然灾害救助应急预案》等指导下，我国各省（市、区）也纷纷出台了相关的自然灾害救助应急预案，如《浙江省自然灾害救助应急预案》、《云南省重特大自然灾害救助应急预案》、《自然灾害救助保障应急预案》，部分省区还专门出台了针对农村的文件，如《甘肃省农村自然灾害救灾应急预案》、《新疆维吾尔自治区自然灾害灾民生活救济工作实施办法》等。此外，其所属的县（市、区）也纷纷出台了相应的预案。

从上可以看出，我国只有极为少数省级预案对贫困地区和贫困人口给予了特别的关注，这主要体现在以下两方面：一是适当降低了应急预案启动的标准。一些预案规定对于条件落后、救助能力特别薄弱的地区，可根据地区的特殊情况，酌情降低预案启动的标准。二是适当提高了灾后救助的标准。一些预案规定各级政府应根据财力增长、物价变动、居民生活水平实际状况等因素，逐步提高救灾资金补助标准，建立救灾资金自然增长机制，有些还指出房屋部分倒塌、损坏的特困户、贫困户和生活有困难，确需国家补助的灾民，可依据其困难程度给予适当补助等。

县级自然灾害救助应急预案比省级预案更为具体，但对贫困村和贫困人口给予关注的程度仍然不高，具体也同样表现在应急预案启动标准和灾后救助两个方面。部分预案指出对敏感地区、敏感时间和救助能力特别薄弱的"老、少、边、穷"地区等特殊情况，预案启动标准可酌情降低。部分预案指出对特困户、贫困户和生活有困难的灾民，可依据其困难程度适当提高其补助标准。市农业综合办或扶贫办要帮助指导并参与贫困地区做好灾后恢复重建工作。

3. 乡镇、村级自然灾害救助应急预案

按照国家和省市有关自然灾害救助的要求，部分乡镇、村落和社区也制订了相应的自然灾害救助应急预案，如贵州省毕节地区到2009年4月底完成了250个乡镇、78个社区、57个居委会、3 603个村民委员会自然灾害救助应急预案的制订工作。浙江等省制订了"××镇自然灾害救助应急预案（样本）"、"××村（社区）自然灾害救助应急预案（范本）"，为乡镇、村级应急预案提供了编制模板。

相比国家和省市级预案，乡镇和村级自然灾害救助预案则更为明确具体。对贫困村和贫困人口的关注，除预警启动和灾后救助外，部分预案在应急救助时，列出了一些专门的政策。如对灾害风险隐患是居民危房住户、五保户、低保户、残疾家庭、家中无劳动力的老年和中小学生等特定人群的紧急转移，特别是对于具有老、幼、病、残、孕等脆弱人群的家庭，灾时做到专人救护，并落实到干部分片包干，明确详细方案，了解紧急转移的路线等。

4. 国务院扶贫办贫困地区自然灾害突发事件应对预案

为切实做好贫困地区自然灾害突发事件的预防、应急处置和灾后生产生活恢复工作，尽量减轻受灾损失，维护灾区社会稳定，国务院扶贫办制定了《贫困地区自然灾害突发事件应对预案》①。根据灾区国家扶贫开发工作重点县受灾影响的数量、人员伤亡、基础设施损毁和财产损失等情况，该预案将贫困地区自然灾害的响应分为 I 至 IV 级，同时也对贫困地区的灾害应急响应行动、灾害应急保障等方面进行了有关的规定。

（二）汶川地震应急救助和恢复重建中对贫困的关注程度分析

对于贫困地区和贫困人口的灾后救援与恢复重建，国家和地方给予了特殊的关注，如国务院扶贫办贫困村灾后恢复重建规划工作组还专门制订了《汶川地震贫困村灾后恢复重建总体规划》，四川省扶贫办制订了《四川省贫困村灾后重建总体规划》，对贫困村的灾后恢复重建从人力、物力和财力等方面给予了一定的倾斜，以加快贫困村的灾后恢复重建和脱贫工作。

1. 应急救助

汶川地震后，中央和地方有关部门召开了多次紧急会议，制订了汶川地震灾后快速应急响应的多项措施，有效降低了贫困发生率。

灾后首次启用了无人驾驶飞机，获取灾区航拍图像和实施定位，配合国

---

① 国务院扶贫办：《国务院扶贫办贫困地区自然灾害突发事件应对预案（试行）》，http：//fp. yongxin. gov. cn/ReadNews. asp？ NewsID = 283。

际上的灾区卫星影像，为获取受灾区和受灾人口的规模、区位，以及选择安全临时安置区提供了数据基础，为救灾决策提供了依据和保障，最大程度地为灾后紧急救助争取了时间，减少了地震带来的损失。

针对受灾居民，除分发应急食品、用水、药品、衣物、帐篷等灾后应急生活物资，实施临时生活救助外，还实施了过渡期救助，按照前三个月每人每天 10 元钱和 1 斤成品粮、后三个月人均每月 200 元的标准进行补助。同时，还分阶段出台了临时生活救助、后续生活救助、"三孤"人员救助安置等政策，累计救助受灾群众近 1 300 万人次，并实现了各项政策与现行冬春灾民生活救助、城乡低保、农村五保和社会福利等制度的有序衔接。此外，还实施了汶川地震遇难人员家庭抚慰项目，按照每遇难一人 5 000 元的标准向家属发放抚恤金，帮助家属特别是家庭主要劳动力在灾中遇难的家属渡过了灾后难关。这些措施最大程度地确保了灾后灾民的生活安全，有效防止了大规模灾民流离失所现象的发生，同时还将灾后救助与对老、弱、病、残、幼等灾害脆弱人群的生活救济有机地结合起来，大大降低了因灾致贫、因灾返贫的可能性。

2. 应急及恢复重建

《国务院扶贫办关于推进汶川地震灾后贫困村恢复重建工作的通知》指出，每个贫困村恢复重建的资金投入不应低于 100 万元的标准。对贫困户而言，主要体现在住房补贴和住房贷款上。2008 年低温雨雪冰冻灾害后，对倒房一般户补助 3 000 元，困难农户每户补助 5 000 元；汶川地震后倒房农户重建住房平均每户补助 1 万元，受灾省份也按平均每户 1 万元的标准配套落实。在具体实施的时候，四川、甘肃、陕西各有所不同，其中在四川，困难户比一般户多出 0.4 万元/户。在住房贷款方面，对农村贫困户给予了特殊的支持政策，国家对金融机构向农村贫困户发放的住房重建贷款提供了担保。金融机构对不符合贷款条件的贫困户住房重建贷款单独建账、分账考核；农村贫困户如出现还款困难，可先通过贷款担保基金等归还，在贫困户有还款能力后逐步归还欠款等。这些政策的落实，对于解决贫困户住房重建缺乏资金的问题起到了重要作用，充分体现出了国家对贫困灾区、受灾贫困群体的特别关注与支持。

国务院扶贫办贫困村灾后恢复重建工作办公室 2009 年的调查数据显示：极重灾县平均每个贫困村落实的资金数量为 154.02 万元，重灾县为 93.16

万元①。四川省在汶川地震中是受灾最严重的省份，灾后重建中规划和到位的各类重建资金也是最多的。从面上来看，不含三批试点村的 2 482 个贫困村包含住房重建等各类资金在内的到位资金总额为 92.1 亿元，其中住房为 69.4 亿元，其他为 22.7 亿元。在不含住房重建资金的 22.7 亿元中，包含中央和地方专项基金 14.3 亿元，财政扶贫资金 1.1 亿元，对口支援资金 3.8 亿元，国际国内赠款和社会募集资金为 0.8 亿元。就不含住房重建等项目的资金构成来看，中央和地方专项基金占 63%，对口援建资金居第二位，占 17%。

房屋抗震设防水平相对较低是汶川地震大量住房倒塌的主要原因之一。为此，国家在实施住房重建中，除了重建的进程外，大力强调了重建住房的质量问题。通过严格选址，规避高危险区，严格执行抗震技术规范，加强房屋抗震设计，实施统规自建或统规统建，明确用材要求，确保建房质量，实施严格的验收制度等途径，使灾民的安全生活有了明确的保障。

四、从汶川地震灾害的影响及其应急体系的运用中获得的教训、经验和启示

（一）深刻的教训

就汶川地震对贫困的影响而言，我们可以看到，在灾前准备中存在以下三个薄弱之处，给灾害应急救助带来了较大的困难，导致灾害影响扩大，灾民更为贫困。

1. 灾区城乡建设抗灾设防水平低

就整个灾区而言，由于灾区自然条件差，经济基础薄弱，路网、电网等重大基础设施覆盖率低，对地形条件、地质结构及灾害风险等因素考虑不足，抗震设防要求相对较低，造成灾中大量设施被破坏，给救灾工作带来了很大的难度。就村落而言，扶贫开发的基础设施抗震设防水平低，很多基础设施在灾中受到破坏，导致地区重新返贫；此外，贫困户住房设防水平较一

---

① 资料来源：国务院扶贫办贫困村灾后恢复重建工作办公室，2009 年。

般户和富裕户要低，在灾中受损比例大，灾害导致这些贫困户更为贫困。

2. 灾害性地震监测预报水平低

从世界范围看，地震预测预报仍处在探索阶段，短期临震预报非常困难。此外，我国的地震烈度速报网络仍不健全，特别是在西部贫困地区，网络密度小，预警系统基本没有建立，灾害信息获取处理、遥感减灾应用等方面与发达国家相比也有不小差距。

3. 应急体系不够健全

我国建立了从国家到乡镇各个层次的应急预案，尤其是县级和乡镇级别的预案不够具体，而且缺乏一定的针对性。在省级及其以下的预案中，还没有专门针对贫困县、贫困村和贫困人口的预案。

（二）三点经验

针对上述问题和薄弱环节，在地震发生后，中央和地方及时采取相关措施，在社会各界的积极配合下，做好灾害应急救助和恢复重建工作，降低灾害对灾区的影响，最大限度地保障人民群众的生命财产安全，遏制了贫困的发生，有助于灾区经济的发展和人民生活水平的恢复与提高。

1. 采用遥感信息技术，实现灾情快速评估

由于地震强度大，加之灾区经济基础落后，交通通讯设施欠发达。为解决灾情信息获取难度大的问题，国家启用了无人驾驶飞机获取灾区航拍图像和实施定位。通过配合国际上的灾区卫星影像，为获取受灾区和受灾人口的规模、区位，以及选择安全临时安置区提供了数据基础，为救灾决策提供了依据和保障，最大程度为灾后紧急救助争取了时间，减少了地震带来的损失。

2. 制定应急期间的补贴政策，做好灾民的生活安置工作

结合地震灾情大和灾区贫困等实际情况，国家首次实施了遇难人员家庭抚慰项目和过渡期救助项目，最大程度地确保了灾后灾民的生活安全，有效防止了大规模灾民流离失所现象的发生，同时还将灾后救助与对老、弱、病、残、幼等灾害脆弱人群的生活救济有机地结合起来，大大降低了因灾致贫、因灾返贫的可能性。

3. 住房补贴、贴息政策及其严格住房重建质量

针对贫困灾民灾后重建资金缺乏的问题，国家及时采取住房补贴政策和

住房贷款免息等政策，降低了居民还贷的压力，从而尽快实现了"家家有房住"的目标，有利于扶贫开发工作的顺利开展。在重建住房质量方面，国家采取统规统建或统规自建，严格住房质量，按照地区抗震标准进行重建，特别提高了学校、医院等公共基础设施的抗震设防水平，确保灾民的生活安全。

（三）四点重要启示

我国西部地区通常自然条件恶劣，生态环境脆弱，基础设施落后，人们的生活和发展受到了很大制约。这些地区的贫困人口比例高，贫困强度和深度大，属于扶贫开发的重点和难点地区。同时，这些地区也常常是地震、洪水、干旱、滑坡、泥石流的频发地区，自然灾害已成为制约这些地区发展的一个重要因素。自然环境恶劣、基础设施落后、信息不畅通、应急启动慢，加上灾民自救能力差、应急意识低，进一步加大了自然灾害预防和救灾的难度，使得灾害造成的影响和损失相对较大。另一方面，贫困人口通常是劳动能力较低，已经丧失或者尚不具备劳动能力的老、弱、病、残等人群。这些人群同时也是自然灾害中的脆弱群体，他们在灾害中受到的影响通常较其他人群要大。

针对我国贫困地区的特点，结合上述薄弱环节和在汶川地震应急工作中所取得的经验，为切实做好贫困地区和贫困人口的自然灾害的预防、应急处置和灾后生产生活恢复工作，最大限度地降低灾害带来的负面影响，保障人民群众的生命财产安全，维护灾区社会稳定，避免因灾致贫和因灾返贫现象的发生，迫切需要建立并健全防灾减灾与扶贫开发相结合的自然灾害应急预案与救助体系。

1. 在各级自然灾害应急预案中突出对贫困地区与贫困人口的救助极其必要

在国家、省、市、乡镇和村级行政单元自然灾害应急救助预案中，进一步突出对贫困地区和贫困人口的救助。首先，在应急启动中，贫困地区可根据当地情况，适当降低应急预案的启动条件，以获得更多的救助资源。其次，在应急救助中，继续实施遇难人员家庭抚恤政策和过渡期救助政策，制定并实施灾后应急救助、临时期救助和后续生活救助相结合的政策，减少因灾致贫的可能性。再次，在恢复重建中，实施住房贷款补贴等政策，减少灾民的负担。

2. 建立专门针对贫困地区和贫困人口的自然灾害应急预案必不可少

在现有的国务院扶贫办颁布的《贫困地区自然灾害突发事件应对预案》的基础上，各省、市或乡镇，特别是具有扶贫开发任务的省、市和乡镇，可根据其自身扶贫开发情况以及区域特点，制订相应的贫困县自然灾害应急预案和贫困镇、贫困村自然灾害应急预案，特别是针对贫困户或贫困人口的自然灾害应急预案。此外，在预案中要特别关注居民危房住户、五保户、低保户、残疾家庭、家中无劳动力的老年人等特定人群的紧急转移，明确其转移安置的路径，最好做到专人救护，实施干部或志愿者分片包干等。同时，制订完善预案管理办法，强化预案的约束力，并组织开展评估工作，定期开展预案演练，确保预案的可操作性和实施有效性。

3. 增强灾害监测与预警能力迫在眉睫

在加强对自然灾害的发生规律进行研究的基础上，健全灾害监测体系和预警发布制度，逐步扩大贫困地区的预警信息覆盖面。完善灾害监测和速报网络，提高灾害预报的能力与水平，充分利用本土知识，建立并健全群测群防体系，编制专门针对贫困县和贫困人口的灾害风险地图。

4. 健全应急管理保障体系是关键环节

加强贫困地区的应急物资储备体系建设，优化储备点的布局，合理确定储备物资的种类和数量，建立区域救援基地，建立高效的调运机制。健全长效规范的应急保障资金投入和拨付制度，建立各级政府的应急指挥平台与医疗救治基地，建设专业化的应急救援队伍，建立管理完善的对口支援、社会捐赠和志愿服务等社会动员机制，提高区域居民的防灾减灾参与积极性和主动性。

汶川地震给我国西部贫困地区造成了重大的负面影响。地震造成的10个极重灾区中，6个为省定贫困县，其余4个为非贫困县。就地震造成的直接经济损失、死亡人口和建筑物倒塌而言，地震对贫困县的影响要大于非贫困县，对贫困村的影响要大于非贫困村。就地震对人口损失和健康状况、农户住房、收支水平和耕地的影响而言，对贫困户的影响要大于一般户和富裕户。

汶川地震后，国家及时采用遥感信息技术，实现灾情迅速评估，实施过渡性补贴政策，包括住房补贴、贴息政策及其严格住房重建质量等措施，较好地解决了灾区贫困人口的安置、生活等问题，降低了因灾致贫、因灾返贫的可能性。

除个别预案降低了应急启动标准外，我国目前的灾害应急预案对贫困地区和贫困人口的关注普遍较少。另一方面，除国家贫困地区自然灾害应对预案外，还有没有省、市、乡镇和村级行政单元专门针对贫困地区和贫困人口的应急预案。

参考文献：

1. Albala - Bertrand. J. M., *Political Economy of Large Natural Disasters*：*with Special Reference to Developing Countries*（Clarendon Press，1993）.

2. Benson. Charlotte., The Economic Impact of Natural Disasters in Fiji, in *Working Paper* 97,（Overseas Development Institute，1997），pp. 97.

3. Tol. R. S. J. and Frank P. M. Leek, Economic Analysis of Natural Disasters, in T. E. Downing, A. J. Olsthoorn and R. S. J. Tol eds., *Climate*，*Change and Risk*，*Routledge*.（1999），pp. 308 - 327.

4. World Bank，*Attacking poverty*：*World Development report 2000/2001*（NewYork：Oxford University Press，2000）.

5. World Bank，Natural Disasters：Counting the Cost，http：//youthink. worldbank. org/issues/environment/natdis_ countingcost. php

6. 甘肃经济网："省扶贫办完成"5·12"汶川地震对我省扶贫工作影响的初步评估"，http：//www. gsjb. com/Get/gs/20081104090833. htm，2008 年 11 月 4 日。

7. 国家减灾委员会、科学技术部 抗震救灾专家组：《汶川地震灾害综合分析与评估》，科学出版社 2008 年版。

8. 国务院扶贫办："国务院扶贫办贫困地区自然灾害突发事件应对预案（试行）"，http：//fp. yongxin. gov. cn/ReadNews. asp？ NewsID = 283，2008 年 7 月 30 日。

9. 国务院扶贫开发领导小组办公室："新时期 592 个国家扶贫开发工作重点县名单"，http：//www. cpad. gov. cn/data/2006/1119/article_ 331579. htm。

10. 国务院扶贫办贫困村灾后恢复重建工作办公室："汶川地震灾后贫困村恢复重建工作与培训会议参阅资料（九）——防灾减灾与缓贫调研报告"，2009 年。

11. 国务院扶贫办外资项目管理中心："国务院扶贫办贫困村灾后恢复重建监测评价基线调查报告"，2009 年。

12. 国务院扶贫办灾后重建办公室、中国农业大学人文与发展学院："地震灾害对贫困的影响评估报告——来自汶川地震灾区 15 个贫困村的调研"，2009 年。

13. 黄承伟、彭善朴（德）：《汶川地震灾后恢复重建总体规划社会影响评估》，社会科学文献出版社 2010 年版。

14. 四川省政府公开信息网："赵学谦、郭全喜同志在全省扶贫统计监测培训会上的讲话"，http：//www. sc. gov. cn/scszfxxgkml_ 2/sbgt_ 14/gkxx/ldxx/200904/t20090424_ 704780. shtml，2009 年 4 月 21 日。

15. 王国敏："农业自然灾害与农村贫困问题研究"，《经济学家》，2005 年第 3 期。

16. 王瑛：《中国农村地震灾害系统脆弱性分析及减灾对策研究》，北京师范大学 2004 年版。

17. 新华网："只要我们双手在，一切都可以从头再来！——四川地震灾区干部群众用自己的双手重建美好家园纪实"，http：//news. xinhuanet. com/newscenter/2008 - 06/09/content_ 8334197. htm，2008 年 6 月 9 日。

18. 张晓："水旱灾害与中国农村贫困"，《中国农村经济》，1999 年第 11 期。

汶川地震灾区防灾减灾/灾后重建与扶贫开发相结合模式评析

"5·12"汶川地震发生之后，灾后重建不仅成为灾区地方政府工作的重中之重，而且党中央、国务院通过贴息贷款、住房维修重建补助等各种政策给予灾后重建大力支持，社会各界也通过多种捐助、志愿者等多种渠道援助灾区建设。灾区贫困村在面对包括扶贫系统在内的社区外部各种力量的援助中，灾后重建与扶贫开发相结合的方式肯定会存在差异。因为灾区贫困村在受灾程度、地理位置、资源禀赋、市场化程度、贫困程度等与贫困相关的因素上必定存在差异。因此，虽然是相同的社区外部干预（如住房维修重建补助的发放、扶贫系统的干预、非政府组织的参与等），但在实际的操作层面，外部干预的重点选择不同的维度，防灾减灾、灾后重建与扶贫开发相结合也会产生不同的模式。因为外部干预时为了达到干预预期的成效，村庄外部干预会从效率角度出发，结合试点村的具体情况，有选择性地从不同的角度来制订重建规划和社区发展方案。

根据调研了解到的情况，我们将防灾减灾、灾后重建与扶贫开发相结合的模式划分为四种，即合作产业发展模式、社区建设模式、整村推进与连片开发模式和城镇化模式。从地理因素来看，平原地区地势平坦，与经济发达地区空间距离近，农业产业化发展条件最有利，而以合作社为核心的合作产业发展是实现农业产业化的最为有效的方式之一。处于山大沟深的山区贫困村，农业发展市场化程度低，并且还没有找到具有操作性开发的优势资源，贫困村生产生活基础设施的改善和农民能力特别是组织管理能力的增强则成为外部干预的重点，因此可以选择社区建设模式。与社区建设模式不同，另外一类山区贫困村具有可操作性开发的优势资源，但是由于区域经济发展滞后和农田水利设施、交通道路等基础设施发展缓慢制约了其可操作性优势资源的开发。因此，需要将贫困村发展纳入整个区域的发展，开展整村推进与连片开发。从受灾程度来看，处于地震带上的区域受到地震的破坏较为严重，城市在重建时会将因地震形成的自然、人文景观，民族文化遗产等作为城市重建的重要元素。城市重建的这些新元素也会影响到周边的城镇建设与扩张。位于城镇周边的具有民族特色的贫困村也被纳入城镇灾后重建发展规划中，通过城镇化和产业转型来缓解贫困、防灾、减灾。

需要指出的是，在我们所划分的四种模式中，各种模式并非是完全排他性的，比如不同类型的贫困村在灾后重建中都有道路修建、成立合作社、捆绑资金等措施。我们所说的地震灾区防灾减灾、灾后重建与扶贫开发相结合的模式的内容是试点村在灾后重建与扶贫开发相结合中贫困村外部资源投入的重点和贫困村灾后重建最为重要的特色（亮点）。

一、合作产业发展模式

（一）背景与内涵

与其他受灾村庄不同，贫困村自然环境脆弱、产业发展程度低、基础设施发展滞后。贫困村灾后重建面临住房、基础设施恢复重建和农户生计可持续发展的双重任务。因此，防灾减灾、灾后重建与扶贫开发相结合是完成重建与发展的双重任务的客观要求。在种养业以市场为导向，农户市场意识比较强的贫困村，由于地震灾害对家庭资产的冲击以及对其生计发展途径的冲击，打乱了农户的生计发展计划。这使得大部分农户不得不改变短期内的生计策略，从收入导向型向基本需求满足型转变。由于需要进行灾后住房的恢复和重建，将本来计划用于发展养殖、做生意等方面的资金用来重建房屋和重新购置生活和生产必需品等。农户在短期内的收入机会将会逐渐减少，这将会影响到农民的收入水平，进而影响到农户长期的生计水平。由此可见，重建村民生计系统，特别是建立应灾能力强、可持续发展的农户生计系统是灾后重建的重要内容。由于地震对村民生计系统造成了根本性破坏，因此需要对贫困村生计系统的重建进行必要的发展干预。整合资源进行合作产业发展无疑成为具有产业发展禀赋（如与大市场联系紧密、社会组织较为发达等）的贫困村进行灾后生计系统恢复和重建的最佳选择。

合作有广义和狭义之区分，"广义的合作指许多人在同一生产过程中，或在不同的但互相联系的生产过程中，一起协同劳动……狭义的合作具有特殊的经济关系内涵，它从'泛合作'中独立，成为合作社员之间互相合作的一种特定的劳动形式。"[1] 由此可见，狭义的合作主要是指合作社中社员之间的合作。农业生产的自然性、分散性和经营基础的家庭性使得农民合作存在普遍性和必然性（黄祖辉，2008）。合作社既是具有法人地位的生产或经营企业，又是群众性的社团组织。以经济合作社的组织形式组织农户进行生产资料供给、农业生产、农产品储藏加工及销售等环节的纵向合作不仅是我国农民的新型合作方式，也是分散的贫困农户进行有效组织，参与大市场的集体行动。合作产业发展要义即指以合作社为组织形式、以优势产业为依托，将分散的贫困农户进行纵向水平的合作，恢复和促进农户种养生计系统的可持续发展。同时，由于经济合作社具有群众性组织的性质，村民社员占经济合作社成员的80%以上，经济合作社可以将部分盈余用作村庄社区文化建设和社区福利事业支出，对缓解贫困起到积极作用。

---

[1]　蒋玉珉：《合作经济思想史》，安徽人民出版社 2008 年版。

（二）基本做法

1. 灾情及农户生计发展意愿调查

在村庄外部的支持下，对社区灾害情况和农户生计发展意愿做地毯式的调查。村庄外部力量可以是政府部门如县级扶贫系统，也可以是国内外的非政府组织，更多的形式是政府与非政府组织共同参与村庄的灾情及村民生计发展意愿调查。灾情调查的内容涉及农户生计支持系统的破坏情况、农户生计资产系统受损情况和对农户生计发展系统的影响。农户生计支持系统指社区内的道路、电力通讯、农田水利、社区公共服务设施等；农户生计资产系统包括人力资本和家庭资产。人力资本指家庭成员、亲戚及以其为基础基于血缘、地缘建立的社会关系网络和由社会网络衍生的各类功能如金融信贷功能、情感交流功能。家庭资产指家庭物资如住房、圈舍房屋、家具、农作物、农机具等。农户生计发展系统具体指农户的种植业和养殖业。在调查了地震对农户"三系统"（生计支持系统、生计资产系统和生计发展系统）的破坏和影响后，再对农户发展意愿进行调查。农户发展意愿调查是寻找农户生计发展受到影响的重要主客观因素，了解农户生计发展计划等。

2. 制订灾后可持续生计重建规划

由于地震造成社区生计"三系统"的根本性破坏，故必须对社区生计各系统的重建进行必要的发展干预（即在社区外部各种力量的参与），并采取参与式方法制订重建规划。规划的目标是坚持将灾后生计系统的重建与扶贫开发相结合的原则，立足于帮助农户在三年之内建立起一个具有抵御灾害能力的、能够有效缓解贫困的可持续生计系统，包括生计支持系统、生计资产系统、生计发展系统，从而促进农户生计结果的改善，使其生计结构恢复到灾前水平，农户收入提高，抗灾能力增强；促进以市场为导向的、环境资源友好的、技术实用的、多样化的现代农村生产系统的发育；促进社区整体生计水平的改善和贫困问题的缓解。

社区可持续生计重建规划的内容包括生计支持系统重建、农户生计资产系统重建和生计发展系统重建。生计支持系统重建包括基础设施系统重建和公共服务系统重建。基础设施重建包括恢复社区电力、通讯基础设施，社区道路建设，社区灌溉设施建设等；公共服务系统重建包括卫生所、村委会办公设施等其他社会组织活动场所的重建或恢复；农户生计资产系统重建包括发放住房重建等各类补贴，建立社区发展基金制度和养殖业保险制度来恢复金融资产，同时进行各种种养业技术培训来提高社区人力资本；生计发展系统重建指在社区人力资本恢复和日益提高的同时，成立针对社区优势资源的各类经济合作组织。通过建立各种合作组织，有效提高农户与市场的联系程度，降低农户进入市场的风险。生计发展系统是合作产业发展模式的核心和重点，同时也是实现社区灾后可持续生计重建规划总体目标的关键。因此，本研究在下面将重点介绍生计发展系统的重建逻辑。

3. 生计支持系统重建、农户生计资产系统重建实施主体的行为管理

在社区生计支持系统重建中可先建立灾后重建发展管理委员会。管委会下设资金管理小组、项目实施管理小组、监督评估小组。项目的具体实施主体因受益的对象不同而不同。一般而言，硬件设施的实施主体包括三个方面：

（1）全村受益项目：管委会代表村群众作为实施主体负责具体事务（可以是村民投劳自建的方式，也可以是外包给施工队的方式）。

（2）自然村受益项目：管委会委托村民小组作为实施主体，由村民小组在自然村内负责具体实施（可由小组内村民投劳自建也可以外包给施工队）。

（3）农户个体受益的项目则由受益农户按照技术标准和投资概算自行实施。

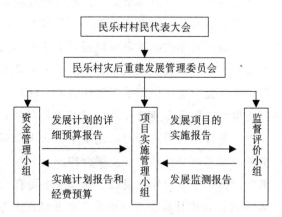

图 4 - 1　灾后生计支持系统重建项目管理

农户生计资产系统的重建在物资资产上，通过非政府组织或者政府严格按照规定发放房屋重建、维修加固补助等各类补贴；在人力资本上，有政府或者非政府组织组织各类型的技术培训；在制度上，完善政府和市场服务功

能实行农户种养业保险制度。

4. 生计发展系统重建——成立合作社与合作经济实体的构建

成立相关种养业专业合作社并召开全体社员大会，民主讨论制定符合国家法律法规的合作社章程。在政府相关部门注册成立专业种养合作社，对生计发展资金的整合至少有两个方面的作用。首先，成立合作社，农户入社交纳一定入社费，可以将分散的资金聚集起来，有利于帮助妇女、贫困户等弱势群体缓解生产启动资金困难；其次，更重要的是成立合作社使外部援助资源在社区生计发展投入上更为便捷和公平。如政府或非政府组织可以将资金直接拨给合作社。因此，一般而言，合作社发展产业的资金绝大部分是由政府或者非政府等外部援助的，而社区社员交纳的入社费只占到很少的比重。村民入社时，可以土地承包权和资金入股，成为社员。

种养业专业合作社的组织结构由社员大会、社员代表大会、理事会、监事会构成。社员代表大会是种养业专业合作社的最高权力机构，社员代表由每个村民小组民主选出。理事会和监事会应在召开社员代表大会时选举产生。理事会成员应尽量在各村民小组中保持均衡，确保各组的利益平衡。理事长和监事长分别从理事会、监事会中选举产生，在任村两委领导不宜出任理事长，可视情况出任监事长。

为了确保合作社可持续运行和其资金安全，在合作社注资方（政府或非政府）通常是保有其在合作社的一定数额的股金，通常是一股，以便成为社员代表。在理事会中政府或者非政府注资方以派代表人的形式自动进入理事会，但所推荐的代表不担任理事长。在监事会中，政府或者非政府注资方以派代表人的形式自动进入监事会，但所推荐的代表不担任监事长。

作为互助性经济组织，种养专业合作社可以有效将分散且缺乏生产资金的农户组织起来，以专业合作社形式参与市场竞争，大大降低了农户进入市场的风险。农户也可以以专业合作社形式发展合作产业。

从实践经验来看，种养专业合作社发展合作产业主要有三种形式。

（1）选择产业项目，合作社独资兴办企业。企业经理人等管理人员通过新闻媒体等渠道发布人员招聘信息。

（2）选择产业项目，养殖专业合作社与村庄外部企业或个人合资兴办企业。通过"面向社会，广选项目"的原则，通过报刊、互联网等发布项目征集及寻求合作伙伴。

（3）养殖专业合作社可以与社区中一些有资金又有丰富经验的种养业的养殖户共同合作。在这种合作产业方式的分工中，由具有丰富经验的种养大户进行先进种养技术、合作产业管理和产品销售，养殖专业合作社出资金和分配社员参与劳动。在这种合作产业中，合作双方都是熟人关系，大家抬头不见低头见，可以降低合作信息收集成本和监督成本，同时分派劳动的社员还可以与种养户交流种植或养殖经验，学到好技术。

种养专业合作社通过项目方式来管理这三种类型的合作产业。农业产业项目的选择遵循"面向社会、广选项目"的原则，通过报纸、互联网等渠道，发布项目征集及人员招聘信息，进而考察投标项目，组织项目评审及项目负责人面试会，最终对拟定发展的规模化产业项目再进行论证后，方可确定并发展该项目。为了实现贫困户、妇女等弱势群体的可持续生计发展，种养专业合作社还可以拨出一部分合作资金与当地的正规金融机构合作，开展针对本村贫困户、妇女发展生产的小额信贷扶贫项目，以缓解贫困问题，缩小社区内的贫富差距。

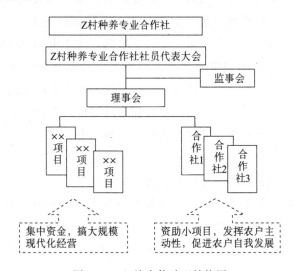

图 4 - 2　经济实体治理结构图

（三）优劣势分析

合作产业发展的优势在于通过成立种养专业合作社发展合作产业，可以较好地解决外部组织援助社区生计可持续发展的资源（资金、技术等）投入渠道困难的问题。在外部资源的诱导下，合作产业发展能够激活和整合社区优势资源（特色产业、种养业能人等），同实现农户再组织化，增强农户特别是贫困户与大市场的联系。农民专业合作社作为特殊的经济性组织，在盈余分配制度上从盈余中提取公共积累之后，依据社员入股情况进行分红。因此，在盈余分红的盈利状态下可以实现社区生计的整体性发展。合作产业的劣势在于并不是所有的贫困村都具备了产业发展的产业优势和市场条件，推广性受到限制。同时，由于乡村社区缺乏现代产业的管理技术和人才，农民专业合作社往往与外部企业或者个人合作，形成利益共同体。在利益共享，风险共担的合作中，外部合作伙伴处于强势地位，遇到风险时能够将风险转嫁到处于弱势地位的农民专业合作社。

（四）实用条件与可推广性

合作产业发展模式在灾后重建与扶贫开发相结合中的使用条件有以下两点：首先，合作产业发展是一种市场导向型的发展模式。因此，贫困社区农业发展是否具有优势产业（或者优势产业潜力）是该模式的一个重要实用条件。而优势产业没有有效开发是贫困村之所以贫困的主要原因之一。其次，贫困村周围的经济发展滞后，市场发育程度低。由于市场导向的合作产业发展所指的市场主要是指经济发达地区的市场，甚至是全国性的大市场。因此，具备与经济发达地区市场或者全国性市场有效联结的交通网络是合作产业发展的客观条件。所以说，贫困村农业市场导向性程度越高，越有益于以合作产业发展方式推动灾后重建与扶贫开发相结合，建立起一个具有抵御灾害能力的、能够有效缓解贫困的可持续生计系统。

虽然灾区贫困村自然环境比较恶劣，封闭性强，但从资源开发的角度来看，存在较大的开发潜力。因此，合作产业发展模式的推广性还是较强的。然而，由于灾区贫困村资源开发潜力的大小不同，社会组织发育不一，合作产业发展模式的作用也会存在差异。

二、社区建设模式

灾后重建与扶贫开发相结合的社区建设模式就是通过充分赋权，发挥社区主导作用，建立官民合作机制、贫困者合作机制以及社区内部主体间的合作机制，实现社区公共品供给与服务水平提高和农民与社区发展意识的提高的"双提高"效用。

（一）背景与内涵

大地震发生之后，一方面，灾区贫困村的道路交通、生产水利设施等基础设施和卫生室、学校等公共服务场所也受到不同程度的破坏。社区公共设施的破坏影响村民的日常出行和劳动生产，降低了社区公共服务水平。另一方面，村民在地震中的伤亡，冲击了社区社会关系网络，降低了灾区贫困村人力资本水平。因此，灾后重建与扶贫开发相结合的社区建设就应该肩负双重任务，即社区基础设施的"硬件"建设和社区群体人力资本提高的"软件"建设。

从 20 世纪 90 年代开始，世界银行等国际机构在发展中国家倡导一种赋权式发展理念及社区主导发展（Community Driven Development，CDD）。与以往的发展方式的区别在于社区主导型发展要求将资源和决策的使用权和控制权完全交给社区，由社区成员决定实施什么项目，由谁来实施，并由社区群体掌握、控制项目资金的使用，依靠社区群体推动社区的发展[1]。2006 年 5 月，国务院扶贫办外资项目管理中心与世界银行合作，在广西、四川、陕西白水和内蒙古四省（区）开展 CDD 试点项目，这是在中国实践 CDD 的主体。社区主导型发展的各类实践，有力地推动和丰富了社区建设理论的研究和经验总结。随着 CDD 项目的开展及与之相关研究的深入，合作型反贫困理论被认为是应对当前中国农村所面临的新的挑战而做出的反贫困理论创新。合作型反贫困理论指出"反贫困工作不是由任何一个单一主体的投入即可完成的，它需要政府、社区、贫困群体之间的有效合作，这种有效合作必须通过一个有效的合作平台来完成"[2]，而这个平台就是"第三势力"，即国家权利和自然权利（传统、习俗、血缘、地缘形成的权力）双重影响的领域。"第三势力"可以为政府与贫困社区平等合作提供平台，它既体现政府

---

①　P. Dongier etc：《什么是社区主导型发展方式》，《中国社区主导发展简报》，2007 年第 1 期。

②　林万龙、钟玲、陆汉文：《合作型反贫困理论与仪陇的实践》，《农业经济问题》（月刊），2008 年第 11 期。

政策意图又体现了贫困群体的需求意图，也可以开展贫困户之间的经济合作[①]。这种合作往往通过政府赋权于社区，将资源和决策的使用权和控制权交予社区群体来实行。社区主导型合作高效识别农民对公共产品与服务的需求，为整合各类扶贫资源和降低公共产品供给搭建平台，更为重要的是通过让农民在"干中学"有效增强农民和社区的发展意识和反贫困能力[②]。

（二）基本做法

1. 灾情调查

成立社区外部人员与对社区情况较为熟悉的项目调查规划组。调查规划组通过逐户排查统计了解农户信息、召开座谈会（村组干部座谈会、村民代表座谈会和妇女代表座谈会）了解社区基础设施受损情况、地质灾害情况，农业生产及不同类型群体的困难和需求情况。在调查结束之后，调查规划组绘制社区地震灾害程度及影响区域分布图，地形、地表植被区域分布剖面图，农业活动历时图等，并确定重建规划目标，编制恢复重建主要问题排序表和恢复重建项目意愿表。

2. 召开农户大会

在农户大会上，调查规划组对调查情况及村里的主要问题等作了汇报之后，通过全体农户代表投票民主选出恢复重建的主要项目。在项目选出来之后，由群体农户投票对这些项目意愿进行排序。

3. 确定项目框架

调查规划组与项目对接的相关部门技术专业人员逐项研究农户项目意愿，分析其技术可行性和市场可行性，在对农户的项目意愿进行修改之后，形成了项目框架。

4. 反馈项目框架及编制项目投资及实施方案

调查规划组将形成的项目框架下发给社区基层组织，与社区群体讨论项目内容、技术标准、项目实施地点、管理办法等。在讨论达成一致之后，形成灾后重建规划初步方案。项目规划确定之后，调查规划组开始编制项目投

---

① 林万龙、钟玲、陆汉文："合作型反贫困理论与仪陇的实践"，《农业经济问题》（月刊），2008 年第 11 期。

② 陆汉文："社区主导型发展与合作型反贫困——世界银行在华 CDD 试点项目的调查与思考"，《江汉论坛》，2008 年第 9 期。

资及实施方案。项目实施方案对项目实施的组织管理机构、工程实施方式、项目监管方式、项目资金拨发方式及外部支持方式等进行了规定。

5. 项目实施

项目实施采取村民投工投劳自建，各政府相关部门在资金、技术等方面提供指导和帮助的形式。通过召开村民大会民主讨论并选举产生灾后重建项目各实施小组组长及成员。这些实施小组分别是村项目工作组、施工管理小组、物资采购小组、物资管理小组和项目监督组，各个组织分工明确，小组中既有干部也有普通群众。村项目工作组主要负责组织召开群众会议和组织群众互帮互助实施规划项目，宣传发动群众，协调村民贷款、各项补贴的落实，保证各项恢复重建资金的到位，监督规划实施各项工程的质量和进度等；施工管理小组主要负责合理安排施工人员，对材料组所购买的材料严格把关和监督工程质量等；物资采购小组主要负责所需材料的采购与管理，保证材料质量和价格合理；物资管理小组主要负责管理项目资金和建房农户自愿交纳的建房资金，并严格按照财务制度做好项目资金收支工作和按时公示项目资金的使用情况；项目监督组主要负责全面监督恢复重建各项工程质量，物资材料的质量和价格，监督财务收支及使用情况，配合各级扶贫部门对各项目的检测，发动群众互相监督等。同时，在县乡也成立相应的项目工作组支持社区各项目小组的工作。具体项目管理及实施流程如图4-3。

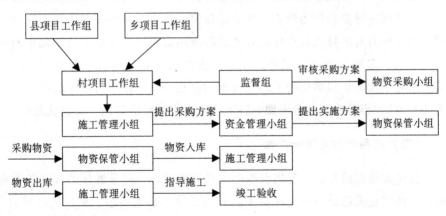

图4-3　项目管理及实施流程图

项目资金管理制度采取报账制管理，资金由县扶贫办根据项目进度拨付到村项目工作组。到位资金由村项目工作组具体管理，专款专用。每批资金使用完毕后，带上所有正规票据到县扶贫办审核报账。采购物资商品，必须有正规发票，并有村项目工作组组长、物资采购组组长、监督组组长签字，并附询价记录。采购物资一般要由三个人以上进行，采购情况当日口头或定期向村民公布。暂时未使用的项目资金要存入银行，会计掌握存折，出纳掌握存折密码。领款由 2 人以上共同参与，出纳付款 1 000 元以下现金支付，1 000 元以上转账支付或实行县级直接支付制，出纳库存现金不超过 1 000元。除了采购物资商品为当日向村民口头公布外，每个礼拜要张榜公开一次账目。资金公开内容包括收入、开支、经费用途等情况。

（三）优劣势分析

社区主导合作的社区建设模式存在四个层面的合作机制，包括政府与社区贫困群体之间的官民合作，贫困农户之间的经济合作，经济农户组织与"村两委"之间的社区合作，政府扶贫资源的部门间合作①。因此，一方面，赋权式社区主导合作可以克服政府在供给方面交易成本较高（但在筹资方面交易成本较低）和社区在筹资方面交易成本较高（但在供给方面交易成本较低）的缺陷，优化存量资源，提高项目响应社区群体需求度和项目实施的效率，降低项目实施成本；另一方面，资源和决策的使用权和控制权下沉到社区，最大限度地弱化了乡镇对农民的负面影响，保证了各项目的顺利进展。在项目有效实施的同时也客观上起到增强农民能力，建立社区信任纽带的积极效果。

以社区主导型合作为核心的社区建设模式也存在一些不足。政府充分赋权，社区权力对项目灾后重建资源的最终使用有很大的影响。民主确定的项目易形成"多数人暴政"现象，有可能使社区最穷的少数人利益得不到反映。同时，社区权利结构的不均等（相对富裕的村民通常有更大的影响力与活动能力），容易出现部分资源在社区内不能有效瞄准贫困人口的状况②。

（四）实用条件与可推广性

汶川大地震给贫困村基础设施造成普遍的破坏，只是破坏的程度各不相同。社区恢复重建是每个灾区贫困村灾后重建的必要内容。从社区"硬件"

① 林万龙、钟玲、陆汉文："合作型反贫困理论与仪陇的实践"，《农业经济问题》（月刊），2008年第 11 期。

② 陆汉文："社区主导型发展与合作型反贫困——世界银行在华 CDD 试点项目的调查与思考"，《江汉论坛》，2008 年第 9 期。

的（如交通道路、农田设施等）的恢复和发展来看，社区建设模式几乎在每个灾区贫困村都是适用的。但严格按照本模式的具体操作社区主导型的赋权式合作（在建设方式上采取村民投劳自建方式）来实施社区建设实现社区硬件和软件的恢复与发展则又存在一定的局限性。因为在调查中我们发现，在一些受灾严重需要大规模重建农房的贫困村，其社区硬件建设大多数采取外包给工程队的方式而非全部村民投劳自建的方式，因为农民修建房屋，难以有效组织劳动力来建设公共基础设施。同时，社区建设模式的推广也受到村两委等社区基层组织治理能力和社区凝聚力的影响。基层组织治理能力差，社区凝聚力和信任度都非常低的社区很难实现"善分不善合"的农民组织化。

三、整村推进与连片开发模式

整村推进、连片开发模式就是指根据扶贫开发发展规划和现代农业发展规划，围绕促进区域经济发展和增加贫困人口收入目标，制订整村推进、连片开发的规划，整合财政扶贫资金、涉农资金、非政府组织资金及对口援建资金，集中投入发展优势特色产业，进行贫困群体生产生活基础设施相关建设，使该区域的贫困面貌有明显改善，防灾减灾能力增强，农户自我发展能力有较大提升。在灾后重建背景下的整村推进、连片开发的特色在于与对口援建方协作开发优势特色产业，建立起双方稳定的市场联系机制和智力援助、人才培训、交流协作的长期合作平台。

（一）背景与内涵

"5·12"汶川大地震的震源汶川位于我国西南山区，因此受到地震破坏的贫困村中很大一部分属于山区贫困村。这些贫困山区的贫困村与其他类型的贫困村不同，一方面，这些贫困村被崇山峻岭包围着，山大沟深，地貌复杂，土壤瘠薄，人均耕地少；另一方面，这些贫困山区的物种和植被都具有其他地区不可比拟的多样性，资源蕴藏丰富，具有较大的开发价值。贫困山区虽然经历了几十年的交通网络建设，但恶劣的自然环境仍然对其交通和市场信息获取等存在严重限制。贫困山区与外界的市场物质交换仍然有限，市场程度和商品率低，资源优势不能转化为商品优势。而在山区贫困村，农业生产方式仍然很传统，农田水利灌溉设施落后且年久失修，农业生产基本上是"靠天吃饭"。因此，农户经济底子薄，社会资源可利用程度低，劳动力整体素质差。社区居民的安全饮水、教育、医疗、卫生等基本生存问题仍没有得到有效解决。汶川地震带来的经济损失和人员伤亡使得这些仍然需要外界大力扶持的群体被逼退到了生存的边缘，生活变得更加困难，犹如雪上加霜。山区贫困村基础设施落后，公共服务设施不仅仅是"小修小补"的恢复。由于贫困村地区建设成本高，需要大量资金投入，通过重建来提高和发展社区的基础设施。因此，在山区贫困的公共基础设施建设上需要进行整村推进的扶贫开发方式。对于山区贫困村农户生计的重建也不能仅仅局限在村内"小打小闹"，而是从区域发展的角度，在乡、县甚至更大的范围发掘地区优势资源，进行连片开发，才能有效带动农户增收，实现贫困村农户生计的可持续发展。

整村推进是中国扶贫新时期的一种重要的扶贫方式。它将"项目管理"和"到村到户"两种管理方式相结合，集中资源、分期分批重点解决贫困问题。整村推进扶贫是以参与式规划为基础，集中资金，分期分批地解决贫困村的贫困问题，综合开发，可持续发展①。

整村推进、连片开发选择贫困乡村集中连片的区域，根据扶贫开发发展规划和现代农业发展规划，围绕促进区域经济发展和增加贫困人口收入的目标，制订整村推进、连片开发的规划，整合财政扶贫资金、涉农资金、非政府组织资金及对口援建资金，集中投入发展优势特色产业，进行贫困群体生产生活基础设施的相关建设，使该区域贫困面貌有明显改善，防灾减灾能力增强，农户自我发展能力有较大提升。在灾后重建背景下的整村推进、连片开发的特色在于与对口援建方协作开发优势特色产业，建立起双方稳定的市场联系机制和智力援助、人才培训、交流协作的长期合作平台。

（二）基本做法

1. 因地制宜，统筹确定重建项目

在规划实施过程中，乡镇政府本着尊重实际、区别对待的原则，统筹谋划，综合考虑贫困村灾后重建项目，将农户住房、基础设施、公共服务设

① 常艳、左停："中国整村推进扶贫工作的总结及评价"，《甘肃农业》，2006年第1期。

施、产业项目、自我发展能力及环境整治等一并纳入重建项目建设内容，区分轻重缓急，按照先群众住房、后基础设施、再产业项目的建设顺序，加快受灾群众的住房建设进度，保证群众"居有其所、日有三餐"。同时，加大资金投入力度，抓紧建设基础设施，逐步改善受灾群众的生产生活条件，在此基础上整合财力、物力、人力资源，按照重建项目规划，有计划、分步骤地逐个抓好实施，使贫困村的重建工作得到有效推进。

2. 整合重建资源，整村推进

统一规划整合中央财政重建包干基金、扶贫专项资金、财政扶贫资金、国际组织援助资金、部门投入资金、社会援助资金进行整村推进项目的实施。同时，强化资金监管。在基础设施建设上，针对贫困村重建量大面广、资金缺口量大等问题，推行"三捆绑"（项目、资金、人力三捆绑）、"四结合"（坚持贫困村灾后重建与扶贫重点村建设和移民搬迁相结合、与新农村建设相结合、与农业综合开发相结合、与行业扶贫和社会扶贫相结合）、"五到村"（水、电、路、通讯、广播电视到村入户）的贫困村灾后重建与扶贫开发工作新机制，采取整村推进的方式实施"一池"（配套沼气池）、"两建"（建住房、建庭院）、"三改"（改厨、改厕、改圈）、"四化"（室内亮化、户道硬化、庭院绿化、环境美化）；在产业发展上，建立村级互助资金协会，通过互助资金及扶贫贴息贷款等形式扶持每户贫困户建立一亩产业园，并扶持种养业大户和专业合作社的发展。

3. 县乡政府与对口援建方合作推进特色产业开发

（1）建立有效的援建资金运营制度。出台相应的灾后重建专项资金管理办法及细则，援建双方共同履行审批、拨付和监督职责，形成有效的资金管理制度；组织各级相关部门和项目建设单位人员进行培训，同时引进和推广财政专户集中支付制度、援建项目资金拨付"直通车"等制度。

（2）以项目为先导，推动资源开发，优化产业发展。争取援建资金开展农业综合开发项目，如对山、林、水、田、路进行综合治理，改善农业基础设施条件，夯实优势产业发展的硬件基础。依托资源优势，编制与援建方的经济协作项目，通过援建工作组牵线搭桥，开展经济协作暨招商引资项目推荐会，推动特色优势产业（特色旅游、种养业等）发展。

（三）优劣势分析

在灾后重建与扶贫开发相结合中推行整村推进与连片开发的建设方式，

分批、分层次地进行扶贫开发可以使推进到的贫困村在基础设施、人居环境等等方面有实实在在的改善。区域性的综合开发项目可以改善农业基础设施条件，从整体上解决产业发展的基础设施薄弱环节，推动连片的产业开发。通过灾后对口援建的经济协作关系，招商引资，连片开发优势特色产业和培育市场，进而带动贫困人口的生计实现可持续发展。但整村推进与连片开发也存在某些方面的局限，如连片开发的产业都是以政府为主导的，这些产业的市场开发效益在产业发展区域的覆盖率（惠及贫困人口的广度）仍是一个值得认真研究的问题。由于整村推进与连片开发是以优势资源为依托的，故对具有优势资源的片区的农业生产基础设施进行了整体性的推进和改善，而那些没有资源发展优势的贫困区域由于找不到发展的优势产业，则较少受到关注。

（四）实用条件与可推广性

整村推进与连片开发从开发资源入手，通过改善贫困地区产业发展的条件（如交通道路、农业灌溉设施等），通过基础设施的改善和政府指导，带动集中区域产业的跨越式发展和市场发育，实现贫困农户生计的可持续发展。因此，具有可开发的产业或者存在具有开发潜质的资源是实施整村推进与连片开发的一个重要条件。灾区的贫困山区自然环境独特，资源丰富，资源优势明显，因此推广度比较高。

四、城镇化模式

城镇化的内涵在于以城市重建需要拓展的优势产业为依托，通过产业链条的打造和城镇社会保障体系的覆盖，将贫困村整体纳入城镇产业发展中，实现贫困人口农转非和向第二、三产业发展的转型。

（一）背景与内涵

在汶川 8 级大地震的极重灾区，农村和城市都受到了极其严重的冲击，有些城镇如北川、青川等甚至遭到了毁灭性的破坏。这些极重灾区城镇的重建需要对整个城市的布局进行重新规划，而同样受到严重破坏的城市周边乡村也有可能被纳入城市重建的规划布局当中。因此，极重灾区城镇周边贫困村灾后重建可以通过城镇化的方式来完成。在灾后重建的特殊背景下，农村城镇化并不仅仅是城镇自己在扩张，农村城镇化还与城市的重建与扩张有着千丝万缕的联系。在地震灾后城市化的过程中，城市在重建规划中必定会结合一定的产业特点（如发展旅游产业链），临近城市的城镇则往往被纳入城市的产业重建发展规划当中，因此，城镇向周边农村扩展在所难免。

从城市化的角度来看，农村城镇化是农村地域向城市地域转化的过程。农村城镇化促使农民非农化，推进农村城市化发展，是农村城市化的一种重要途径。并且，作为转轨时期农村重大的社会经济制度创新，农村城镇化与农业产业化具有协同效应，农村城镇化与农业产业化可以实现同步推进，协调发展①。随着我国社会主义市场经济体制基本框架的确立和完善，市场在城镇化过程中发挥着日益明显的作用。政府、企业和个人逐渐成为城镇化进程中的三个主要行为主体。政府在城镇化中的职责从主导城镇化资源配置的格局逐渐转变，为人口和非农产业向城镇聚集创造条件。这种条件，从企业的角度看就是建立现代企业制度，为企业提供宽松的投资和营商环境；从个人的角度来看，则需要建立和完善社会保障制度，尽快将非农化的潜在城镇人口纳入城镇社会保障体系②。因此，本研究中城镇化的内涵在于以城市重建需要拓展的优势产业为依托，通过产业链条的打造和城镇社会保障体系的覆盖，将贫困村整体纳入城镇产业发展中，实现贫困人口农转非和向第二、三产业发展的转型。

（二）基本做法

1. 土地征用及住房重建

20 世纪 70 年代末，土地经营制度实施以家庭承包经营制度取代人民公社集体经营制度为核心的经济制度改革，我国农村经济得到了快速发展，农民在几年时间里就解决了吃饭的问题。因此，一直以来不管是政府、知识精英还是农民自己，都将土地视为农民的一个重要的社会保障。城镇扩张带来的农村城镇化必然涉及靠近城镇村庄农用地的征用。土地征用补偿涉及到农

①　熊宁、曾尊固："农村城镇化与农业产业化——两种诱致性制度创新和变迁及其协同效应"，《城市规划》，1999 年第 3 期。

②　卢海元："农村社保制度：中国城镇化的瓶颈"，《经济学家》，2002 年第 3 期。

民城镇化的意愿和城镇化后非农人口的发展。因此，土地补偿标准的合理性是城镇化需要谨慎处理的重要问题之一。实践表明，地方政府只要在土地征用中严格按照国家农用地征用规定征用土地，就可以比较顺利地征用农用地。

在本模式中涉及的是整村推行城镇化，加上地震之后，绝大部分农户的房屋都受到严重损坏，农房重建不仅是农户关心的头等大事，也是国家灾后重建的重要要求。城镇化的农户农房重建有两种方式：第一种是政府直接将建设好的住房无偿交到村民手中，但是住房的面积是有一定的标准的，比如人均住房面积30平方米。这种方式被形象地称为"交钥匙"式的农村住房重建方式；第二种是政府按照农户家庭人数的多少，提供一定数量的土地，由农户自筹资金建设住房，建房面积不限制。从调查得到的结果表明，选择两种模式的都存在，选择第一种建房模式的农户多为家庭经济比较困难的农户，而选择第二种自建房模式的多为家庭经济比较宽裕的农户，他们的住房不仅仅具有居住功能，还利用宽敞的住房来发展旅游接待等第三产业。

2. 基础设施建设

虽然被纳入了城镇的发展规划，但是村民的日常生活仍然需要一些基础设施，比如饮水、道路等。因此，道路、饮水工程社区基础设施建设项目仍然是灾后重建的重要内容。基础设施建设资金的来源主要有两种，一种是政府安排的灾后重建资金，包括政府重建安排的专项补助资金和财政扶贫资金；另外一种资金来源是社会援助资金，包括非政府组织援助资金，个人、企业、商会援助资金等。社区基础设施建设可采取工程外包给施工队实施的方式，也可以由贫困村民主选举出人员，成立如在上文中介绍的社区建设模式中各类灾后重建小组具体实施各类项目。

3. 城镇社会保障覆盖的跟进

在上文中已经提到：在农村，土地是农民抵御各种风险的最后一道社会保障，失去土地也就意味着失去了这最后的保障，特别是对农村的老年人来说更是如此。因此，在灾后重建的城镇化过程中，城镇社会保障覆盖的跟进是城镇化模式的重要内容。城镇社会保障的覆盖可以有选择性地针对部分人群，比如老年人和儿童。城镇化中社会保障的跟进可以采取多种模式，如对老年人可以采取政府与农户相结合的模式，政府给予特别补助，老年人男性60岁以上，女性50岁以上只要一次性缴纳一定数额的养老保险金即可纳入城镇养老保险体制。针对地震灾区的特别情况，也可以对 16 周岁以下儿童采取政府每个月每人补助一定数额的补助款将儿童纳入社会保障体系。

4. 产业转型

村民的产业转型无疑是城镇化中最重要的内容。村民从第一产业（农业）能否向第二、三产业成功转型是城镇化模式成败的关键。贫困地区由于自然条件、地理区位等客观环境的限制，经济发展特别是工业发展往往比较滞后，经济发展依托工业带动的可能性比较小。而在地震之后形成各种新的自然和人文旅游景点，以及民族优秀文化遗产的开发无疑为工业发展相对滞后的贫困地区找到了经济发展的突破口。

（1）民族旅游产业链条的打造。城市政府通过制订新自然、人文景观和民族优秀文化遗产开发规划，投入资金形成了新的自然、人文景观和民族优秀文化遗产建设。被纳入城镇的贫困村围绕城市旅游产业，规划发展与之相关的旅游产业链条。城镇旅游产业链条的发展资金可以通过加大对外宣传和招商引资来完成。具体的实施模式可以通过招商引资的方式引入资金以及高效的管理团队，打造具有民族文化特色的旅游文化产业园区。民族文化特色的旅游文化产业园区集餐饮住宿、表演、商品售卖、休闲为一体，通过雇佣村民可以解决城镇化中转移出来的部分富余劳动力的就业问题。民族文化特色旅游文化园区以文化旅游产品来带动民族文化旅游产业以及相关行业的发展，以核心产业支持产业群、配套产业群和衍生产业群，从而推动经济的可持续发展。

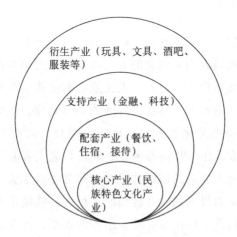

图 4 - 4　四民族特色文化产业与产业集群发展

（2）民族手工艺技能培训。城镇化了的贫困村要经过劳动力转移培训提升其劳动技能水平。贫困村劳动力技能培训要结合城镇化之后的产业发展来进行，比如要发展民族特色文化产业，则需要在民族刺绣等手工艺技术上进行技能培训。培训的资金可以是政府、企业、非政府组织共同出资，也可以由其中单方面出资。

（3）"公司 + 家庭作坊 + 行业协会"的生产加工模式。经过了传统手工艺的技能培训之后，农民被招聘进入有外资或者本村先富裕起来的能人开办的民族手工艺品生产加工公司工作。为了减少项目启动时期的风险和公司运作的成本，城镇化之后的贫困村可以采取"公司 + 家庭作坊 + 行业协会"的生产加工模式。这种模式的优势在于由于节约了生产车间建设成本，企业生产成本大大降低，而村民从工厂那里拿回原材料到自己家里生产手工艺品，工作也变得更加地自由和人性化。在村庄企业的初创时期，企业主要负责市场营销、培训工人，企业不提供生产车间，生产由村民在家里进行，由政府牵头的行业协会则负责民族手工艺品的品牌塑造、文化宣传等工作。这种由农民自主创新出来的产业初期的发展模式，可以利用熟人关系（如开工厂的是本村先富裕起来的农户）让村民在家里生产手工艺品。同时，企业、村民和政府主导的行会各有分工，在分工中充分发挥了自身的优势，既可以在保持企业生产正常运行的情况下节约成本，也是农村企业发展中资源整合的一个典范。

（三）优劣势分析

城镇化模式的优势主要表现在：政府和企业共同推动城镇化，以劳动力转移培训和吸纳村民进入企业就业的方式实现村民由第一产业向第二、三产业成功转型；以地震新形成的自然、人文景观和民族特色文化旅游等为核心打造的第二、三产业链带来整体经济发展的辐射效应，能够增加贫困人口的收入水平，如民族特色文化旅游发展使旅客增加，从而带来更多的商业机会，农民可以从事农家乐等休闲服务业；通过将老人和儿童纳入城镇社会保障体系，既解决了老人养老的后顾之忧，也部分缓解了家庭负担，使其儿女能以更多的资金和人力投入到就业转型的过程中；城镇化实现了农村公共服务与城市的对接，提升了村民享受社会服务的水平，改善了村民居住和生活的条件，村民融入城镇，在购买、消费上更加便捷。

城镇化模式也存在一些不足，主要表现在：整村性的农业人口转向非农业人口，虽然劳动力转移培训和新建的民族工艺品企业为村民的再就业提供了机会，但企业的岗位需求仍然不能满足转移出来的劳动力就业需求，说明在城镇化过程中仍然存在某些转移出来但是仍没有找到好的就业机会的贫困农户。因此，城镇化模式中还需要采取劳动力输出培训和政府提供就业信息等其他的扶贫开发方法。对于刚刚转移出来的农民来说，发展第二、三产业的风险远远要高于农业生产，转移出来的村民由于失去了农业社会保障的庇护，由于生活开支大大增加，极易走向新的城市贫困人群。

（四）实用条件与可推广性

作为我国农村城市化的一条重要途径，城镇化实现了灾后重建与扶贫开发的结合，改善了村民的居住条件，提高了社区公共服务供给水平，通过一系列方式使得农民从第一产业向第二、三产业转型。城镇化的实施首先需要有城镇经济或者城市经济扩大发展。这种扩张性的发展一般是城市或者城镇灾后重建的经济重建带来的。城镇经济出现新的扩张性发展需要征用城镇周边的农村土地和吸纳村民进入企业工作。村民完全失去耕地，虽然改变了农户在农业上面临的自然风险和农业市场风险，但也增加了农民新的生活风险（比如就业风险、日常生活开支非农化风险等）。因此，在进行城镇化的时候应当多方考虑，尽量降低农户进入城镇新增的各种风险。农民就业与进城农民社会保障体系建设是城镇化过程中的难点，也影响了城镇化模式在灾后重建与扶贫开发相结合中的推广。

五、不同模式的比较分析

汶川地震之后，实践中推行的防灾减灾、灾后重建与扶贫开发相结合实施的方式有多种。这些方式的多样性主要取决于两个因素。第一个因素是致贫原因。贫困村的贫困往往是多方面原因共同作用的结果，并且在各个维度上每个贫困村的程度都有所不同。由于扶贫资源有限，不可能从所有的维度来缓解贫困村的贫困，而结合贫困村发展的资源，选取主要的维度缓解贫困则具有事半功倍的效果。因此，在实施防灾减灾、灾后重建与扶贫开发相结合的实践中，需要针对不同的贫困状况和贫困村所具有的资源开发潜质来缓解贫困；第二个因素是受灾程度及防灾减灾的要求。对于每一个灾区贫困村而言，地震造成灾区贫困村房屋破坏、基础设施损毁等物质上的破坏是共同存在的，正如我们所总结的每个模式中都会进行灾后农房、基础设施、公共服务机构的重建。然而，贫困村所处的地理位置不同，受到地震破坏的程度也存在差异。有的贫困村农房倒塌 70% 以上，而有些贫困村房屋倒塌在 30% 以下。贫困村的受灾程度不同与地震之后造成的地质灾害隐患都会影响到灾后重建模式的选择。如贫困村灾后重建会出现不同的方式，是异地搬迁集中重建，还是原址分散重建，灾后重建任务的重点是产业发展还是基础设施建设等等都会有所不同。这些重建方式的选择都会造成防灾减灾、灾后重建与扶贫开发相结合模式的多样化。

合作产业发展模式以贫困村为单位，以市场为导向，通过外部资源刺激实现贫困村农业产业化在资源上的整合和管理上的创新，使农民以集体行动进入市场，实现农户生计的恢复和可持续发展。因此，合作产业发展模式对具体实施的贫困村可以实现小农户与大市场的联结，从而降低农户进入市场的风险。合作社运作产业实现了农民之间的联合，既集中了农户分散的资源（人力、技术、资金等），又可以实现产业利润比较公平地分配。通过与外部合作引进现代企业的管理制度和技术，有利于培育具有现代管理理念和知识的新型农民。但是这种模式往往需要村庄有一定的产业发展基础（如村民和市场联系比较紧密、村中有先富起来的致富能人等）。社区建设模式强调的是以社区建设为契机，将社区建设的资源和决策的使用权和控制权完全交予社区群体。在外部技术的指导下，让社区群体全权负责社区建设的各个项目的实施，可以优化存量资源，提高项目响应社区群体需求度和项目实施的效率，降低项目实施成本，并且起到建立社区信任纽带的积极效果。如果说合作产业模式是以发展产业的方式增加农民的现代管理知识显现向新型农民的转型，那么社区建设模式则通过具体的基础设施建设让农民通过"干中学"的方式来增强农民的能力和组织化水平；整村推进与连片开发则将贫困村的发展与区域整体发展相结合，在改善贫困村人居环境的情况下，从区域经济的发展来提高贫困村农民生计发展，达到缓解贫困与灾后重建的目标。因为在贫困比较普遍的区域（贫困县），经济社会发展相对滞后，区域经济发展基础没有得到根本性的改善，单个贫困村也很难发展起来。城镇化模式强调以城市重建和经济扩展为背景，也与区域经济相关，但是跟整村推进与连片开发模式不同，城镇化是将贫困村纳入城镇发展之中，通过城镇的发展来实现贫困人口的住房与生产生活方式重建，推动贫困村融入城镇和产业转型，达到恢复重建和缓解贫困的双重目标。

参考文献：

1. 蒋玉珉：《合作经济思想史》，安徽人民出版社 2008 年版。

2. 黄祖辉、农民合作："必然性、变革态势与启示"，《中国农村经济》，2000 年第 8 期。

3. Dpngier："什么是社区主导型发展方式"，《中国社区主导发展简报》，2007 年第 1 期。

4. 林万龙、钟玲、陆汉文："合作型反贫困理论与仪陇的实践"，《农业经济问题》（月刊），2008 年第 11 期。

5. 陆汉文："社区主导型发展与合作型反贫困——世界银行在华 CDD 试点项目的调查与思考"，《江汉论坛》，2008 年第 9 期。

6. 常艳、左停："中国整村推进扶贫工作的总结及评价"，《甘肃农业》，2006 年第 1 期。

7. 熊宁、曾尊固："农村城镇化与农业现代化——两种诱致性制度和变迁及其协同效应"，《城市规划》，1999 年第 3 期。

8. 卢海元："农村社保制度：中国城镇化的瓶颈"，《经济学家》，2002 年第 3 期。

第五章

灾后重建与扶贫开发
相结合机制分析

　　机制是一套科学的管理方法和系统的运行规律，也是对实践经验的理论总结。探讨汶川地震灾区防灾减灾、灾后重建与扶贫开发相结合的具体机制，就是在既要完成灾后重建又要推进扶贫开发的双重任务环境下，总结扶贫部门及其他部门探索出的具备借鉴意义的管理方法，归纳具备普遍意义的系统运行规律，为贫困地区下一阶段灾后重建与扶贫开发工作提供理论指导，同时为其他灾害风险管理和扶贫开发提供经验借鉴。

　　根据调研了解到的情况，我们将防灾减灾、灾后重建与扶贫开发相结合的机制归纳表述如下：灾后重建与扶贫开发相结合的有效机制主要体现贫困村外部整合统筹实施机制和贫困村内部活力激发与能力培育机制的有机统一。外部的统筹管理机制主要包括应急响应、规划管理、监测评估、组织协调、资源整合和多元合作。内部活力激发和能力培育机制则主要包括主体参与、内源发展和可持续发展功能。在灾后重建与扶贫开发相结合的机制中，外部统筹实施机制强调建立一套完善的外界干预管理实施程序和资源整合配置方式；内部活力激发和能力培育机制则寻求在贫困村内部建立起一种内源性的、可持续的发展方式。

需要指出的是，在我们所归纳的机制及其分析中，仅仅是对实践中的各种做法的总结和归纳，由于研究的角度和分析的视角差异，与其他有些归纳机制的表述和内涵可能有所区别。但这并不是对其他研究结论和观点的否定，而是对一种新视角的补充和完善。

一、灾后重建与扶贫开发相结合机制的逻辑框架

从前面第一章分析我们知道，按照灾害风险管理理论与减贫理论交叉融合的思维理念，灾害发生后中短期内的重点是恢复重建与扶贫开发相结合，因此，构建一套相对完善有效的灾后重建与扶贫开发相结合机制势在必行。随着灾后大规模建设项目的结束，这种相结合机制将从中短期向长期逐步过渡，自然演变成为扶贫开发与贫困村减灾防灾相结合的长期机制。正是因为灾后重建与扶贫开发相结合机制及防灾减灾与扶贫开发相结合机制之间的这种延续性、演变性和逻辑一致性，本文将重点分析灾后重建与扶贫开发相结合的机制。对防灾减灾与扶贫开发相结合的机制，将重点论述其是如何从灾后重建与扶贫开发相结合机制演化而来的。

灾后重建与扶贫开发相结合的有效机制是一种贫困村外部统筹实施机制和内部活力激发与能力培育机制的辩证统一（图5-1）。外部统筹实施机制一方面通过规划从战略高度统筹管理恢复重建与扶贫开发，实现二者的结合和融汇；另一方面，通过组织、合作和整合等环节从战术角度具体实施执行，使相结合的战略具体落实到贫困村。内部活力激发与能力培育机制是相结合的战略在贫困村内部的对接点和落脚点，它以参与式重建（扶贫）和能力建设为手段，通过激发内源性的发展动力，最终实现在贫困村建立起可持续的发展机制。

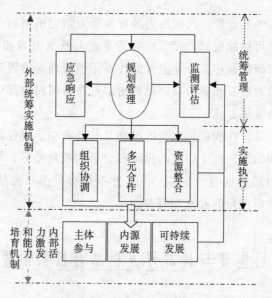

图 5 - 1　防灾减灾/灾后重建与扶贫开发相结合机制框架

如上图 5 - 1 所示,在灾后重建与扶贫开发相结合机制中,外部统筹实施机制强调建立一套完善的外界干预管理实施程序和资源整合配置方式;内部活力激发和能力培育机制则寻求在贫困村内部建立起一种内源性的、可持续的发展方式。

(一)　外部统筹实施机制

外部统筹实施机制主要包括应急响应、规划管理、监测评估、组织协调、多元合作和资源整合六项内容。应急响应、规划管理、监测评估共同构成了统筹管理环节,在整个机制中起到总体战略安排的作用。其中,规划管理是灾后重建与扶贫开发的契合点,贯穿于贫困村灾后重建全过程,是统领灾区贫困村扶贫开发、灾后重建、防灾减灾的核心;应急响应是规划管理的前期铺垫,监测评估是规划管理的调整和修正依据。组织协调、多元合作和资源整合构成实施执行环节,在整个机制中起到具体战术执行的作用。组织协调是政府内多部门的协调机制;多元合作是非政府部门的参与与合作;资源整合是在组织协调和多元合作的基础上对各种渠道的资源进行有效整合。

(二)　内部活力激发和能力培育机制

内部活力激发和能力培育机制是外部统筹实施机制的自然延续和最终落

脚点。如果说外部统筹实施机制是通过整合管理外部资源助力贫困村的恢复重建与扶贫开发，那么内部活力激发和能力培育机制就是要在这种外部作用下，寻求在贫困村内部建立起一种内源性的、可持续的发展方式。内部活力激发和能力培育包括主体参与、内源发展和可持续发展三个环节。主体参与是在流程设计上提供供贫困人口参与的机会和渠道；内源发展强调从内部增强激发贫困村和贫困人口的参与能力和激情；可持续发展是指在贫困村最终构建起可自我维持的持续性的良性发展系统。

二、灾后重建与扶贫开发相结合的外部统筹实施机制

汶川地震灾后重建与扶贫开发相结合机制的外部统筹实施部分由统筹管理环节和实施执行环节组成，包括应急响应、规划管理、监测评估、组织协调、多元合作和资源整合六个部分。统筹管理环节包括应急响应、规划管理和监测评估；实施执行环节包括组织协调、多元合作和资源整合。其中，规划管理是灾后重建与扶贫开发的契合点，贯穿于贫困村灾后重建全过程，是统领灾区贫困村扶贫开发、灾后重建、防灾减灾的核心；应急响应是规划管理的前期铺垫，监测评估是规划管理的调整和修正依据。组织协调、多元合作和资源整合构成实施执行环节，在整个机制中起到具体战术执行的作用。组织协调是政府内多部门的协调机制；多元合作是非政府部门的参与与合作；资源整合是在组织协调和多元合作的基础上对各种渠道的资源进行有效整合。

统筹管理环节是从全局出发，对灾后重建与扶贫开发相结合工作做出整体安排和统筹性规划；实施执行环节是从具体工作入手，在战术层面适应相结合战略的要求并最终实现战略。

（一）应急响应

应急响应包括基本保障、影响和需求评估、试点建设等三个相互联系的维度。基本保障是在灾后及时稳定贫困村民的生活和精神状态，为贫困村灾后恢复和扶贫开发打下基础；影响和需求评估是从灾害打击与贫困发生的角度，评价地震灾害对贫困村造成的打击，以及由此触发的新增贫困及返贫情

况，然后从发展的角度对贫困村灾后重建和扶贫开发的整体需求进行评估，增强下一步规划编制的针对性；试点建设是先期迅速选定少量具备代表性的贫困村，编制试点规划，开展试点建设，通过试点对规划进行调整，为在整个灾区贫困村范围内推行规划做好准备。

灾后重建与扶贫开发相结合机制中的应急响应，有别于灾后救援应急响应，它的侧重点不是抢险救灾和保护人民群众的生命财产安全，而是从扶贫和恢复的角度去响应，它的持续时间比抢险救灾更长，响应的重点也会逐步转变，是一种面向未来的响应。

1. 应急响应在灾后重建与扶贫开发相结合中的具体做法和成效

面对突如其来的巨大灾难，扶贫系统在大力参与全面抗震救灾工作的同时，高度关注灾害对贫困村庄和贫困人口的影响，充分发挥自身了解贫困地区、贴近贫困群众的优势，迅速反应，投入到抗震救灾中，并积极筹划灾后有计划的恢复重建工作。

国务院扶贫办在灾后第一时间召开了扶贫办机关和各直属单位主要负责同志会议，下发了《国务院扶贫办关于做好抗震救灾工作的紧急通知》，并安排部署抗震救灾工作。国务院扶贫办提出了六项应急工作要点：一是加强组织领导，成立抗震救灾工作临时协调小组，具体负责抗震救灾日常组织协调工作，切实保证把各项工作落到实处；二是继续组织好各项募捐活动，切实抓好对募集资金和各类救灾物资的管理；三是认真做好抗震救灾的宣传工作；四是适时派出调研组分赴灾区，实地了解灾情，研究抗震救灾和灾后重建工作措施，全面评估灾害对扶贫全局工作的影响；五是努力向灾区提供财政扶贫资金支持，重点用于受灾贫困地区的灾后重建工作；六是尽快制定和完善《国务院扶贫办关于贫困地区自然灾害应对工作预案》，以完善工作机制，规范工作程序，提高救灾工作的质量和水平。

国务院扶贫办归口管理的中国扶贫基金会、中国扶贫开发协会、友成企业家扶贫基金会和中国老区建设促进会等社团，充分发挥自身优势，广泛开展募捐活动，迅速将帐篷、药品等救灾物资送到灾区前线。

除了抢险救灾，国务院扶贫办还迅速组成贫困村灾后重建规划工作组，于 2008 年 6 月 16 日在京召开了第一次全体会议，研讨规划编制、试点方案、政策措施和工作要求，并着手积极组织在川、陕、甘三省 19 个贫困村实施灾后重建规划与实施试点，为在国家确定的 10 个极重灾县、41 个重灾县中受灾的 4 834 个贫困村编制全面的恢复重建规划做好准备。如四川省扶贫办立即成立了贫困村灾后重建规划组，迅速开展了 10 个试点贫困村的灾后重建村级规划工作，编制完成了 10 个试点村的《灾后重建村级规划》。在短期内编制完毕试点村规划后，四川省扶贫办进一步通过收集 39 个重灾县的贫困村和受灾返贫村的基本情况、受灾情况、项目需求调查等资料，依据对 10 个试点村村级规划的汇总分析结果，并参照有关行业技术标准和单位投资概算，开展了《四川省贫困村灾后重建总体规划》的编制工作。

2. 应急响应在相结合机制中的作用

应急响应包括基本保障、影响和需求评估、试点建设等三个相互联系的维度，它是一种面向未来的应急响应，其重点是为灾后重建与扶贫开发迅速打好基础，尤其是为编制规划管理提供依据。因此，应急响应在整个外部统筹实施机制中起到前瞻和铺垫作用。应急响应在灾后重建与扶贫开发相结合的机制中的作用体现在：

（1）基本保障是在灾后及时稳定贫困村民的生活和精神状态，为贫困村灾后恢复和扶贫开发打下基础。

（2）影响和需求评估是规划管理的先决条件，它是从灾害打击与贫困发生的角度，评价地震灾害对贫困村造成的打击，以及由此触发的新增贫困及返贫情况，然后从发展的角度对贫困村灾后重建和扶贫开发的整体需求进行评估，增强下一步规划编制的针对性。

（3）试点建设是应急响应的尾声阶段，也是规划管理的起始阶段，起到从应急过渡到全面恢复重建的枢纽作用。它是先期迅速选定少量具备代表性的贫困村，编制试点规划，开展试点建设，通过试点对规划进行调整，为在整个灾区贫困村范围内推行规划做好准备。

3. 应急响应的三大维度分析

根据对实践中具体做法的梳理，应急响应可以归纳为基本保障、影响和需求评估、试点建设等三个相互联系的维度，这三个维度各自有其特点：

（1）基本保障维度。基本保障应急是灾后重建与扶贫开发相结合机制的前端内容，也是该机制得以持续运行的前端保障。基本保障应急的内容包括保障贫困人口饮食、居住和卫生安全，最大程度地保全贫困社区的灾后发展资本，如人力资本、金融资本和物质资本等。从执行层面上看，基本保障应急的首要执行部门是民政、卫生、国家减灾委及军队等。扶贫部门是以发展为主要职能，在基本保障响应上承担的责任并不重大，但是从灾后重建与扶贫开发相结合机制的角度考虑，扶贫部门参与基本保障应急有以下几点意义：一是扶贫部门熟悉高脆弱性的贫困地区，可以提高应急响应的瞄准性；二是基本保障应急与后续的影响和需求评估及试点建设密不可分，扶贫部门的参与可以提高工作效率和配合度。

基本保障应急工作有三个要点：①面向全体灾民，关注脆弱群体；②做好短期保障，重视长期安排；③先满足现实需求，兼顾其他工作需求。从灾害风险管理的角度看，不同群体的抗风险能力（脆弱性）和恢复力不同，因此在基本保障上有必要适度倾向贫困和老弱病幼群体。其次，基本保障应急不仅重视眼下，也应关注长期安排，对中长期基本保障做出适度安排，有助于短期应急与中长期恢复的对接，也能及时安抚群众，提高基层政府的受信任度，为灾后重建与扶贫开发相结合机制的顺利运行打好基础。第三，基本保障维度的应急与评估应急、试点建设是紧密衔接的，扶贫部门参与保障应急为兼顾评估应急等工作提供了可能，第一手的现场情况可以使工作重点随着时间推移自动过渡到下一阶段。

（2）影响和需求评估维度。贫困村抵御自然灾害的能力较弱，地震灾害对贫困村的影响比其他地区更深远。深入评估地震灾害对贫困村的影响，有助于迅速掌握贫困村灾情，进而才能评估贫困村恢复重建和扶贫开发的需求状况。影响和需求评估涉及的评估面非常宽，在灾后应急响应阶段不可能对贫困村进行逐村评估，因此，在实践中更多地依靠科学抽样的办法来进行。

影响和需求评估包括社区和农户两个层次。社区层次的评估内容包括：

①地震对社区的直接损坏情况和已经恢复的程度，如房屋、耕地、基础设施条件、公共服务系统等方面。

②自然灾害对社区贫困的影响，如贫困发生率的变化、返贫情况、新增社会弱势群体情况以及社区集体经济发展的影响等。

③地震灾后贫困社区获得支持的情况，如物资、资金、基础设施建设和政策扶持等方面的内容。

④灾后恢复和重建的需求，如灾后恢复和重建还面临哪些困难，需要政府提供哪些方面的支持等。

农户层次的评估内容包括：

①自然灾害对农户的直接损失和影响，主要涉及到自然资源、人力资

源、金融资源和物资资源等方面的直接损失和对农户生计发展产生的影响。

②农户灾后的恢复能力，主要涉及到农户的金融资产状况、人力损失情况、社区内互助自救恢复能力等。

③农户获得国家支持的情况，主要涉及综合性支持和专项性支持等。

贫困村灾后恢复力弱、自我发展能力低，更需要外接的干预和支持。灾后重建和扶贫开发的现实经验说明，针对贫困村特殊情况，专门就灾后恢复和发展问题展开评估，可以使政策制定和资金投向更有针对性，增强贫困村恢复重建规划的指导性和适用性。

（3）试点建设维度。前期试点是应急响应向后续防灾减灾、灾后重建与扶贫开发的过渡点，也是应急响应与规划管理之间的连接桥梁。前期试点是在短时期内选择少量最具代表意义的灾区贫困村，根据前期已经掌握的情况，结合防灾减灾、灾后重建与扶贫开发的需求，编制试点规划，迅速调动资源开展试点建设。

开展前期试点建设的意义在于为整个灾区推进贫困村防灾减灾、灾后重建与扶贫开发相结合工作提供模式范本和实践经验依据。基于这个目的，把握前期试点工作的要点有：

①试点村的代表性。灾区贫困村各不相同，精心挑选最具代表性的贫困村开展试点，才能保证示范效果。

②在充分掌握贫困村情况的前提下，时间上要适度靠前，因为只有较早开展试点才能从时间上保证试点项目的范本作用。

③涵盖各种防灾减灾、灾后重建与扶贫开发相结合的执行模式，如政府资金主导、社会资金主导、"农户＋企业"模式、互助合作社模式等，保证示范样本的多样性。

（二）规划管理

规划管理，顾名思义就是通过编制和执行规划来管理整个灾后重建与扶贫开发工作，包括外部统筹实施机制和贫困村内部活力激发和能力培育机制。只有科学的规划，才能使贫困村的灾后发展符合科学发展观和地区经济全局的要求。规划管理在灾后重建与扶贫开发相结合机制中统领全局，它既是灾后重建与扶贫开发两项工作的契合点，又是整个机制的纲领。规划管理既能够统筹兼顾外部统筹实施机制和内部活力激发和能力培育机制，又能调和地区发展、恢复重建、扶贫开发等不同工作之间的关系。

1. 规划管理在灾后重建与扶贫开发相结合中的具体做法和成效

灾区规划包括三个层次，一是总体规划，二是各专项规划，三是各级贫困村恢复重建规划。2008 年 5 月 23 日，国务院抗震救灾总指挥部第 13 次会议决定成立灾后重建规划组，制订了《国家汶川地震灾后重建规划工作方案》，明确了灾后重建规划的指导思想和原则，工作任务和分工，组织协调和工作要求，并要求在 7 月 20 日前完成总体规划、城镇体系规划、农村建设规划等 10 个方面的规划。经国务院同意，国务院扶贫办作为国务院灾后重建规划组成员单位，加入到了农村建设规划组，在灾后重建中，扶贫办将发挥政策研究、资金协调、部门沟通、社会动员、开展贫困村村级规划，以及指导实施、监督检查的作用。

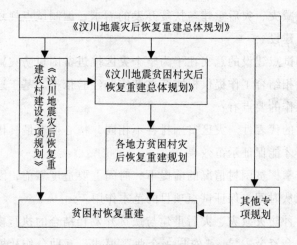

图 5 - 2　贫困村恢复重建的规划体系

如图 5 - 2 所示，《汶川地震灾后恢复重建总体规划》是统领整个灾区恢复重建工作的总规划，在总体规划指导下，各部门编制了 10 个方面的专项规划。其中，国务院抗震救灾总指挥部灾后重建规划组会同住房城乡建设部、农业部、交通运输部、国务院扶贫办以及四川、甘肃、陕西省人民政府共同编制了《汶川地震灾后恢复重建农村建设专项规划》。

同时，在《国务院关于支持汶川地震灾后恢复重建政策措施的意见》（国发［2008］21 号）、《国务院关于做好汶川地震灾后恢复重建工作的指导意见》（国发［2008］22 号）和《汶川地震灾后恢复重建总体规划》（国发

［2008］31 号）的指导下，国务院扶贫办编制了《汶川地震贫困村灾后恢复重建总体规划》，并以此为指导，组织灾区贫困村的恢复重建。地方扶贫系统根据《汶川地震贫困村灾后恢复重建总体规划》分别编制各地贫困村灾后恢复重建规划。

根据《汶川地震贫困村灾后恢复重建总体规划》，贫困村灾后恢复重建规划的范围是：国家确定的 10 个极重灾县、41 个重灾县中受灾的 4 834 个贫困村①。其中：四川省 10 个极重灾县、29 个重灾县，共 2 516 个贫困村；甘肃省 8 个重灾县，共 1 811 个贫困村；陕西省 4 个重灾县，共 507 个贫困村。如下图 5 - 3 所示，灾害发生以后，首先需要对灾害的影响进行评估，对贫困村、贫困人口的需求进行鉴别，对发展机会进行选择，最后对其进行论证，形成可行的规划方案。贫困村灾后恢复重建规划的编制还需要以国家灾后恢复重建总体规划和新的扶贫开发战略趋势为指导。同时，贫困村灾后恢复重建规划框架也为同类的扶贫开发规划工作提供了规范要求。

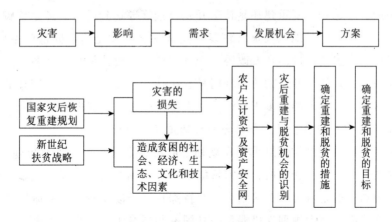

图 5 - 3　灾后贫困村恢复重建规划框架

汶川地震后，在国家规划覆盖的 51 个极重、重灾县中，包括国家扶贫开发工作重点县 15 个、省级扶贫开发重点县 28 个，二者相加共 43 个，占规划区内受灾县总数的 84.3%，灾害发生区域和贫困区域高度重合。在这51 个县中，有老区县 20 个、少数民族县 10 个，共有贫困村 4 834 个，贫困人口 218 万。从地图上看，国家扶贫开发工作重点县和省级扶贫开发工作重

---

①　即三省在 2001 年为实施《中国农村扶贫开发纲要（2001～2010 年）》选择确定的贫困村，全国共有 15 万个。

点县基本上覆盖了受灾区域。

2. 规划管理在相结合机制中的作用

（1）规划是整个灾区恢复重建的总体安排和全局谋划，是对整体战略的设定。从外部的统筹实施机制的角度看，组织协调、多元合作和资源整合都是对规划战略的具体落实战术，而应急响应和监测评估都服务于规划。从内部活力激发和能力培育机制来看，规划是对贫困村内部发展机制的总体设定，村内的具体工作和项目都围绕规划展开。

（2）规划是灾后重建与扶贫开发相结合的契合点。扶贫开发和灾后重建是由不同部门主导并有差异的两种工作，通过综合规划和专项规划才能实现他们的对接和结合。

（3）规划管理是实现统筹贫困村灾后重建与地区发展的制度性保障。在地震灾害的特殊条件下，贫困村的扶贫开发工作融入了灾后恢复重建的新任务。同时，扶贫开发与恢复重建也不是独立的工作，而是融合在地区经济发展之中的。无论是恢复重建还是扶贫开发，最终要达到的目的还是落脚在地区经济发展上。但是地区发展、恢复重建和扶贫开发是由不同部门主导的，地区发展的主要责任部门在发改委，恢复重建的主要协调部门在各级灾后恢复重建办公室，扶贫开发的协调部门是各级扶贫办或农办。规划管理的目标就是将这些多头管理的诸多工作统一起来使其成为一个有机整体。

3. 灾后重建与扶贫开发相结合的规划衔接点分析

上一阶段的贫困村恢复重建在规划上的特点是以各类"恢复重建规划"为主线展开的，但在新阶段，国家可能不再专门编制后续的汶川地震灾区恢复重建规划，而是将灾区直接划为一个特殊片区予以支持。下一阶段贫困村恢复重建将面临两大规划性机遇：一是国家和各级十二五规划的制定；二是新扶贫十年纲要的编制。要通过规划管理统筹灾后重建、扶贫开发和地区发展，就要在这两个机遇下把握好以下三个衔接，即十二五规划与扶贫开发规划衔接、新农村建设规划与扶贫开发规划衔接、小城镇建设规划与扶贫开发规划衔接。

（1）十二五规划与扶贫规划的衔接是保证在新阶段灾区贫困村防灾减灾、灾后重建与扶贫开发顺利进行的重大制度性保障。灾区恢复重建"三年任务两年完成"后，很可能不会针对汶川地震灾区继续编制新的恢复重建规划，而是将汶川地震灾区作为一个特殊片区纳入到国家十二五发展规划中，给予专门的政策支持。要保证灾区贫困村的扶贫开发与地区社会经济发展不脱节，把贫困村扶贫开发规划编入到各级十二五规划当中，将是新阶段灾区贫困村防灾减灾、灾后重建与扶贫开发顺利进行的重大制度性保障。

（2）新农村建设规划与扶贫开发规划的衔接是灾区贫困村打好发展基础、强化发展能力的政策基础。贫困村扶贫开发当然离不开新农村建设的步伐。新农村建设至少包括 5 个方面，即新房舍、新设施、新环境、新农民、新风尚，这与灾区贫困村防灾减灾、灾后重建与扶贫开发的工作内容是不谋而合的。从中央到地方，对新农村的建设都有一套完善的规划和资源配置体制，将新农村建设规划与扶贫开发规划衔接，无疑可以提高工作和资金的使用效率，为灾区贫困村更好地发展打下基础。

（3）小城镇建设规划与扶贫开发规划的衔接是对灾区仍处于快速城镇化阶段的具体情况的适应。整个中国社会经济发展的主调之一是仍将处于快速城镇化的发展阶段，大规模的震后恢复重建更加快了灾区的城镇化进程。地震和震后恢复重建使部分贫困村耕地灭失，新建小城镇提供了更多的非农产业就业机会，这些因素都将加快贫困村村民离开土地进入城市，并衍生出贫困农民身份转变、就业、社会保障等一系列问题（案例 1）。小城镇建设规划与扶贫开发规划的衔接，正是对这种特殊情况的适应。

案例 1：

擂鼓镇共下辖 30 个村，1 个社区。胜利村是 30 个村之一，共 586 户，1 712 人，全村共 9 个小组，人均耕地 7 分。灾前，胜利村的主要产业包括玉米种植、蔬菜种植、养殖业等。

灾后，胜利村耕地基本灭失（灭失原因是异地重建征用了耕地），因此，将胜利村的灾后恢复重建纳入了擂鼓镇的城镇规划。今后胜利村将变更为胜利社区，村民全部农转非，男 60 岁、女 50 岁以上的村民在交纳一次性费用后，可纳入城镇养老保险。

对胜利村来说，纳入小城镇规划的好处在于可以提升村民的社会保障程度，改善居住条件。但是将一个灾前的农业村在灾后彻底变更为小城镇，也会面临许多难题。胜利村村民和村干部普遍反映最大的难题是留守男劳动力、妇女在城镇生活中缺乏就业能力。

将贫困村灾后恢复重建、扶贫开发和小城镇建设统一起来，可以使贫困人口迅速摆脱原本恶劣或根本就不适宜人类生存的自然环境而进入城市，从第一产业向第二、三产业转移，实现跨越式的发展。但这种方式面临着投入大、就业难、村民积极性难以调动等问题，需要从规划层面和实施层面继续探索创新。

资料来源：笔者于四川省北川县擂鼓镇胜利村调研，2010 年 3 月 31 日。

4. 通过规划管理统筹相结合工作的关键因素分析

汶川地震的相关恢复重建规划很多，但是要从规划的角度实现灾后重建与扶贫开发相结合，则需在执行规划管理时把握五个要点：

（1）坚持规划先行。规划管理要起到纲领性作用，统领防灾减灾、灾后重建与扶贫开发相结合机制的全局，就需要适度先行，在应急响应阶段就要开始着手编制防灾减灾、灾后重建与扶贫开发相结合的相关规划。

（2）通过综合性规划进行统筹。规划管理的一个重要职能是引领不同部门进行组织协调和不同归属的资金进行整合，这种统筹性职能需要通过综合性规划来实现。如编制汶川地震恢复重建总体规划或地区十二五发展规划时，将贫困村防灾减灾、灾后重建与扶贫开发作为一个子规划予以明确，对各部门职责及资源调度做出整体层面的安排和具体层面的分配（具体分析见组织协调和资源整合两节）。

（3）整合专项规划，进行对口衔接。涉及到贫困村的专项规划包括扶贫开发、农村发展、交通、水利、电力等各种专项规划。专项规划的执行表现是项目的协同度，而专项规划的实质是部门协调，如通过将综合规划落实到项目，再以项目的形式捆绑各部门资金，就能达到整合专项规划并进行对口衔接的目的。

（4）规划适度超前。考虑到贫困村社会经济落后，规划编制内容要适度超前，通过超前规划为未来发展作出前瞻性安排，并拉动贫困村发展条件改善和村民意识的进步。

（5）规划实施的最终落脚点和发力点在贫困村。行业部门的专项规划往往侧重在村子外，此次恢复重建的一个重要经验就是扶贫规划落实到村，真正覆盖到基层，落到实处。按照《汶川地震灾后恢复重建总体规划》安排，行业部门规划覆盖到村外，村内除住房重建和公共事业之外的四类恢复重建项目由扶贫部门负责实施，这些项目大多旨在改善贫困村的发展条件和增强其发展能力，因此，规划管理的最终发力点和落脚点在贫困村。这就要求逐级编制扶贫规划，最终以参与式（涉及主体参与一节）的方法编制村级规划，一来可以通过村级规划实现内部发展的规范性，二来可以通过村级规划实现各行业部门与村项目的对接，如通过村内的社道与村水泥路对接等。

（三）监测评估

灾后重建与扶贫开发相结合机制中，除了在实施层面进行组织协调、资源整合和主体参与之外，科学系统地监测评估也是实施规划管理的重要手段。防灾减灾、灾后重建与扶贫开发相结合机制是一种普遍性与特殊性并重的管理方法，需要根据不同地区、不同时段、不同政策效果进行调整和改进。监测评估就是相结合机制自我调整和改进的通道。以规划管理为纲领的应急响应、组织协调、资源整合和主体参与是一种正向的外部干预，而监测评估则是一种反向的反馈修正过程，这个过程的结果最终体现在对规划编制及实施层面的调整上。

监测评估是项目管理的重要组成部分和重要内容，是规划编制与实施过程中最重要的环节之一。评估各种投入对目标群体的影响，需要规范的方法、方式和体系。贫困村灾后恢复重建系统的开发应用，既是规划监测评价工作的需要，也是完善监测评价系统的需要。系统的运行，保证了基础数据的全面、动态，为决策提供了基础性支持。此外，监测评价体系还包括基线和终期监测、系列专题评估等活动，从多个角度完善了贫困村灾后重建的评估体系。

1. 监测评估在灾后重建和扶贫开发相结合中的具体做法和成效

国务院扶贫办组织国内外专家，针对汶川地震贫困村恢复重建，在具体管理实施层面开展了大量调查研究。《贫困村灾后恢复重建基线调查报告》是以在规划区随机抽取 10 个县、100 个受灾贫困村、3 000 户农户进行问卷调查为基础完成的，内容涉及地震损失情况、收入状况及其变化、财产状况及其变化、生计恢复情况等。《国务院扶贫办贫困村灾后恢复重建规划与实施试点监测评价基线报告》和《国务院扶贫办贫困村灾后恢复重建规划与实施试点监测评价终期报告》是关于国务院扶贫办与联合国开发计划署合作开展的 19 个试点村的基线调查和终期调查报告，前者的重点在重建需求，后者的重点在恢复重建的过程与效果，采用的主要是参与式小组方法。《汶川地震灾后贫困村恢复重建试点效果综合评估报告》是关于 19 个试点村的大规模问卷调查报告，内容重点是重建需求及其文化程度，重建过程的及时性、科学性和协调性等。《汶川地震灾后贫困村救援与恢复重建政策效果评价报告》涉及灾区 15 个贫困村，其中有 5 个第一批试点村、5 个规划区内的非试点村、5 个非规划区受灾贫困村，重点是对三类村庄救援与恢复重建政策效果的比较研究。总体来看，国务院扶贫办组织的这些调查研究的重点是汶川地震对贫困人口的影响和灾后救援与恢复重建的效果。

2. 监测评估在相结合机制中的作用

防灾减灾、灾后重建与扶贫开发相结合机制是一种普遍性与特殊性并重的管理方法，需要根据不同地区、不同时段、不同政策效果进行调整和改进。监测评估就是实现相结合机制自我调整和改进的通道。以规划管理为纲领的应急响应、组织协调、资源整合和主体参与是一种正向的外部干预，而监测评估则是一种反向的反馈修正过程，这个过程的结果最终体现在对规划编制及实施层面的调整上。

灾后重建与扶贫开发相结合的过程是一个特殊的发展干预过程，从规划编制到具体实施，就会产生一个从投入到影响、从外部干预到内部发展的影响链。监测评估在这个影响链中所起的作用分为监测和评估两个过程：监测主要是针对外部发展机制，即监测投入是不是到位、这些投入有哪些产出；评估则主要是针对外部干预对贫困村内部产生了哪些影响，评价灾后重建产生了哪些具体的成果。监测评估的结果最后反馈到规划管理上，实现整个机制的自我修正。这里的评估与应急响应阶段的评估有所不同，前者的评估对象是防灾减灾、灾后重建与扶贫开发等外界干预措施对贫困村的影响，是一种社会影响；后者是地震灾害对贫困村的影响，是一种自然影响。

3. 外部统筹实施机制运行有效性的监测机理

监测主要针对两个部分，第一是监测投入是不是到位；第二是监测这些投入有哪些产出。对这两个问题要进行有效监测，那么至少要从管理层次和社区层次同时入手。

(1) 从管理层次监测自上而下的组织协调和投入落实情况。贫困村的防灾减灾、灾后重建与扶贫开发相结合是一项综合性工程，涉及农业、水利、电力、交通、卫生、人口、党建等众多部门。这些部门的资金是否能够到达贫困村？到达贫困村的资金是否能以村级规划为依据加以统筹与整合使用？这些方面的情况直接影响到贫困村防灾减灾、灾后重建与扶贫开发的效果，因此，需要从管理层次监测自上而下的组织协调和资源投入落实情况。管理层次的监测主要由各级人民政府完成，并反馈到各级规划的制订部门和各级人民政府的分管领导部门。国务院扶贫办灾后重建办组织设计并推广应用的"贫困村灾后恢复重建监测管理系统"内容丰富，指标详实，解决了灾后恢复重建的数据收集、管理、使用的技术问题，对及时了解灾后重建进展，把握资金使用状况，提高灾后重建水平具有重大意义[①]。但管理层次监测面临的困难在于没有专项资金，监测主体与客体不明确，这些问题急需在下一步工作中得到解决。

（2）从社区层次监测投入到位和产出情况。在整村推进成功经验的指导下，大多数贫困村防灾减灾、灾后重建与扶贫开发项目都是在社区层面展开的，贫困村和农户是这些项目的实施主体，因此他们也应该成为监测的主体，构成管理层次和社区层次的立体监测。由农户进行的自我监测是对农户水平重建活动监测的基础，主要通过由贫困村内农户完成规范化监测表格来进行，这种监测适宜以项目为单元多次滚动开展。对村内公共项目的监测，可以考虑由村级规范化监测小组完成，如由各村民小组所组成的代表负责在村小组范围之内展开监测。通过制定村级活动监测表，由村民小组代表负责完成监测。村级监测的内容包括资金到位与否、到位金额、项目完成指标、农户受益情况、农户对政策的评价等。村级监测也可以项目为单元多次滚动开展，监测报告由村委会和村民代表签字后，按季度或每半年向村级规划小组和镇乡人民政府进行一次反馈，并由县扶贫办最终确认。

4. 外部政策对贫困村内部发展影响的评估分析

主要是针对外部干预对贫困村内部所产生的影响，评价灾后重建产生了哪些具体的成果。相对流程化的监测，评估的专业技术性更强，因此，将参与式的评估与专业评估相结合是一种较好的选择。

（1）在贫困村社区内进行参与式评估，准确把握实际情况。贫困村社区内的参与式评估主要以主观评价为主，反映农户对灾后重建活动的主观评价。参与式评估可以通过个体访谈和焦点小组访谈进行，主要回答的问题是

---

① 引用，汶川地震灾后贫困村恢复重建资金落实与使用情况专题调研报告，黄承伟、陆汉文。

各种项目完成的质量，数量，目标群体或组织，以及不满意和进一步期待的内容。虽然参与式的评估是农户对监测活动工作的自我评价，但为了能对这种自我评价的结果进行汇总，仍然需要在评价的内容、过程等方面有一个基本的规范，因此，需要对参与评估工作的村民进行培训。在有条件的地方，乡的驻村干部、志愿人员，以及非政府组织可以与村民代表共同进行评估工作。村规划小组可根据评估的结果形成村级影响评估报告，作为整体评估的基础部分。

（2）在国务院扶贫办层次开展专家评估，从专业角度为规划调整提供依据。由于评估的结果要最终指导规划编制和执行过程的调整，因此，需要从专业的角度梳理防灾减灾、灾后重建与扶贫开发相结合的政策影响贫困村发展的科学机理。在村级参与式影响评估的基础上，专家评估作为上一层的评估手段必不可少。从专业角度考虑，这种评估适宜由国务院扶贫办组织国内和国际专家、扶贫系统内和系统外专家共同展开。考虑到防灾减灾、灾后重建与扶贫开发相结合工作的系统性，复杂性与跨行业跨领域性，专业评估需要涵盖社会学、经济学、管理学、工程学等多个理论学科，构成多层次复合式评估。

（四）组织协调

组织协调是灾后重建与扶贫开发相结合机制在具体执行过程中的关键所在，不同职能部门组织和协调的依据是综合性规划和专项规划。

组织协调是通过整合灾后恢复重建部门、扶贫部门以及其他职能部门来形成合力，增强政府部门统筹能力、强化资源调动能力和资源使用的配合度，最终在部门分工协作层面实现灾后重建与扶贫开发的结合。组织协调在灾后重建与扶贫开发相结合机制中起到承上启下的作用，一方面是规划管理得以实施执行的组织保障，另一方面又是资源整合配置的前置条件。

从公共管理和政府治理的理论与实践看，组织协调的关键点是首先确立一个主导部门、制定原则性与灵活性并重的工作程序，然后以主导部门为核心，以相关工作程序为方式构建部门联动机制，最后还要根据各地的具体情况进行调整。

1. 组织协调在灾后重建与扶贫开发相结合机制中的具体做法和成效

组织协调在灾后重建与扶贫开发中最典型的成功做法，是通过市县领导直接挂帅贫困村灾后恢复和扶贫开发工作，来实现对不同部门的有效领导。如南江县贫困村的恢复重建和扶贫开发就受分管扶贫和农业的副县长直接领导。这种以县级政府直接作为主导部门的配置方式可以最大限度地协调与贫困村发展相关的各职能部门，提高统筹能力和资源调动能力，为部门分工协作奠定基础。市县领导直接挂帅贫困村灾后恢复和扶贫开发工作一般适用于贫困面大、扶贫任务重的地区。

实现扶贫部门与其他部门之间组织协调的具体手段，通常是采取扶贫办与其他部门合署办公的形式。比如略阳县就成立了由县委书记、县长和相关部门负责人组成的灾后重建工作领导小组，县委办、政府办为领导小组办公室。在领导小组的指导下，县扶贫办、综合开发办、项目办合署办公，三块牌子，一套人马，统管灾后重建工作，县扶贫办设有灾后重建试点村规划编制组、指导组，按照先群众住房、后基础设施、再产业发展的顺序依次推进重建项目的实施。在实施过程中，扶贫办又提出了"三捆绑"、"四结合"、"五到村"的新机制，保障归口不同部门管理的项目资金按照贫困村的需求捆绑投入。

在另外一些经济实力较强，贫困面和贫困人口数量不大的地区，扶贫开发往往不是县市组织领导工作的重点，这种情况下要加强贫困村灾后重建与扶贫开发相结合，通常也是采取合署办公的模式，如绵竹市就采取县扶贫办和农委一套人马两个牌子的形式，将扶贫开发工作与农业发展工作结合起来，以农业部门为主导，借力行船，增强扶贫开发工作统筹其他职能部门的能力。

2. 组织协调在相结合机制中的作用

组织协调是通过整合灾后恢复重建部门、扶贫部门，以及其他职能部门来形成合力，增强政府部门统筹能力、强化资源调动能力和资源使用的配合度，最终在部门分工协作层面实现灾后重建与扶贫开发的结合。组织协调在灾后重建与扶贫开发相结合机制中的作用体现在：

（1）组织协调在灾后重建与扶贫开发相结合机制中起到承上启下的作用。一方面是规划管理得以实施执行的组织保障，另一方面又是资源整合配置的前置条件。

（2）组织协调是多部门协作的制度基础。灾后重建与扶贫开发相结合，说到底是不同部门之间的分工协作，只有一套高效的组织协调机制才能保证不同部门围绕一个共同目标工作，进而实现灾后重建与扶贫开发的结合。

（3）通过组织协调能够促进灾后重建与扶贫开发资金的整合，并向贫困村倾斜。通过扶贫系统与其他职能部门的协调，可以促使一些部门资源在配置时更多地向贫困村倾斜，为贫困村恢复重建与扶贫开发争取到更多的资源。

3. 组织协调的工作程序分析

制定原则性与灵活性并重的工作程序，可以打通防灾减灾、灾后重建与扶贫开发相结合的通道，确保项目在不同部门之间的审核和执行渠道畅通。灾区防灾减灾、灾后重建与扶贫开发的本质，是一种常态化的应急工作，既然具有应急的特点，那么在工作程序上一定要坚持原则性和灵活性并重。在正常情况下，许多建设项目涉及到多个部门的审批，这对严格资金监管、控制项目质量等是有益的，但在灾后恢复重建的紧急情况下，尤其针对贫困村既有重建任务又有扶贫任务的特殊情况，要把握好原则性和灵活性之间的度。在调研中我们了解到，发改、环保、土地等部门的审批能力有限，但恢复重建和扶贫开发的项目很多，审批节奏跟不上项目需求，造成项目和资金积压在审批环节中。针对这种情况，适当设置贫困村恢复重建和扶贫开发项目的绿色审批通道，可能是一种较好的解决方式。

4. 组织协调的部门联动制度分析

防灾减灾、灾后重建与扶贫开发相结合机制，是一项复杂的系统工程，其中必然会涉及多个不同的部门，必然也会包含有众多的程序和环节。为了保证政策实施的快速性和有效性，故在政策实施的过程中，要强调和重视部门间的协调，形成部门联动是非常必要的。

灾区贫困地区的恢复重建，涉及到国务院扶贫办及其各级下属单位、临时成立的灾后恢复重建委员会办公室（重建办）、对口援建办、发改、财政、农业、建设、水利、交通等职能部门。为了确保震后重建政策的有效实施，就迫切需要一个专门的协调机制，保持部门间的联动和信息共享。这一协调职能通常是由发展和改革委员会（发改委）来担任的，但发改委并不是专职的扶贫开发部门，仅仅依靠发改委来协调有时会存在目标性偏差。一个较好的解决方式是推进建设制度化的联系办公制度（案例2），项目相关部门在项目执行的各环节都进行联席办公，并由分管的县市领导负责主持协调联席办公，以备忘录或会议纪要的形式明确部门责任。

案例 2：

　　"实施以工代赈工作中推行联席办公制度，坚持相关部门共同参与项目规划设计、共同参与项目管理、共同参与质量监督的"三共同原则"，既发挥发改局的资源调动能力，又发挥扶贫开发部门的项目瞄准和项目设计能力，还借助了其他专业部门的技术优势，保证各项工程达标创优，取得了很好的效果。"

　　　　——南江县以工代赈办公室《采取以工代赈方式加快灾后恢复重建》

　　南江县在发改局下下设了以工代赈办，以工代赈办掌握了上级部门配置的以工代赈资金，又具有发改局协调其他职能部门上的便利。通过召开联席会议，扶贫部门引导以工代赈资金向贫困村集中，并和其他项目进行捆绑，实现不同部门工作之间的互动。专业职能部门参与联席办公会议，配合项目的具体执行，可以确保工程达标。

　　资料来源：笔者于四川省南江县县政府调研，2010 年 4 月 1 日。

　　5. 组织协调方式的适应性分析

　　鉴于扶贫开发工作的特殊性，部门组织协调方式要根据具体情况进行各种调整，不能一成不变。上文所述及的领导、管理和协调方式，并不一定适用于所有地区。

　　按照《汶川地震灾后恢复重建条例》[①] 第三十五条规定："发展改革部门具体负责灾后恢复重建的统筹规划、政策建议、投资计划、组织协调和重大建设项目的安排；财政部门会同有关部门负责提出资金安排和政策建议，并具体负责灾后恢复重建财政资金的拨付和管理；交通运输、水利、铁路、电力、通信、广播影视等部门按照职责分工，具体组织实施有关基础设施的灾后恢复重建；建设部门具体组织实施房屋和市政公用设施的灾后恢复重建……"

　　虽然从政策层面规定了发展改革部门负责恢复重建的统筹和组织协调，但在某些地区，尤其是贫困面大、受灾程度深的经济落后县市，扶贫开发部

---

　　① 国务院令第 526 号。

门掌握的资源较多，在政府各职能部门中的话语权较大，具有很强的综合协调能力。这种情况下，不妨将扶贫部门推向贫困村灾后恢复重建的主导地位，则更能够提高防灾减灾、灾后重建与扶贫开发的部门协调度和配合度。

因此，组织协调机制并不是一成不变的，而是要根据地区的县市情况做不同的调整，以增强组织协调机制的适应性。

（五）多元合作

汶川地震灾害的一个特点就是受灾损失大、区域广、灾情分散，尤其是灾区和贫困地区高度重合，使得问题更加复杂化和立体化。因此，在恢复重建和扶贫开发中，不仅要加大政府救灾和扶贫投入，发挥财政主渠道的作用，而且需要充分发动社会力量，拓宽救灾资金和物资筹集渠道，建立企业、非政府组织、社会民众、国际社会和灾民自己共同参与的多元合作体系，使地震灾害的重建工作更具开放性。国务院颁布的《汶川地震灾后恢复重建条例》中的规定实质上对汶川地震灾后重建中政府、社会、灾民的地位与责任作了明确的法律界定，即"政府主导和国家支持，灾民自救自建、社会参与和帮扶"。社会要参与和帮扶，就需要对各方的参与形式、参与途径、参与领域作出制度性安排，这就是灾后重建与扶贫开发相结合机制中的"多元合作"部分。

在灾后重建与扶贫开发相结合的机制中，多元合作是指在政府的主导下，引入非政府组织（NGO、企业、科研机构、社工组织、国内外基金会等）与政府部门的合作。多元合作是为了实现恢复重建与扶贫开发的最大限度的结合，而充分吸纳各个社会主体，明确他们的责任，并建立有效的沟通、协作机制，以实现公共利益的最大化。大量的国际经验表明，无论是灾后重建还是扶贫开发，只有引入社会治理理念，采用政府主导、社会支持、公民参与的方式，逐步形成"政府救助、社会扶助"的多元合作协同机制，才能真正凝聚国家和社会各界的力量，形成灾后重建与扶贫开发相结合的可持续体系。

1. 多元合作在灾后重建与扶贫开发相结合机制中的具体做法和成效

在汶川地震贫困村的灾后恢复重建中，多元合作有不同的运作形式，可以归纳为以下三种：

（1）项目操作形式。非政府部门以项目制的模式，在推动一个或数个项目的过程中，实现自身与政府部门的合作。大型国际 NGO 或基金会往往采取这种模式。项目操作模式的特点是非政府部门的自治性和对项目的掌控能力较高，政府部门更多的是起到引导和督促作用。以香港乐施会为例，乐施会为香港民间资金参与贫困村灾后重建提供了渠道。汶川大地震发生后，乐施会在四川成立了地震救援与重建项目办公室，通过与国务院扶贫办协商，在四川省没有对口帮扶的国家重灾县的扶贫重点村中确定了三批恢复重建与扶贫开发相结合的试点村。乐施会对每个试点村给予 100 万元的项目投入，国内配套资金 50 万元，项目村就可以得到 150 万元的资金并将其投入到水、路等基础设施的恢复重建中。

（2）社会企业形式。非政府部门通过设立社会企业，与基层政府合作，解决资金的供给、权属以及使用问题，实现恢复重建资金与扶贫开发资金的融合高效使用。这里的社会企业主要是指不以盈利为唯一目的，而更重视社会公益的企业化组织。非政府部门通过在贫困村设立这种社会企业，以企业组织的形式与基层政府进行融合式合作，推动恢复重建与扶贫开发的可持续发展。比如中国扶贫基金会在绵竹市民乐村投入 269 万元成立了民乐种养专业合作社，民乐全村 1 400 多人，人均折股 1 900 多元。合作社吸纳村两委参与，与基层政府合作，协助贫困村的产业发展。

（3）宣传倡导形式。一些小型的非政府部门或科研机构，其参与恢复重建与扶贫开发的重点并不在直接提供公共服务或资金上，而是更加侧重通过宣传促进公共观念、思想上的转变，是公民有效参与社会决策、监督和评估政府行为的重要途径。

2. 多元合作在相结合机制中的作用

多元合作在灾后重建与扶贫开发相结合机制中所起到的作用体现在以下几个方面：第一，增强灾后重建与扶贫开发相结合机制的立体性和开放性，以多元合作的方式将各方资源纳入到灾后重建与扶贫开发工作中去，拓宽资金来源的多样性，保障资金投入的充足性；第二，充分利用非政府部门在专业技术和理念上的优势，发挥其目标导向的特点，打破重建工作与扶贫工作之间的条条框框，提高恢复重建与扶贫开发的结合度和融合度；第三，通过多元合作形成政府、社会、市场以及公民的合作互补关系，发挥各自所长，弥补相互缺陷，形成各尽其责、协同作战的良性格局。第四，发挥非政府部门的连接和桥梁作用，在基层和政府之间进行双向沟通，搭建恢复重建与扶贫开发相结合的平台。

3. 多元合作的作用环节分析

多元合作的基本原理是通过政府引导，发挥社会部门的非政府性、非盈利性、独立性、志愿性等诸多基本特点，使其能够弥补政府失灵和市场失灵，成为积极影响恢复重建与扶贫开发的组织制度创新者和保护弱势群体等积极理念的倡导者，成为社会福利保障体系中不可或缺的组成部分。在恢复重建与扶贫开发相结合的工作中，多元合作的作用环节和具体机制包括：

（1）在资源筹措分配环节开展合作。在资源筹措和分配的公信力上，非政府部门具备优势，其参与资源筹措和分配的行为是建立在公民对非政府部门的公益性理念和社会认同基础上的，这使得非政府部门更容易开展筹资工作。这种特点可以在恢复重建与扶贫开发工作中迅速引入更多的外部资源，节约政府资金，减少财政压力。

（2）在资源分配环节展开合作。非政府部门具有的独立性，使其可以根据自己的宗旨取向决定项目，并具有一定的弹性和灵活性，可以配合不同的项目设计，来填补政府政策上的不足，因此，可以通过非政府部门将资源分配在政府无法兼顾的地区和容易被忽略的群体上。

（3）组成政府部门和非政府部门之间的信息交流平台进行协作。在应对自然灾害和扶贫开发时，非政府部门在促进社会协调、参与社会治理等方面都体现出非常重要的作用。如在贫困村的灾后恢复重建中，国际性的专业NGO可以组织各方面的专家联合组成评估队伍，共同决定项目，从而发挥相关专家不同的管理经验和背景优势，为政府的政策制定提供指引。

4. 多元合作的要点分析

多元合作在具体执行中需要注重三个要点：

（1）坚持政府引导、社会参与，在规划的范畴内有组织地进行合作。非政府部门作为多元合作的主体，在恢复重建与扶贫开发中也受到自身组织和环境的限制，如其视野的局限性、人力资源的局限性、社会影响力的有限性等，因此，多元合作还需坚持政府引导、社会参与的方式进行。在相结合机制中，多元合作不能规划管理总体战略范畴，而是在规划的引导下进行具体实施。

（2）寻找国际NGO理念与本土情况的结合点，形成各方共识。在防灾减灾、灾后重建与扶贫开发相结合的工作中注重国际合作交流，引入国际资源和力量参与国内具体工作，是汶川地震灾区贫困村防灾减灾、灾后重建与扶贫开发的一个重要特色。但国际性 NGO 或其他公益组织通常都有一套自己的理念和管理方法，在整合国际资源的时候，寻找国际理念、方法与本土情况的结合点至关重要。要形成共识，一是创造条件，使国际组织能够深入实地了解情况；二是及时沟通，就各种观念和方法差异充分交流；三是及时总结，通过不同批次项目的总结，实现逐步的求同存异。

（3）对非政府资源进行适度监管和督促，保障项目保质保量推进。贫困村防灾减灾、灾后重建与扶贫开发资金来源的多样性，对进度把握和资金监管提出了更高的要求。尤其是社会力量和国际力量，往往调动的是一些非规范性和制度性的资源，具有随意性和监管薄弱的特点，甚至一些由公益组织主导的贫困村恢复重建项目进度严重滞后。这就要求对非政府资源进行适度监管和督促，如采取订立合同、披露时间规划、公示进度情况等措施，保障这类资源及时足量投入。

（六）资源整合

资源整合的主要内容是整合配置各个渠道的资金，使不同性质的资金形成合力。但资源整合绝不是单纯的资金整合，不同渠道的资金通常会附加资金投入方的意愿。带有使用、管理和用途等附加意愿的资金的本质是一种有个性的资源。资金整合只是这个资源整合过程的表现形式，更重要的是资金背后对投入方意愿的整合。资源整合的实质就是把特性不同，但在某些方面具有相同点的资源整合起来，实现恢复重建、扶贫开发及其他资源在管理、用途、监管等方面的归一化和统筹化。

资源整合受总体规划的指导，同时，良好的部门组织协调以及多元合作又是资源整合的前提条件。政府内部的多部门组织协调为政府的资源整合奠定了基础，而多元合作机制则是整合社会资源的必要前提。

1. 资源整合在灾后重建与扶贫开发相结合中的具体做法和成效

汶川地震贫困村灾后恢复重建资金来源多样，如四川省规划区内各县贫困村灾后恢复重建资金的构成，就包括中央和地方灾后恢复重建专项基金、财政扶贫资金、对口援建资金、国内外赠款、社会募集资金以及金融机构贷款和以工代赈等其他资金（图 5-4）。

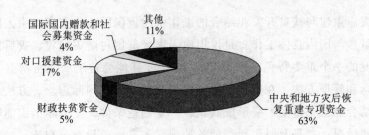

图 5 – 4　四川省规划区内各县贫困村灾后恢复重建资金构成

　　这些资金归口不同的部门管理，有不同的使用主导方。在汶川地震贫困村灾后恢复重建与扶贫开发的实践工作中，各地针对这些资金的特点摸索出了不同的具体整合做法。归纳起来，按照资源的性质可以分为以下几种具体做法：

　　（1）捆绑性整合灾区可自主管理的资金，包括中央和地方灾后恢复重建专项基金、财政扶贫资金、金融机构贷款以及以工代赈等资金。这类资金相对更能够体现当地政府的使用意愿，但是由于行政体制条块分割的原因，自上而下的资源到达乡村时较为分散，且整合低效，导致贫困村在恢复重建的过程中出现项目之间的衔接性不强、配套设施滞后等协调因素。对这类资金的整合则更多地依靠部门组织协调机制，通过项目捆绑、资金捆绑等方式进行整合。

　　（2）引导性整合对口援建省份为主导的资金，主要是对口援建资金。根据调研情况，援建省份对援建资金的使用具有很大的主导权，资金投向和项目选择虽然能考虑当地意愿，但更多是由援建省份决定。援建省份往往更愿意将资金用于打造大型亮点工程，如大中型学校、医院等，对贫困村的产业培育和能力建设等见效慢、投入效果不显著的项目投入较少。针对援建资金，各地摸索出的一套有效整合方式就是通过签订官方协议或者文件，引导援建省份转变理念，将援建资金纳入到自身的发展需求中来。比如，略阳县就抓住了天津援建的机会，与天津市签订了一系列文件，以此来促进贫困地区长远生计发展。借助天津先进的发展理念和技术优势，略阳县进一步修订完善县域产业发展规划，引导援建资金投向生物和旅游资源开发，对助力培育贫困地区的产业起到了良好的作用。

案例3：

略阳县的对口援建单位是天津市。援建工作伊始，略阳县就与天津驻略工作组研究出台了《对口支援陕西省灾后重建专项资金管理办法》及《略阳县天津对口支援专项资金管理及实施细则》等文件，由津略双方共同履行审批、拨付和监督职责，形成了一整套行之有效的资金管理制度。

资料来源：调研组于陕西省略阳县调研，2010年4月1日。

（3）自主性和监督性相结合整合公益组织和国际机构资金，如中国扶贫基金会、香港乐施会、联合国开发计划署等机构的资金。这些资金的组织意愿导向性很强，投入方往往对资金的投向、用途、管理、监督都有自己的想法，因此整合的技巧性很强。只有保障资金投入方的自主性和积极性，才能有效地对其进行整合。

2. 资源整合在相结合机制中的作用

资源整合在相结合机制中起到的作用表现在以下几个方面：

（1）资源整合是对恢复重建与扶贫开发相结合总体思路的具体体现和最终执行方式。恢复重建与扶贫开发相结合的一个重要实施形式，就是将重建资源和扶贫资源整合起来，相互衔接或者相互捆绑，从而得到更高效的利用。

（2）资源整合是外部统筹实施机制发挥作用的具体方式。规划管理是从战略层面对恢复重建与扶贫开发做出总体安排，组织协调和多元合作是对相结合机制整体战略的制度性适应，而资源整合则是在总体安排和制度设计的框架下去具体执行相结合的工作。

（3）资源整合是衔接外部统筹实施机制和内部活力激发与能力培育机制的桥梁。资源整合往往最终是在县、乡、村三级进行，以规划为代表的相结合战略和相应的战术措施最终通过资源（即具体项目）的形式落实到贫困村内部。因此，资源整合是灾后重建与扶贫开发之间的结合是否能够顺利得以实施并落到实处的关键所在。

3. 资源整合的作用路径分析

在相结合机制中，资源整合的作用路径要适应恢复重建与扶贫开发相结合的具体要求，其中，跨部门（包括政府内跨部门及政府和社会之间跨部门）整合是难点和重点。这种整合的可行整合路径包括以下几个层次：

（1）以恢复重建和扶贫开发规划为指导，用中央资金撬动其他资源。从表 5 - 1 可以看到，贫困村灾后恢复重建资金的主要投入来自中央和地方灾后恢复重建专项资金，其中，中央资金占绝大部分（表 5 - 1）。表中显示，申请列入国家灾后恢复重建的专项基金为 150 亿元，这部分资金是直接针对贫困村恢复重建的主体资金。从操作层面上看，中央资金的到位最及时，到位率较高，而且瞄准性最精确。因此，用中央资金撬动其他资源，可以带动其他资金向贫困村聚集，并确保资金投入的方向不出现偏差。

表 5 - 1　　　　　　　汶川地震贫困村灾后恢复重建资金来源

来源	国家灾后恢复重建专项基金	地方政府和财政扶贫资金	对口支援和社会捐赠资金	有关行业部门资金投入和金融机构贷款
金额（万元）	1 500 000	50 000	18 789	1 663 697

数据来源：《汶川地震贫困村灾后恢复重建总体规划》。

（2）以项目建设为单元，做好项目规划和配合，推动资源整合。部门资金和非政府部门资金的最终落脚点是项目，比如交通、电力、建设、农业等部门的资源，往往都投向各自部门所负责的项目上，要整合这些资源，首先就是整合好各部门的项目规划。通过综合性规划或贫困村发展专项规划，做好不同部门项目之间的统筹协调，在项目内容、进度、投向上做好整合，就是推动了资源的整合。

（3）以整村推进为突破口，引导资金直接到乡村两级整合。不同于各种资金在县及县级以上政府条块分割的现状，自上而下的资源在按照"归口原则"到达各个乡镇时，资源分散性要弱于县市一级。乡镇职能的转变、基层民主的扩大都使乡镇一级部门的联动效率提高，为资源有效整合提供了切实的前提条件。村一级是各种资源最终发挥效用的目标单位，引导各种资源在乡村一级进行有效整合，不仅有利于对区域内资源进行高效的整合，而且有利于主体参与的实际需求，使资源配置适当合理。

4. 资源整合的关键点分析

资源整合是一项复杂的系统工程，牵扯到各方权利和利益博弈。根据上文分析，整合对象可以分为灾区可自主管理的资金、由对口援建省份为主导的资金以及公益组织和国际机构资金。对这些不同类型的资源在整合中要把握以下几个关键点：

（1）做好项目规划，部门资金围绕项目进行投入。灾后重建与扶贫开发相结合机制的统领是规划管理，在资源整合上也是如此。从某种意义上来讲，整合各种专项规划，就是在整合资源，因为大部分资源都是针对项目进行投入，而项目安排取决于各类规划的制订。与贫困村灾后重建与扶贫开发密切相关的规划，至少包括《汶川地震灾后恢复重建总体规划》、《汶川地震灾后恢复重建农村建设专项规划》、《汶川地震贫困村灾后恢复重建总体规划》和受灾省、市、县各级综合规划、扶贫规划及其他专项规划。这些层级不同、侧重点不同的规划，都对资金，尤其是政府部门资金作出了详略不同的安排。从规划层面做好项目统筹协调，自然为资金整合投入打下了基础。

（2）同步推进，避免资金使用的木桶效应。在项目规划层面做好统筹协调后，执行层面的重点就是保障不同口径资金同步推进落实。资金落实不同步的结果是项目推进进度不一，而贫困村防灾减灾、灾后重建与扶贫开发项目之间是相互制约的。比如，产业扶贫一定要建立在村道、电力、水利等项目的基础上，一个项目资金落实滞后就会影响到政策的综合效果，形成木桶效应。涉及防灾减灾、灾后重建与扶贫开发的诸多部门掌握着不同的资金资源，要在资金整合上协调同步，需要有一套行之有效的信息传递机制，使贫困村恢复重建的主导部门了解其他部门的资金到位情况和落实情况，以便掌握工作的同步性。

（3）将对口援建资金的使用和管理作出制度性安排。如前文论述，对口援建省份对援建资金的使用具有很大的主导权，资金投向和项目选择更多地是由援建省份决定。援建省份往往更愿意将资金用于打造大型亮点工程，如大中型学校、医院等，对贫困村产业培育、能力建设等见效慢、投入效果不显著的项目投入较少。这就要求对援建资金的使用和管理作出制度性安排，在制度层面充分考虑对口援建单位与被援建方之间的协调，引导援建资金流向最需要的地方。

三、灾后重建与扶贫开发相结合的内部
活力激发和能力培育机制

内源发展与可持续发展是贫困村的内部发展机制。灾后重建与扶贫开发相结合机制可以分为外部统筹整合机制和贫困村内部活力激发和能力培育机制两大部分。内部活力激发和能力培育机制是外部统筹实施机制的自然延续和最终落脚点。如果说外部统筹实施机制是通过整合管理外部资源助力贫困村恢复重建与扶贫开发，那么内部活力激发和能力培育机制就是要在这种外部作用下，寻求在贫困村内部建立起一种内源性的、可持续的发展方式。内部活力激发和能力培育包括主体参与、内源发展和可持续发展三个环节。主体参与是在流程设计上提供贫困人口参与的机会和渠道；内源发展强调从内部增强激发贫困村和贫困人口的参与能力和激情；可持续发展是指在贫困村最终构建起可自我维持的持续性的良性发展系统。

（一）主体参与

主体参与是指灾后重建与扶贫开发相结合机制中利益主体即贫困村民的参与。主体参与不仅包括传统意义上的村民参与外来项目的决策、实施和监测，还包括建立以村民为主体的制度化组织（如合作社），实现自发的主体参与。

在整个灾后重建与扶贫开发相结合机制中，主体参与处于连接外部统筹实施机制和贫困村内部活力激发和能力培育机制的枢纽地位。应急响应、规划管理、监测评估、组织协调、多元合作和资源整合作为一套完整的外部发展机制，直接或间接作用于贫困村发展，其作用点就是主体参与，各种规划和政策自上而下，最后是通过主体参与具体落实到村。

1. 主体参与在灾后重建与扶贫开发中的具体做法和成效

主体参与在灾后重建与扶贫开发相结合的具体实践中，摸索出了参与环节和参与程序两个方面的成功做法。

在参与环节上，坚持贫困农户全程参与，在灾后损失和影响评估、需求评估、重建项目识别、项目优先排序、项目具体实施、项目监督等各个环节，都充分保证了贫困农户的参与。如马口村在进行项目规划的时候，先进行社区调查，再进行农户座谈，然后经过充分的准备，于 2008 年 6 月 28 日上午在村小学院坝如期召开了农户大会。大会首先对灾民进行了问候和灾后重建动员，然后工作组用挂图向农户反馈了社区调查、农户调查成果，包括村基本情况、受灾情况及分布、当前生产生活情况、存在的主要问题、农户项目意愿、建设方式等情况，接着分性别进行主要排序、项目意愿排序，讨论对问题干预的对策建议，讨论完善工程建设方式，最后向群众通报了农户选择排序结果，并安排部署了当前应继续抓好的抗震救灾工作。从结果来看，参会群众热情高、意识强、参与积极，大会非常成功，达到了预期的效果。

在参与程序上，一是由农民自主推选有威望，有能力，公道正派的农村老党员、老干部、老模范、致富能人和青年、妇女积极分子，通过村民大会选举产生项目实施小组成员，再从成员中产生实施小组长来领导或组织项目的实施，形成一个强有力的领导班子。二是每个贫困群众都有平等参与、平等表达意见的机会，同时认真执行少数服从多数的原则。主要采取两种方式：第一，对涉及全村发展的有关事项由村民项目实施小组召开村民会议，组织群众讨论，认真听取群众意见，经过讨论形成共识；第二，对事关大局和敏感性事项，采取投票的方式来确定。

2. 主体参与在相结合机制中的作用

主体参与在灾后重建与扶贫开发相结合机制中的具体作用体现在：

（1）主体参与是连接外部统筹实施机制和贫困村内部活力激发和能力培育机制的纽带。贫困村受灾群众是灾后救援与恢复重建各项政策的直接受益者，也是影响灾后重建与扶贫开发相结合成效的内因，是广大受灾贫困群众摆脱灾害打击、脱贫致富的动力和基础。扶贫资金的支持和全社会的帮扶是外因，是广大贫困群众脱贫致富的重要条件和保障。外因必须通过内因才能对事物的发展起作用，而主体参与就是实现内外因衔接的枢纽。

（2）主体参与是密切党群干群关系、提高相结合政策效率的保障。参与式扶贫赋权于群众，让贫困群众自己决策、自己组织、自己实施管理项目，政府重点是做好宣传、引导、指导等服务工作，切实促进政府行政方式向服务型政府转变。政府不直接参与项目实施，也不直接使用资金和实施项目，彻底消除群众对政府的猜疑甚至误会，使群众对政府的信任度明显提高，从而使相结合政策落实起来更加有效。

（3）主体参与可以间接起到提升贫困人口能力的目的。通过引导贫困人口参与各种重建项目，在提高项目质量的同时，可以达到提升贫困人口自身发展意识和发展能力的目的，从而提高贫困人口的自主发展能力，实现从外部输血到内部造血的转变。

3. 主体参与的理念和原则分析

主体参与有两层意思，一是提高外界项目和资源对贫困村内部实际情况的适应性。二是提高贫困村村民对外部资源和机会的把握能力。在第一层意思上，贫困村恢复重建和扶贫开发，一定是贫困村内部的事情，外界资源和项目的作用只是辅助和给予初始资本，而不是越俎代庖，一手包办。在项目设计和资源投入上要贯彻这种理念，从政策层面为主体参与资源配置和项目设计扫清障碍。在第二层意思上，外部发展机制的目的是协助形成贫困村内部的发展能力，也就是人的发展能力，因此在推进项目做好建设的同时，其参与的过程也帮助贫困村居民提升了自身参与决策、配置资源、争取机会的能力，为贫困村内源发展打下基础（这部分内容将在"内源发展"中详细阐述）。

主体参与的前提条件就是通过坚持自主发展和能力建设原则，培育贫困村民的参与意识，引导他们积极参与各种项目建设和资源配置决策。具有参与意识的利益主体进入决策、执行和监管环节，就能从利益博弈的角度使各种基层组织真正发挥其民主决策的作用。

4. 主体参与的关键环节分析

主体参与的三个关键环节是决策、实施与监测，只有村民参与全部关键环节，才是实现了真正的主体参与。在决策环节，如在村级规划制订、资源配置等工作中扩大基层直接民主，赋予灾民参与的权利，就能吸引最广大灾民参与重建决策和管理。在实施环节实现主体参与的积极有效方式是增加信息公开的广度和深度，让村民在信息充分对称的情况下进行参与，要让灾民意识到自己的参与程度会对自身利益带来什么样的影响，这样灾民才会持续、深入地介入整个过程而不只是应付差事。在监测环节，最关键的是保障村民的反馈与监督渠道，如在上级人民政府设置专门的投诉和上访接待处，保障监督权利的行使有效，就能确保在监测环节使主体参与落在实处。只有村民参与项目规划、项目建设、项目监督、项目验收、项目评估，才能有效整合国家投入、部门投入、农户投入和援建资金，才能加快提高自我积累和自我发展的能力，加快整村推进步伐，增强扶贫开发与恢复重建的可持续性。

5. 主体参与的渠道机制分析

主体参与，一方面要利益主体有意愿参与，另一方面要有便利的渠道参与。建立主体参与的渠道机制，就需要发挥社区内各种组织的桥梁作用。在贫困村内，社区组织主要有治理组织和企业组织两类。

（1）社区治理组织是指通过村两委及其他村民自治组织实现主体参与，主要适用于政策制定过程。村两委是直接面对基层群众的治理组织，发挥村民委员会自治作用和村支部战斗堡垒作用，就能带动群众参与的积极性。在参与方式上，贫困村治理组织保障主体参与的可行方式有两种：一是直接参与，即采取农户访谈＋村民大会的形式，通过村民投票表决的办法，自主确定建设项目的规模、建设方式和建设顺序，优先建设群众急需的、大部分群众支持的项目。二是间接参与，即选举村民代表组成民主团队，建立村级灾后恢复重建管理团队（功能小组），如建立村项目工作领导小组，下设施工、财务、物资采购、物资保管、项目监督等功能小组，制订工作流程，明确工作职责。功能小组成员在村民大会上由村民按照热心公益事业、乐于奉献、声誉好、口碑好、懂技术、善管理的条件，公开推荐候选人。候选人推出后由工作人员用大字报的形式张贴在指定地点，通过群众监督无异议后，由村民按个人意愿投票选举，当场统票，公布结果，被选出的功能小组成员按程序组建功能小组，责任到人。

（2）乡村企业组织是指通过符合或类似现代企业制度的组织实现主体参与，主要适用于产业发展过程。"公司＋农户"是受到广泛认可的一种扶贫开发方式。在灾后贫困村恢复重建已近两年，村民长远生计问题愈发突出的情况下，采取"公司＋农户"的方式，将村民组织起来培育具备市场竞争力的贫困村产业，就能够通过参与式的方式解决贫困村村民的生计问题。

现代企业制度的核心是"权责明确"，即合理区分和确定企业所有者、经营者和劳动者各自的权利与责任。乡村企业组织能否发挥扶贫开发与恢复重建的作用，关键在于建立起相互制衡的权责制度。绵竹市民乐村在中国扶贫基金会的资助和协调下，通过建立民乐种养专业合作社，解决资本投入和股权分配问题；通过公开聘任制寻求职业经理人，解决贫困村村民管理能力低下的问题；通过劳动者村内聘用制，解决一部分贫困村民的就业问题。民乐种养专业合作社是一个典型的通过乡村企业组织实现主体参与和产业发展相结合的例子（案例4）。

案例4：

在绵竹市民乐村，中国扶贫基金会投入269万元，成立民乐种养专业合作社。民乐村全村1 400多人，人均折股1 900多元，基金会不占股不分红。合作社设理事会和监事会。理事会共9名理事，设理事长一名，由村主任担任；民乐村七个组每组民主选举出一名理事；扶贫基金会派出一名理事，该理事有一票否决权。另有监事会三名成员，监事长由村支书担任。合作社向社会公开招聘职业经理人，成立专业公司（菌场和兔场）。合作社和职业经理人各持有一部分股份（类似于现代企业制度中的管理层持股），实现管理层激励和股东收益的共赢。专业公司的普通经营决策由职业经理人管理，重大经营决策须由股东大会决议。民乐村通过这种形式，既实现了利益主体参与决策、管理和分配，又避免了贫困村村民专业技能不足的问题。全体村民都感受到合作社和公司与自己息息相关，是"自己的"合作社和公司。同时，职业经理人又比普通村民更善于经营，因此，这是一种"有效"的参与。

资料来源：四川省绵竹市土门镇民乐村调研，2010年3月29日。

通过乡村企业组织实现主体参与，不同于传统意义上的参与式扶贫或参与式恢复重建。前者是一种自组织的长效过程，即通过设置合作社和股权的形式将参与主体的利益明确化和长期化；而后者是一种较为模糊的过程，即有项目就有参与，没项目则没参与。在产业发展上，前者更有生命力；在政策制定上，后者更为有效，这两种方式各有利弊，互为补充。

（二）内源发展

内源发展是指激发贫困村和贫困人口的内源动力，让他们从他救变为自救，获得长期的可自我维持的发展能力。

1. 内源发展在相结合机制中的定位和作用

内源发展是激发贫困村发展活力、培育贫困农户自主发展能力的核心要素。灾后重建与扶贫开发相结合机制不仅要从物质层面直接扶助贫困村，更重要的是通过能力建设、自主发展和社区自组织能力建设等，帮助贫困村建立一套具有长期市场活力的发展系统。

内源发展在灾后重建与扶贫开发相结合机制中起到的作用，就是在外部统筹实施机制的干预作用下，通过提升贫困人口自身发展能力，实现贫困村灾后发展源动力从外部物质支持向内部活力和能力推动的转换。

内源发展与主体参与的区别在于，内源发展强调从内部增强贫困人口参与的能力，主体参与强调从外部提供贫困人口参与的机会和渠道。

2. 内源发展在灾后重建和扶贫开发中的具体做法

内源发展在灾后重建与扶贫开发中的具体体现，就是通过能力建设、生产性的组织建设等方式，培育贫困村民自主发展的意识，增强自主发展的能力，从而达到发展源动力由外向内转变的目的。比如，北川县擂鼓镇胜利村就利用 UNDP 资金开展妇女羌绣的能力建设，由村庄派 10 个人到乡政府所在地，由专业机构给予培训，到现场进行示范。培训完后，村民再给本村的其他人培训，技工与农户相结合。这种方式以点带面，达到普遍性提高村庄妇女就业能力的目的。

此外，实践证明精神层面的力量在灾后重建与扶贫开发中的作用也是巨大的。通过非物质的方式可以激发和培育村民的公共精神，进而提升内源发展的源动力。以唐坪村举办社火活动为例。社火是春节期间在中国北方农村中普遍流行的一种娱乐活动，唐坪村的社火有上百年历史，在方圆几个乡上都赫赫有名。由于地震的缘故，社火的举办陷入困境。通过北京富平学校、区政府、乡政府和村委会以及农户自筹的经费，2009 年春节期间，唐坪村再次举行了社火活动。活动期间吸引了许多已经到县城发展的年轻人回来过元宵节。本土化的民间文化活动，不仅给村民们带来过年的喜庆，也让他们从繁重的灾后重建工作中暂时得以缓解，更重要的是提升了村民们的凝聚力，坚定了他们重建家园的信心。在具备一定经济条件的情况下，没有外来资金的支持援助也照样可以有所作为。村民参与公益事业及经济发展的主动性、互助性得到增强，村民自我管理、自我发展的意识更加强烈。提升社会参与意识和社区认同感，尊重当地传统习俗和本土文化，体现当地特色，更能为村民所接受，也能在更大程度上调动村民参与的积极性。

3. 内源发展的理念培育

只有具备自主发展理念的社区，才有可能实现发展动力的内部化，否则就会形成对外部干预的依赖。不同于其他贫困地区，在灾区灾后防灾减灾、灾后重建与扶贫开发工作中，外界干预强度更大，持续时间更长。如果农户不能建立起自主发展的理念，那么就会对外界的资源供给和外部组织形成依赖，即使贫困村得到了发展，也是一种外源性的发展，一旦外部扶助终止，发展的动力也就戛然而止。

建立社区自主发展理念的方式是激发群众的权利意识，使贫困农户认识到自身的权利及这种权利的价值，进而去争取和维护这种权利，自然就形成了自主发展的理念。因此，在外部干预的过程中，要注重激发贫困村农户的权利意识，包括知情权、参与权和获益权。知情权是指对村内事务和资源分配知情；参与权是指对集体项目有权参与；获益权是指对集体资产收益享有分配权。"三权"应该统一形成一个整体，知情、参与、获益三位一体。在灾后重建过程中，"三权"的分离，势必导致干群冲突，以及村民之间的摩擦。因此，从统一的角度出发，将三者结合起来，并以此激发民众的权利意识，真正参与到重建活动中，并从中获益。"三权"统一实质是将信息有效地传达到民众之中，使贫困农户在信息对称的情况下作出参与决策，并切实感受到自身利益与自己的决策参与息息相关。

通过激发群众权利意识灌输自主发展理念，要求"三权"之间一定要对等。没有参与权的保障，知情权则没有意义；没有获益权的保障，参与权则没有意义。只有知情—参与—获益形成一个完整链条，才能起到灌输自主发展理念的作用。

4. 内源发展的人力资本培育

能力建设是贫困村内源发展的人力资本保障，也是内源发展的核心要义。社区发展归根结底是人的发展。从经济学的角度考虑，经济发展主要取决于资本和劳动两大要素，在灾后重建的特殊阶段，贫困村可获得的外部资本投入相对较多，那么人力资本的提升就成为了经济发展的关键。

能力建设一直是农村扶贫开发工作的重点，灾后恢复重建为能力建设提供了一个良好的契机。在农业生产层面，灾后恢复重建投入大量资金进行农业基础设施建设，包括水利建设、交通建设、圈舍改造等，如果与此配套在扶贫开发工作中开展农业生产实用技术培训，就可以实现恢复重建抓硬件、扶贫开发抓软件的格局，提升农业生产水平。在劳动力转移培训层面，灾后恢复重建提供了大量本地非农业工作岗位，借助这个机会顺势提高本地劳动力的技术水平，如由村民民主选举派出数个劳动力到乡镇政府所在地，由专业机构给予培训，到现场进行示范。培训完后村民再给本村的其他人培训，技工与农户相结合。这种模式为恢复重建后劳动力转移提供了基础。除了农业生产实用技术培训和劳动力转移培训，还有一项重要的能力建设内容，即村级组织管理能力培训。在贫困村内部发展机制中，村两委及村民自治组织起着至关重要的作用，贫困村领导和带头人的组织管理能力，直接决定了村庄的发展导向，因此，能力建设不能只重视劳动力培训，定期组织村级管理人员能力培训也是能力建设的重要内容之一。

5. 内源发展的生产规模和资本积累提升

内源发展要解决的一个核心命题，是在贫困社区培育具有市场活力的产业，实现资本的初步累积。人均资本不足是经济学公认的贫困陷阱之一。灾后重建与扶贫开发相结合的外部发展机制，就是要从外部向贫困村注入发展资本。另一方面，贫困村内部的资本积累也是完成资本积累的重要手段，而单纯依靠以户为单位解决资本积累则难度相对较大，因此需要发挥社区组织的作用。

社区组织从性质上分为金融组织与生产组织，从组织形式上分为正式组织和非正式组织。村级资金互助社是一类典型的金融组织，通过外部注资和内部集资组建村级资金互助社，实现农户资金的聚集和集中使用，可以使小资金变大资金。

村级资金互助社的本质，是通过金融组织实现资本集中使用，进而实现生产的规模效应，提高相应产业的市场竞争力。因此，村级资金互助社的资金流向要重点关注一些有想法、村民有技术基础的领域，如果只是简单地将资金出借给农户，搞一些基础的小规模传统养殖，那么资金的使用效果就会大打折扣。

社区组织的另一种形式是生产组织，包括企业组织和非正式的合作组织。关于企业组织已经在主体参与一节中进行阐述，这里重点论述非正式合作组织。社区内往往会有一些能人、强人或者外出代工回乡青年，这些能人具备一些实用技术、有一定的带头能力，因此在贫困社区内部发展能力相对较强。通过一些非正式组织将其他村民纳入到这些能人的生产中，能够实现生产规模的提升，并能帮助其他农户完成资本积累和技术积累。因此，在贫困村防灾减灾、灾后重建与扶贫开发的实践中，可以摸索、创新和鼓励各种形式的村民合作互助社，促进村内资本和技术的流通，进而实现内源动力发展。

（三）可持续发展

在灾后重建与扶贫开发相结合机制中，可持续发展是指在贫困村内部建立一种面对灾害和贫困可自我维持的发展机制。贫困村可持续发展是灾后重建与扶贫开发相结合外部统筹实施机制和内部活力激发与能力培育机制的最终体现，它是一种发展的理念和范式，无法从具体做法入手进行分析。

1. 可持续发展在相结合机制中的作用

贫困村在灾前就缺乏社区发展资本和发展机会，是一种低水平的生产和组织状态。在巨灾打击下，贫困村自身的发展条件和能力愈发脆弱。灾后重建与扶贫开发相结合机制就是要从外部支持和内部建设两方面入手，帮助贫困村摆脱这种低水平状态。外部支持是从资本和劳动力素质入手，提高贫困村的生产要素水平和基础设施水平；内部建设则是解决长远动力和发展方式问题。

贫困村可持续发展处于灾后重建与扶贫开发相结合机制的末端，建立在外部干预的基础上，并以内源发展作为可持续发展的持续动力。可持续发展是灾后重建与扶贫开发相结合机制在贫困村最终要建立的一个体系和最终要达到的一种状态。在外部干预和内部持续动力的作用下，可持续发展就是要寻求一种相对全面的、可自我维持并逐步摆脱外界依赖的贫困村发展方式。

2. 贫困村产业可持续分析

在灾后重建与扶贫开发的双重政策下，灾区贫困村从外界获得的支持较多。有一些看起来很有市场活力的新开发产业，一旦脱离外界的资金、技术和市场支持，就可能不能存活。因此在产业选择和培育上要格外重视可持续性，逐步达到即使外界支持撤出，贫困村的产业也能够持续发展的目标。

产业要持续，就要具备市场竞争力。培育市场竞争力的方法包括将乡村产业纳入县域经济发展、建立乡村行业协会等。首先，从经济学意义上将很难在贫困村培育起单个的、独立的产业，规模效应和贫困村资本的匮乏决定了简单的一村一品不适合贫困村。只有将数个村乃至乡联系起来规划产业发展，甚至将乡村产业纳入到县域或市域经济中去，才能够提高产业的市场竞争力。其次，建立市场导向的乡村行业协会，借助协会去把握和判断市场信息也是提高市场竞争力的方法。农户产品不能得到准确的市场信息，即使辛苦一年，收成再好，也可能因为市场的因素而减少收入。另外，行业协会本身也具备一定的定价能力，对行业构成一种保护。

3. 贫困村生产要素可持续分析

农村最重要的生产要素是资金、土地和劳动力。在汶川特大地震的打击下，灾区尤其是受灾贫困地区的资金、土地和劳动等要素都发生了巨大变化，如农户负债、民间借贷比例剧增、土地灭失、耕地征用、劳动力流失等，这些都是阻碍贫困村可持续发展的因素。健全的生产要素产权制度和流通制度是贫困村经济可持续发展的重要制度性保障。在资金层面，由于灾后恢复重建，贫困村村民储蓄大多数用做了住房重建，甚至许多农户因为重建住房还存在严重负债。农户家庭资产负债状况的变化，势必为未来产业发展埋下隐患，这个问题需要在未来的扶贫开发工作中予以重点考虑。在土地层面，一是贫困村内部的土地承包经营权流转机制十分重要，它对土地集中经营提供了制度保障①；二是由于灾后重建集中居住的需要，部分农户耕地灭失，失去土地这个生产要素后农户势必向二、三产业转移，那么就需要从劳动技能上予以帮助。在劳动层面，贫困村大多妇幼老残留守，青壮年男劳动力外出打工，导致贫困村发展劳动要素不足，因此，吸引外出务工青年回乡创业是保障劳动供给的一个重要内容。

4. 贫困村的灾害应对能力分析

灾害打击对贫困农户而言，既是致灾因子，又是致贫因子。汶川地震发生在自然灾害多发的山区和丘陵地区，因此，要实现汶川地震灾区贫困村的可持续发展，科学合理地应对自然灾害打击必不可少。贫困社区是贫困人口生活的基本细胞，是人口相对密集、生活要素相对集中的区域。贫困农户既是内部防灾减灾机制的最基本单元，又是扶贫开发的最基本单元。因此，降低脆弱性要从社区和农户两个层面入手。在社区层面，现在我国的防灾减灾预案体系还只到达县一级，但实际上防灾减灾的第一线是社区，因此，需要在贫困社区尽快制订防灾减灾和救灾应急预案。为进一步规范灾害风险管理，减少灾害损失，每个贫困社区都应该制订、落实相关预案制度。在农户层面，要结合扶贫开发项目，提高其防灾减灾意识和避灾自救技能，增强农

---

① 张琦："中国农村土地制度改革模式探索"，《当代经济科学》，2006年第9期。

户资产的抗灾能力，通过贫困农户层次防灾与社区层次防灾衔接，形成有层次的贫困村应对自然灾害机制。此外，要特别重视对因灾返贫情况的遏制，通过救济、保险等方式，帮助高脆弱性农户应对灾害，协助他们降低自身陷入贫困的可能性。

5. 贫困地区资源环境可持续分析

资源环境可持续对贫困村发展有着特殊意义。汶川地震灾区本身处于龙门山断裂带，属地质活动活跃区。灾区贫困村又多位于生态脆弱的山区和丘陵地区，属泥石流危险带，如果生态环境遭到破坏，自然灾害造成的破坏力将不可估量。因此，资源环境是否可持续，不仅涉及到贫困村的长远发展，更关乎贫困村的现实安全。贫困村环境的可持续有两个要点，其一是在规划层面充分考虑保护资源环境的要求，做好经济规划的同时做好环境规划；其二是要对资源环境给予长期关注，在下一步的扶贫开发纲要中，对灾区贫困村的资源环境问题进行专门考虑。

灾后重建与扶贫开发机制是由外部统筹实施机制和内部活力激发与能力培育机制衔接组成的。外部统筹实施机制一方面通过规划从战略高度统筹管理恢复重建与扶贫开发，实现二者的结合和融汇；另一方面通过组织、合作和整合等环节从战术角度具体实施执行，使相结合的战略具体落实到贫困村。内部活力激发与能力培育机制是相结合的战略和战术在贫困村内部的对接点和落脚点，它以参与式重建（扶贫）和能力建设为手段，通过激发内源性的发展动力，最终实现在贫困村建立起可持续的发展机制。

防灾减灾、灾后重建与扶贫开发相结合机制是在汶川大地震特殊背景下，扶贫开发工作者和其他部门共同进行的开创性探索。它既丰富和发展了我国的扶贫开发理论，也丰富和发展了我国的防灾减灾理论，还对贫困村灾后重建、扶贫开发和防灾减灾的具体工作有着重要意义。未来这一机制势必还会进一步丰富、完善和发展，成为国内和国际扶贫开发与防灾减灾（灾区恢复重建）工作的重要借鉴。

参考文献：

1. 国务院新闻办公室："四川汶川地震抗震救灾进展情况"，http：//www.512gov.cn/GB/123057/8107719.html。

2. 国务院扶贫办："扶贫办主任范小建赴川指导扶贫系统抗震救灾工作"，http：//www.cpad.gov.cn/data/2008/0602/article_ 338004.htm。

3. 杨国安："可持续发展研究方法国际进展——脆弱性分析方法与可持续生计方法比较"，《地理科学进展》，2003 年第 22 期。

4. 赵跃龙、张玲娟："脆弱生态环境定量评价方法的研究"，《地理科学进展》，1998 年第 1 期。

5. 樊运晓、罗云："承灾区域脆弱性综合评价研究"，西部大开发科教先行与可持续发展——中国科协 2000 年学术年会文集。

6. 张琦："中国农村土地制度改革模式探索"，《当代经济科学》，2006 年第 9 期。

7. 刘婧、方伟华、葛怡、王静爱、芦星月、史培军："区域水灾恢复力及水灾风险管理研究——以湖南省洞庭湖区为例"，《自然灾害学报》，2006 年第 5 期。

8. 商彦蕊："干旱、农业旱灾与农户旱灾脆弱性分析——以邢台县典型农户为例"，《自然灾害学报》，2000 年第 2 期。

9. 邹中正："抗御自然灾害能力的脆弱性分析——对金川县的灾情考察"，《四川气象》，2001 年第 2 期。

10. 刘玉、李林立、赵柯、王丽丽、饶懿："岩溶山地石漠化地区不同土地利用方式下的土壤物理性状分析"，《水土保持学报》，2004 年第 5 期。

11. 李保俊、冀萌新、吕红峰、王静爱、杨春燕、葛怡："中国自然灾害备灾能力评价与地域划分"，《自然灾害学报》，2005 年第 14 期。

12. 乌德亚·瓦格尔、刘亚秋："贫困再思考：定义和衡量"，《国际社会科学杂志》（中文版），2003 年第 1 期。

13. 陈立中、张建华："中国转型时期城镇贫困变动趋势及其影响因素分析"，《南方经济》，2006 年第 8 期。

14. 马新文、阿玛蒂亚·森："权利贫困理论与方法述评"，《国外社会科学》，2008 年第 2 期。

15. CPRC："针对长期减贫的社会保障政策"，《长期贫困报告》，2004 年第 5 期。

16. 张晓：《中国水旱灾害的经济学分析》，中国经济出版社 1999 年版。

17. Philip White, *Disaster risk reduction: a development concern*, DFID, 2004.

18. Michel Masozera, Distribution of impacts of natural disasters across income groups: A case study of new Orleans, *Journal of Ecological Economics*, Vol.63 (2007), P.299.

19. Michael R. Carter, *Understanding and reducing persistent poverty in Africa* (London, 2006).

20. Fothergill Alice and Peek Loria, Poverty and Disasters in the United States: A Review of Recent Sociological Findings, *Journal of Natural Hazards*, Vol.32, P.89.

21. 国务院扶贫办灾后恢复重建办：《防灾减灾与缓贫调研报告 2009》。

22. 唐颖："自然灾害类公共危机中的政府责任研究"，《时代经贸》，2007 年第 11 期。

23. 唐涛："灾后重建需要政府与市场的双重作用"，《商业文化》，2008 年第 6 期。

24. 陈光："灾后政府行为与公共服务体系重建"，《成都行政学院学报》，2008 年第 6 期。

25. 黄承伟、彭善朴：《"汶川地震灾后恢复重建总体规划"实施社会影响评估》，社会科学文献出版社 2010 年版。

26. 黄承伟、向德平：《汶川地震灾后贫困村救援与重建政策效果评估研究》，社会科学文献出版社 2011 年版。

27. 黄承伟、陆汉文：《汶川地震灾后贫困村重建：进程与挑战》，社会科学文献出版社 2011 年版。

28. 国务院扶贫办贫困村灾后恢复重建规划工作组：《汶川地震贫困村灾后恢复重建总体规划 2008》。

29. 国务院扶贫办贫困村灾后恢复重建工作办公室：《汶川地震灾后贫困村恢复重建资金落实与使用情况专题调研报告 2010》。

第六章

汶川地震灾区农村恢复重建、扶贫开发与可持续发展：机遇与挑战

本章依照《汶川地震灾后恢复重建总体规划》、《汶川地震灾后恢复重建农村建设专项规划》等文件，结合灾区农村地区恢复重建和扶贫开发工作的实践，在深入灾区实地调研的基础上，主要从基础设施及公共事业、住房建设与集中安置、生产建设与产业发展、环境保护与生态建设、能力建设与社会保障、组织发展与社区关系六个方面，分析了当前和今后灾区重建、扶贫开发及可持续发展面临的机遇与挑战。

一、灾区贫困村扶贫开发与可持续发展面临的机遇

地震给灾区造成了巨大的生命和财产损失，如何进行灾后重建和发展

呢？对这一问题，大家存在着不同观点和思路：一种是恢复重建；另一种是依此来进行新的建设和更快发展，也就是说，将地震灾区重建作为发展的契机，进行全面地改造和发展，实施新的可持续发展新思路，不仅包括了恢复重建，更重要的是在新起点上实施更快、更好的可持续发展新规划。

恢复重建两年的实践证明，国家对汶川地震灾区恢复重建的新思路是正确的选择，是灾区发展的新机遇，也是灾区贫困村发展的新契机。通过调研，本研究分别从影响可持续发展的基础设施及公共事业、住房建设与集中安置、生产建设与产业发展、环境保护与生态建设、能力建设与社会保障和组织发展与社区关系进行论述和分析。

（一）基础设施及公共事业发展得到了快速恢复，公共服务能力得到了强化

1. 政策目标重点涵盖基础设施建设和公共事业发展领域

地震导致灾区电力、交通、通讯、供水等基础设施以及教育、医疗卫生、文化体育等公共事业遭遇重大破坏，基本"瘫痪"。但地震后，原本偏僻落后的地区得到了国家各个层面的政策支持，给灾区农村恢复重建、扶贫开发和可持续发展带来了历史性机遇。首先，国家快速制订了《汶川地震灾后恢复重建总体规划》，计划用三年左右的时间完成恢复重建任务，为经济社会的可持续发展奠定基础。目标是"设施有提高，交通、通信、能源、水利等基础设施的功能全面恢复，保障能力达到或超过灾前水平；人人有保障，灾区群众普遍享有基本生活保障，享有义务教育、公共卫生和基本医疗、公共文化体育、社会福利等基本公共服务。"其次，对口援建首当其冲将大规模的资金都投入到了基础设施和公共事业领域。再次，《汶川地震灾后恢复重建农村建设专项规划》提出"要用三年左右时间，完成农村恢复重建的主要任务，使得农业生产设施和农村基础设施明显改善，农村公共服务能力基本达到或超过灾前水平，贫困村生活生产条件改善，为实现国家农村扶贫开发目标奠定坚实基础。"

2. 大规模的资金投入，重建任务基本完成，为未来发展奠定了基础

经过近两年的灾后恢复重建，四川、甘肃和陕西等地几十个重灾市、州、县正在弥合地震带来的巨大伤痕，灾区公共服务目前已基本恢复正常。截至 2010 年 5 月 5 日，四川 39 个重灾县需恢复重建的 3 000 多所学校，近

九成已竣工；截至 2010 年 4 月 30 日，四川地震灾区在建的医疗卫生项目 2 200 多个，占规划的 95%，近六成已竣工，为灾区群众撑起健康"保护伞"；一处处新落成的就业援助中心更给受灾群众带去了劳动技术和就业岗位；截至 2010 年 4 月底，四川省 483 个交通灾后重建项目完成 389 个，占总数的八成，通往每一个重灾区、每一个乡镇、每一个村落的"生命线"不仅全部贯通，还比震前有了很大改善和提升①。据统计，目前 360 多万群众饮水难问题得到解决，超过七成市政公用设施完工，上万处地质灾害隐患点得到妥善防治。成都的城乡基础设施重建基本完成②，全市 3 147 个灾后重建项目已完工 2 276 个，累计完成投资 683.9 亿元，住房、道路、水利、电力和通讯等城乡基础设施重建基本完成。学校、医疗卫生机构、道路等公共服务和民生基础设施被优先重建。基础设施的逐步完善，使得成都经济发展迅速恢复，"造血功能"得到了大大提高。

（二）住房建设与集中安置目标基本实现，为灾区农户生活消除了后顾之忧

住房恢复建设是灾区恢复重建的重要内容和头等大事，也是建设速度最快、效果最明显的项目。

1. 恢复重建资金较大规模投入住房建设和集中安置领域

无论是中央还是地方都投入了巨额的资金用于解决灾民住房重建和集中安置。以甘肃省为例，地震过后，甘肃省面临巨大的住房重建任务。经测算，全省地震灾区城乡居民住房恢复重建所需资金总量约为 319.14 亿元，其中，城镇住房 57.21 亿元，农村住房 261.93 亿元。文县、武都、舟曲等 8 个重灾县的城乡居民住房恢复重建所需资金为 195.67 亿元，其中，城镇住房 43.59 亿元，农村住房 152.08 亿元。面对如此巨大的资金需求规模，中央到地方各级政府、社会各界以及国际组织纷纷以财政拨款或捐赠等形式投入巨额资金，分阶段展开住房重建和集中安置工程。这些资金主要包括：住户自有和自筹、政府补助、对口支援、国际组织援助、社会捐助、国内银行

---

① "涅槃重生两年间　来自汶川地震灾后重建一线报告"，《新华网》，http：//www.xinhuanet. com/2010－05/10/n272035603.shtml，2010 年 5 月 10 日。

② 董少东、巩铮："四川灾后重建项目七成完工"，《北京日报》，http：//news.sina.com.cn/o/ 2010－03－05/110117171027s.shtml，2010 年 3 月 5 日。

贷款、国外优惠紧急贷款、创新融资等多种方式。一般灾区农村居民住房恢复重建资金来源主要包括住户自有和自筹、政府补助、扶贫开发资金、社会捐助资金等。

2. 目标基本实现，为灾区农户生活消除了后顾之忧

经过两年的恢复重建，在对口援建省市、社会各界和灾区人民的共同努力下，"三年任务两年基本完成的目标"基本实现，为后续可持续发展奠定了坚实基础。2010 年 5 月 8 日，来自四川省政府的最新统计显示，全省原核定需重建的 126.3 万户农村永久性住房，2009 年年底已全部完成。因余震等因素新增的 19.6 万户重建农房也已完工 99%①。至此，四川地震灾区 145 万户农房基本重建完成。截至 2010 年 4 月中旬，陇南市全市列入规划的 18.6459 万户农村居民的住房维修加固已全部完成。陇南市需要进行房屋重建的农村居民为 22.7932 万户，其中除了受兰渝铁路、兰海高速公路等重大项目影响正在建设的 1 500 多户外，其余 22.6379 万户已经竣工，占到了开工总数的 99.3%。农村居民住房维修重建累计完成投资 144.6 亿元，占规划总投资的 106.1%②。在"5·12"汶川大地震两周年之际，甘肃地震重灾区陇南市 22 万多户农村居民住房恢复重建，基本上已经全部完成。这就为下一步开发特色产业（如核桃、中药材、养殖等），解决灾民后续发展问题打好了基础。

（三）生产建设与产业发展初步恢复，探索创新模式，促进可持续发展

生产和产业恢复与发展，是灾区未来可持续发展的关键，也是新时期灾区重建的目标和追求。

1. 大扶贫理念导向下产业发展面临新机遇

自党的十六大以来，国家实行以工促农、以城带乡的方针，行业扶贫力度越来越大，农村低保制度全面建立，扶贫开发进入开发与救助两轮驱动的新阶段。加之中央强调扶贫开发要与灾后恢复重建相结合，这就促成了一种大扶贫理念。在此理念的指导下，灾区围绕恢复重建与扶贫开发相结合的机

---

① "中国速度：四川地震灾区 145 万户农房基本重建完成"，《新华网》，http：//www. gs. xinhuanet. com/news/2010－05/10/content＿ 19727127. htm，2010 年 5 月 10 日。

② "甘肃陇南地震区农村居民住房重建速度加快 接近完成"，《新华网》，http：//www. gs. xinhuanet. com/news/2010－05/07/content＿ 19727127. htm，2010 年 5 月 7 日。

制和模式进行了探索。灾区政府不仅着眼于恢复重建，更考虑到长远发展。两年来，四川省一手抓毁损设施的恢复和重建，一手抓农业生产的恢复和发展，全省农村建设取得显著成效，粮食生产实现连续增产。震后，四川灾区产业结构调整进展加快，产业布局逐步优化，产业重建成效明显，灾区产业园区快速崛起，为灾区未来的可持续发展插上了腾飞的翅膀。2009 年，四川省国民生产总值 14 151.3 亿元，增长 14.5%；2 440 户受损工业企业恢复生产达 99%；6 个重灾市（州）的工业增速均超过全省平均水平；旅游业快速从灾难中崛起，2009 年四川旅游收入继 2007 年之后再次突破千亿大关，达到 1 472 亿多元，比 2007 年增长 21%[①]。一批绿色环保的特色农业、手工业正成为灾区农民富裕的主要途径，如汶川的大樱桃、雅安的茶叶、绵竹的年画已成为品牌俏货和"挣钱源头"，让农民的"钱袋子"渐渐鼓起来。陕西略阳县更是将灾后重建和扶贫开发纳入到了整县的经济发展规划，高度重视贫困村规划和区域发展规划，并将此与新农村建设紧密结合。略阳率先实施"整乡推进"的扶贫开发工作思路和举措，把产业扶贫作为扶贫工作的重点，坚持典型带动、龙头拉动、干部推动的做法，突出村村抓骨干项目，体现经济特色，发展产业带，培育主导产业和常规增收项目，取得了突出成绩，走出了一条灾后重建和扶贫开发相结合的科学发展道路[②]。

2. 成功探索贫困村捆绑式资源整合等产业扶贫创新模式

目前，制约灾区扶贫开发与可持续发展的关键因素还是资金缺口过大、投入不足。对此，如何将有限资源进行整合，集中使用，产生最大的经济社会效益，这是地震灾区恢复重建和扶贫开发工作者着力探索和解决的首要问题。

在长期的实践探索中，一些县市创新性地探索出了一种捆绑式的产业扶贫模式，为贫困村今后的可持续发展作出了巨大贡献。陕西省略阳县的实践很有代表性。该县结合县情，以扶贫开发统揽全局，将工作重心由城镇转移

① "涅槃重生两年间　来自汶川地震灾后重建一线报告"，《新华网》，http：//www. gs. xinhuanet. com/news/2010－05/10/content_ 19727127. htm，2010 年 5 月 10 日。

② 略阳县从扶持贫困村灾后重建资金中安排 802 万元，扶持每个贫困户建一亩产业园，给每个贫困户安排 1 万元增收项目贷款的足额贴息，对农村的"种、养、加"大户及专业合作社予以 3 万～10 万元的财政无偿扶持。截至 2009 年，已扶持 4 065 户贫困户栽植嫁接核桃苗 16.3 万株，投放扶贫贴息贷款 2 321 万元，受益农户 690 户、3 105 人，11 个村级互助资金协会投放贷款 36.9 万元，扶持种养业项目 78 个，受益农户 78 户、336 人。

到农村，探索出了"三捆绑、四结合、五到位"（捆绑项目、捆绑资金、捆绑人力；将重点村建设与基础设施建设、生态环境建设、小城镇建设、特色产业开发紧密结合）的新机制①。此外，灾区有些试点村也探索出了创新性的产业扶贫模式，如四川就诞生了"飞地"模式和"田间股份制"模式②。这两种模式的共同特点就是将灾后重建与工业园区、产业园区建设结合起来。"飞地"模式，一方面帮助当地产业由分散走向集聚，另一方面又是变对口支援为长期对口合作的重要载体。其中，以在成都市金堂县异地建设的"广东—汶川工业园"最为特别，它由成都市和阿坝州共同建设，是集灾后重建、异地重建、合作共建为一体的重大产业项目。而"田间股份制"模式采取"政府扶持、公司出资、农民出地，茶园品质验收合格后青城贡品堂茶业有限公司逐年将股份退回农民"的形式，计划用 3 年时间在都江堰向峨乡建设万亩优质绿茶基地。其中，政府投入一部分资金，其余部分由公司和农户以"田间股份制"投入。茶叶投产后，公司将在前 4 年分别按照 4%、2%、2%、4% 的比例将股份赠送给农户、村、社、合作社。

（四）环境保护与生态建设受关注程度强化，培养了可持续发展的观念意识

1. 环境保护得到政府和社会的重视和关注

汶川"5·12"大地震发生后，中央和地方迅速启动了灾后恢复重建工程，纷纷出台了灾后重建总体规划等一系列的政策、文件，其中都涵盖了环境保护和生态建设的内容。例如，《陕西省贫困村灾后恢复重建规划（2008～2010 年）》就要求"抓好生态恢复，推进生态环境建设。要与退耕还林、天然林保护、长江流域水保综合防治、野生动植物保护等生态工程建设结合起来，突出抓好当前恢复和今后生态环境建设，使贫困村生态环境全面恢复。要加快村庄人居环境治理，建设环境优美的村容村貌。对村庄和人

---

① 2009 年，全县累计争取投入各类扶贫资金 20 158 万元，其中财政扶贫资金 6 100 万元，启动实施了 69 个贫困村灾后重建和 2 个整乡镇推进扶贫开发试点工作，完成扶贫移民搬迁 256 户 988 人，启动建设全省千村贫困人口搬迁示范村 3 个，建成 11 个全省千村互助资金协会试点村，投放扶贫到户贴息贷款 2 321 万元，圆满完成了首批 4 000 亩国家农业综合开发项目，并顺利通过省市验收。

② "汶川地震灾区灾后重建综合调查报告"，《四川在线—四川日报》，http://sichuan. scol. com. cn/dwzw/content/2010 - 05/12/content_ 740761. htm？node = 968，2010 年 5 月 12 日。

居环境建设进行总体规划，科学设计，优化村庄布局，完善配套设施，改善公共服务，方便群众生产生活。要抓好村庄环境卫生整治建设，改善村容村貌，着力治理农村‘脏、乱、差’，切实解决农民住宅与畜禽圈舍混杂问题。”①此外，陕西省结合扶贫重点村和新农村建设，实施农户“三改”（改厨、改厕、改圈）33 500 户，并且硬化、美化、绿化农户庭院，实施村庄绿化、小型垃圾处理和污水处理等。

在整个的灾后重建和扶贫开发过程中，政府环保部门严格实施国家环保政策，加大了建设项目的环境评估力度，对项目环评审批更加严格，使得灾区的生态环境得到了有效保护。

此外，地震后，社会各界都开始高度关注和重视灾区的环境改善和生态建设。学术界表现最为突出。2008 年 7 月 9 日，《科技导报》在北京举办了以“汶川震区生态影响评价及灾后生态重建与修复”为主题的学术沙龙，来自国际国内的著名生态学家、知名教授和业界专家、学者共聚一堂，积极为灾区生态建设建言献策②。九三学社中央委员会还向全国政协十一届三次会议提交了《关于对四川地震灾区四条江河流域实施生态恢复重建的建议》的提案，建议对四川地震灾区四条江河流域实施生态恢复重建。很多企业积极出资捐助支持灾区环境监测与生态建设，如地震发生后，法国威立雅环境集团于 2008 年 7 月 18 日向中华环境保护基金会捐款 400 万元人民币，用于支持地震灾区的环境保护设施和能力建设③。

2. 灾区环境保护和生态建设扎实推进

目前，四川灾区生态建设已得到基本恢复。截至 2010 年 4 月底，四川省 39 个重灾县林业生态修复项目累计开工 64 个，占恢复重建项目总数的 88.89%，完成林草植被恢复 177 万余亩，占规划任务的 38.52%；修复林木种苗基地 11 882 亩，占规划任务的 32.14%。借灾后恢复重建的重大机遇，四川省积极吸收对口援建省、市（如北京、广东等省）先进的环境保护与生态建设的理念和经验，将“绿色重建”的理念贯穿整个灾后重建过程，坚持

---

① 《陕西省贫困村灾后恢复重建规划（2008～2010 年)》。

② 《九三学社：建议对四川地震灾区四条江河流域实施生态恢复重建》，《中国经济网》，http://kejidaobao.blog.sohu.com/95390012.html，2010 年 3 月 13 日。

③ “‘5·12’地震灾区环境监测站过渡性板房建设项目圆满完成”，http://www.cepf.org.cn/projects/STCC/XMDT/200908/t20090827_159084.htm。

规划先行，大到一个市、一个县，小到一个乡、一个聚居点，在灾区重建过程中都制订了详细规划，而且四川省各级环保部门对每一个规划都开展了环评。截至 2009 年 12 月，四川省环保厅组织审查规划环评共 147 个，其中工业园区规划环评 74 个，流域水电开发规划环评 63 个，专项规划环评 7 个，北川、青川县城灾后重建规划环评两个①。重灾区德阳市还率先开展了灾后恢复重建总体规划战略环评，成为西南地区第一个开展综合性规划环评的国家试点市。绵竹、什邡、都江堰等重灾区在城镇重建中，都严格按照环境优美乡镇和生态城镇标准建设。在生活垃圾处理方面，灾区农村实行了"户集、村收、镇运、县处理"的农村生活垃圾无害化处理模式，在四川省彭州市小鱼洞镇等一些地方进行了"地震灾区农村垃圾处置及循环利用项目"成功的试点探索，让灾区村民们的生活习惯发生了很大改变。

（五）能力建设投入加大，社会保障效果明显

这是灾区恢复重建与可持续发展的内在动力培育和社会保障能力的重要体现，是灾区农村可持续发展活力的保障力。

1. 就业培训力度加大，投入较大，效益显现

地震过后，为提高贫困村参与灾后恢复重建和未来持续发展的能力，国家启动实施了能力建设项目。实施就业援助工程，以加强对青壮年的职业技能培训，通过对口支援、定向招工、定向培训、劳务输出等，解决地震重建规划区 100 万左右劳动人口的就业问题。按照《汶川地震贫困村灾后恢复重建总体规划》总投资 3 232 486 万元，其中能力建设项目投资 50 008 万元，占 3.1%。主要包括三方面内容：一是举办各种农村实用技术培训班，培训村民 40 万人（1 200 915 人次）；二是开展劳动力转移培训 533 340 人，提供就业安置和跟踪服务；三是开展健康、环境教育、村级组织管理能力等培训 645 614 人次。据测算，一共 4 834 个村的平均投入为 324.53 万元，人均投入 3 776 元。高投入落在了实处，自然得到了高回报。据人民网报道，2009年，四川省地震灾区农村转移输出农村劳动力达 705 万人，占灾区劳动力总数的 64.1%，灾区转移输出比重和劳务收入比全省平均水平均高出 10 个百分点，农村劳动力转移输出规模和劳务收入均取得了历史性突破。此外，国

---

① 曹小佳："绿色之光照亮新生——'5·12'汶川特大地震灾区重建纪实"，《中国环境报》，2010 年 5 月。

家有关部门还组织编写了一系列培训教材，完成了第一批、第二批试点村所在县扶贫办和贫困村干部的培训。

2. 弱势群体受到重视，社会保障事业得到发展

汶川"5·12"地震发生后，借恢复重建和扶贫开发的重大机遇，灾区社会保障事业得到了迅速发展，水平提高了很多。国家实施灾区孤儿、孤老、孤残人员特殊救助计划，增强各级各类社会福利、社会救助和优抚安置服务设施能力，重建并适当在县城新建福利院、敬老院和残疾人综合服务等设施，在成都建设了残疾人康复中心，恢复重建殡仪馆和救助管理站。在地方，四川、陕西、甘肃也都采取了各种措施提高社会救助标准，扩大覆盖面，帮助贫困村灾民，尤其是弱势群体脱离困境。如四川省政府采取各种措施，对"三孤"人员和因灾失地农民进行妥善安置，为特困户提供生活补助金，并对困难农户住房重建提供资金支持，千方百计帮助特殊困难群体过上好生活。2008 年 7 月，四川省启动了地震灾区"再生育全程服务行动工程"，通过对符合再生育条件的灾区妇女实行孕前、孕中、分娩及治病等全程免费服务。目前，灾区有再生育意愿的 5 000 多个家庭中，已分娩 2 000 多人，在孕约 500 人。另据调研，在汶川县，年满 16 周岁（不含在校学生）未参加城镇职工基本养老保险的汶川县农村居民，可以在户籍地自愿参加"新农保"，年满 60 周岁的农村居民不用缴费可直接领取每月 55 元的基础养老金。

3. 灾区防灾减灾能力建设受重视

历史罕见的汶川"5·12"特大地震发生后，从中央到地方，从官方到民间，全社会强烈地意识到农村地区防灾减灾能力建设的重要性。国家把每年的 5 月 12 日设定为"防灾减灾日"，并开始大力加强城市和农村的防灾减灾能力建设，灾区贫困村的防灾减灾能力建设也引起了重视。我国有 24 万多处地质灾害隐患点，其中很大部分是位于人口密集的社区和村庄，直接威胁着广大群众的生命财产安全。加强社区和村庄的减灾工作，全面提高基层综合防灾减灾应急管理能力，防范地质灾害，是保障人民群众生命财产安全的现实需要，对于维护社会稳定，构建社会主义和谐社会具有重要意义。因此，2010 年国家"防灾减灾日"的主题就是"减灾从社区①做起"。至此，

---

① 这里的社区既包括城市，也包括农村。

贫困村的防灾减灾能力建设终于迎来了历史性的重要机遇，必将在灾后重建和今后的扶贫开发中得到实现。据调研，汶川地震过后，2008 年 5 月 17 日，绵阳行政学院就在全国率先建设和打造了突发公共事件应急管理研究与培训基地。自 2009 年 5 月份以来，该基地与国际美慈组织携手合作开展"社区灾害管理能力建设"（CDRR）合作项目①。此外，在地震两周年之际，地震灾区通信能力、网络覆盖和服务能力均达到或超过灾前，居西部领先水平，通信网络安全性和抗灾容灾能力有了极大提升，为地震灾区重新筑起一座通信长城。

（六）组织发展与社区关系互动推进，可持续发展后劲足

归根结底，灾区贫困农村的可持续发展最重要的还是依靠自己内源发展动力的培育，而区组织发展与社区关系互动推进，为灾区贫困农村可持续发展提供了较好的内在组织能力保障。

1. 贫困村恢复重建与扶贫开发组织管理模式创新

基层组织管理建设是贫困村灾后重建的重要组织保证。在贫困村灾后重建与扶贫开发的过程中，贫困村对其组织管理模式进行了积极成功的探索和大胆创新。在灾区政府的主导下，形成了民主参与管理和邻里联动互助的模式。如陇南市武都区唐坪村，由省扶贫办牵头，北京富平学校援建的武都区唐坪村重建项目在实施中充分发挥民间组织在社区发展、能力建设等方面的资源和技术优势，通过开展社区调研、组织村规划实施小组开展活动、建立互助基金、组织妇女参与项目建设等活动，探索出政府与民间组织合作、社区组织在村"两委"领导下工作，以及如何有效利用社区内外资源开展灾后重建和扶贫开发的一系列有效机制，调动了群众重建家园的积极性，得到了基层干部和群众的充分肯定。邻里联动互助模式，这种模式的优势主要在政策实践落实过程中得到体现，它有效解决了重建时期劳动力短缺的问题，节约了重建成本，缩短了重建工期，保证了重建质量。在具体实施过程中，邻里联动有着多种实现形式，如采取单兵作战的"换工"合作形式和集体行动

---

① 该项目由国际美慈组织出资，由绵阳市突发事件应急管理研究培训基地负责在北川羌族自治县擂鼓镇和贯岭乡 10 个社区（村）实施，为期一年，计划辐射范围达一万余人。该项目将致力于增强社区对灾害的回应能力，发挥社区在应对灾害中的主导作用，并推动将社区减灾能力建设纳入当地经济社会整体发展规划之中。

的"小组"互助形式等。对于换工形式，更多是一种"远亲不如近邻"，"患难见真情"的真实体现。在试点村中，集团行动的"小组"互助形式的优点使得合作成为我们主要关注的焦点。如在住房重建过程中，以村民小组为单位，成立施工技术组、财务管理组、质量监督组等。这在一定程度上使得重建真正得到了有效的组织化落实，从管理学意义上来说，明确的管理目标使得组织设置的职责更加清晰，行动起来也更加便捷，特别是在帮扶弱势群体方面，更是成效显著，是一种值得推广的模式。

2. 试点贫困村创新型扶贫模式的成功探索

经过两年的恢复重建和扶贫开发历程，灾区试点贫困村探索出了几种比较典型的扶贫模式，如合作治理模式和城镇化模式等。

（1）合作治理模式。合作治理是社会力量成长的必然结果，是对参与治理与社会自治两种模式的扬弃，通过社会自治而走向合作治理是一个确定无疑的历史趋势[1]。在地震灾后重建和扶贫开发的过程中，一些地方政府通过与社会各种力量之间的互动形成共同治理的格局，通过社会责任的共担，让民间力量释放出来，整合民间不同领域的力量，将民间资源导入国家和社会发展的行列，形成国家建设的协作网络，以实现对灾区扶贫事业的有效治理。调研中发现，四川省绵竹市土门镇明乐村[2]就是一个合作治理贫困的典型，目前已经被中国扶贫基金会称之为"明乐模式"，即"把有限的零散资源集约，成立股份制公司（或农村发展股份合作社），大部分资金（不低于80%）用于投向集约经营的规模产业，通过公平的过程公开选择管理和经营人员，并通过严密完善的机制监督经营过程，从而确保资源经营的效益最大化，以此增强民乐村的经济实力和竞争力。小部分资金（20%左右）用于投资支持农户自主发展和灵活易掌握的小项目（例如50户农户成立的蔬菜种植合作社），借此发挥农民的积极主动性，带动农民参与其中，自我发展，增加农民就业，提高农民收入。全体村民可以根据资源投入和贡献程度不同，分享全部资金的经营收益，并能够在这一过程中促进自身能力的提高、

---

① 敬乂嘉著：《合作治理：再造公共服务的逻辑》，天津人民出版社2009年版。

② 绵竹市土门镇民乐村是川西一个以传统务农和打工为主的普通村庄，在四川盆地甚至南方平原、盆地地区都有一定的代表性。在地震前，民乐村就是当地比较典型的贫困村，在汶川"5·12"地震中又受到了严重的破坏，人员死伤较多，绝大多数农户的房屋倒塌。因此，灾后恢复、扶贫、发展的任务艰巨。

生产的发展、生活的改善"。

（2）城镇化模式。这种模式其实就是借灾后重建和扶贫开发机遇，走城镇化的发展道路，实现一定程度的跨越式发展。典型的例子是北川县擂鼓镇胜利村①的发展模式。地震前，胜利村产业条件较好，主要发展玉米种植基地、蔬菜基地、养殖业基地等几大产业，属于北川县的小康村。因地震灾后返贫，主要是农户资产灭失，失去土地，耕地几乎完全丧失（主要是因为异地重建征用了耕地），因此失去了最基本的经济来源。后来，在恢复重建中就纳入了擂鼓镇的场镇规划，走上了城镇化的道路。今后的胜利村将变更为胜利社区，村民全部农转非，重点发展特色传统文化产业——羌绣项目。

二、灾区贫困村防灾减灾、扶贫开发与可持续发展面临的挑战

尽管我国灾区贫困村恢复重建任务基本完成，灾区的发展重新步入了正常的发展轨道，并且在恢复重建过程中创造了很多有益经验和创新模式，也为灾区的可持续发展、跨越式发展奠定了良好的基础。但是，我们应该看到，一方面，灾区涉及面广，涉及三个省，统一协调难度大，区域差异性强。另一方面，涉及人群多，尤其是特殊性人群多，如少数民族、贫困人群、残疾人、妇女儿童等等。另外，恢复重建是一个自然、生态、环境、社会和经济等自身发展与人与人、人与自然、自然与自然等重新建立与协调关系的过程，必然会遇到这样和那样的各种问题和矛盾。可以说，灾区贫困村防灾减灾、扶贫开发与可持续发展面临的挑战是多方面的。

（一）基础设施及公共事业发展面临的挑战

1. 资金统筹使用导致扶贫领域覆盖面有限，仍然存在"空白点"

地震后，中央到地方均出台了一系列的法规及政策，但调研发现，这些政策并不够精细，最突出的问题是因资金统筹使用而导致扶贫覆盖面很有

---

① 擂鼓镇共下辖30个村，1个社区。胜利村是30个村之一，全村共586户，1 712人，其中男性857人，女性855人。全村共9个小组，人均耕地7分。该村是一个典型的羌寨少数民族村，也是第一批灾后恢复重建试点村。

限，出现一些"空白点"。由于中央拨付资金由省和市级政府统筹，导致灾后恢复重建的农村建设专项资金到了县、乡和村庄时无法确保专款专用，出现一些贫困的地区无法享受到扶贫资金的惠顾。如在北川县，全县319个行政村，236 400人，其中非农业人口52 017人，占总人口的22%。自2001年以来，列入《四川省绵阳市农村扶贫十年规划》中的129个贫困村经过几年的发展刚刚具备了发展条件，但是大地震给这些贫困村再次造成了毁灭性打击，多年努力建成的生产、生活基础设施基本被摧毁。地震过后，全县319个行政村再次走到了同一个贫困阵营，按理说这些贫困村应该得到一视同仁的投入，但1 150万元灾后重建中央基金目前只在23个贫困村按照规划得到了落实（这些资金主要用于项目村社道修建、人畜饮水工程、部分电网改造、五改三建以及种养业等方面），而其他困村并不能得到同等比例的资金投入。这不仅表现在村与村之间享受待遇的差别上，还表现在一些基础设施项目建设方面。据调查，在一些灾区，符合当地的公共设施建设名目在上级政府的重建和扶贫规划栏目中看不到，无法申报到这类项目资金，因此就出现了资金的缺位，出现扶贫"空白点"。

2. 对口援建省份与受援地存在"供需错位"矛盾

对口援建是按照中央政府统一部署，各省（市）根据自身经济实力和条件，结合受援地需求，进行规划、投资、建设的一项重大工程。本来对口援建应该尽可能考虑到受援地现实需求或偏向民生领域进行规划、投资和建设。但由于财力、人力、物力以及其他主观因素的制约，援建省份基本上都将资金投入在一些看得见、摸得着、见效快、效率高、媒体关注度高的市政建设项目和学校、医院等公共事业方面，这样一来，城镇道路交通、桥梁、通讯设施、水利、电力等大型基础设施就得到了建设，而具体到贫困村，就没有得到必要的资金投入。这就出现了对口援建和受援地出现明显的"供需错位"矛盾。据调查，对于贫困村的农民而言，最现实最紧迫的需求就是农房重建和生计问题，可现实情况是大量农民因农房重建负债累累，生计问题非常突出，根本谈不上可持续发展。虽然对口援建省份所投入的资金都是必需的投入，但如果将贫困村的扶贫开发与可持续发展纳入对口援建规划中，通盘考虑，那就更加科学，真正做到"以人为本"。据媒体报道，在四川的一个重灾县，援建省份在一个中学的重建项目上的投入是一个亿，这或许就谈不上科学发展了，也难免存在资源浪费。

3. 扶贫标准"一刀切",贫困山区资金缺口很大

基础设施和公共事业通常具有"乘数效应",完善的基础设施和公共事业对加速社会经济活动,促进其空间分布形态演变起着巨大的推动作用。但基础设施和公共事业具有基础先行性、不可贸易性、整体不可分性和准公共产品等特性,这些决定了建立和完善这类事业需要长时间的巨额投资。目前,灾区基础设施因为恢复重建和扶贫开发的大力投入得到了很大改善,教育和医疗卫生等公共设施发展得很超前,但主要偏向城镇,很多贫困的农村地区并没有资金的投入。同时,基础条件差别巨大的两地区的贫困村得到的基础设施资金投入完全一样,一个存在相对过剩,另一个存在绝对不足。调研发现,很多贫困村目前得到的重建和扶贫资金投入根本无法满足最基本的基建需求。以北川县为例,由于北川县原本就是极为贫困的少数民族自治县,全县319个村庄在大地震中再次遭受毁灭性打击,整个县城被夷为平地,生灵涂炭,百废待兴,且由于余震不断以及山体滑坡等原因,规划区内各项基础设施的恢复重建极为困难。尤其是交通设施的建设困难突出:地质灾害严重、震后全县道路损毁严重;公路建设投资大,实际补助金额低;山区桥梁建设多,又没有专项的资金补助。这些致使目前北川县边远的少数民族集中的乡镇道路还很不畅通,很多村至今还不通公路。根据该县地震受灾情况来看,贫困村要达到震前水平,除农房重建外,平均每个村需要投入300万元左右,而目前中央基金只有1 150万元,平均每个村不到9万元。鉴于北川特殊的地理、地质环境,其交通建设和养护成本相比其他地区要高出许多,加之北川财政十分困难,财政自给率只有13.1%,而且震后县内道路损毁严重,因此,该县扶贫办建议提高对北川的乡村公路建设补助标准,即将乡道建设补助标准由40万元/公里提高到80万元/公里,村道建设由10万元/公里提高到20万元/公里,并按实际里程进行补助[①]。因此,北川县要完成贫困村灾后重建任务,实现扶贫开发与可持续发展,其道路极为艰难。

（二）住房建设与集中安置所面临的挑战

1. 住房建设引致负债,灾民生计困难

如今,灾区住房重建任务基本完成,人们在感到欣慰的同时却不得不面

---

① 参见:"四川省北川羌族自治县灾后重建与扶贫开发相结合调研座谈汇报材料",2010年3月29日。

对一个严峻的问题，即重建引致的负债和生计困难问题。据李小云等调查显示，农户灾后重建和恢复面临的最主要的困难是资金短缺，占受访农户的87.2%；受访农户中65.9%借到了钱，平均借款金额为25 978元；灾后67.9%的贫困户负债，其中52.8%借款一次，借款两次的贫困户为27.1%，其余贫困户借款三次以上；已借款的贫困户户均借款为22 409元，没有借款的贫困户中，有43.4%想借款但借不到①。随着受灾地区居民住房恢复重建工作接近尾声，灾民安居条件确实得到了很大改善，但这种改善建立在家庭储蓄减少，负债迅速增长的基础上。家庭净资产下降，流动资金短缺，就会直接影响到灾民的生计问题。据调研发现，在一些村庄，有些家庭为重建住房，在动用已有储蓄的基础上，还普遍负债数万到十几万元人民币。这就大大增加了灾民正常生产和生活的风险，降低了抗击疾病、二次灾害、次生灾害及自我保护的能力。负债导致灾民更加贫困，从而心理压力增大。

伴随着负债的增加，短时期还贷能力低下，人们的生活就越来越困难，心理负担就越来越重，身心就会不健康，就会滋生疾病、违法、犯罪等很多次生问题。调研显示，灾区家庭借款的主要来源：一是通过正规金融渠道，比如银行、合作社贷款；二是通过非正规金融渠道，比如亲戚朋友之间的借贷②。正规金融渠道贷款有明确的归还期限，通常时限较短，如山东省为茨沟村提供的贴息贷款，要求在三年内分期归还本金；非正规金融渠道借款通常都是灾区群众直接互相借贷，因为贷出者和贷入者一样面临建房问题，这类借款归还期限也不能太长。无论哪种渠道，灾区家庭借贷在不久后都会面临巨大的偿贷压力。在青壮年劳力外出打工的情况下，灾区家庭通常是由留守妇幼老残去面对借贷人，其偿贷压力可想而知。对于孤寡老残或外来妇女、失去配偶的妇女来说，偿贷压力更是威胁他们生存的重大隐患。

2. 灾民集中安置带来一系列社会问题

地震过后，原有家园被破坏，农民失去了大片土地（主要是耕地），原来居住的地方不再适合居住。因此，出于防灾减灾、经济实效、加强人际间社会融合和可持续发展等方面的考虑，大量灾民被集中安置③。

---

① 李小云等："地震灾害对贫困的影响评估报告——来自汶川地震灾区15个贫困村的调研"。
② 张琦等："汶川地震灾后恢复重建总体规划实施对妇女、儿童、老人和残疾人的影响"研究报告。
③ 这里的安置包括短期的安置和长久的住房集中建设，形成新的社区。

集中安置带来一系列社会问题:

(1) 大部分灾民失去土地, 失去生存基础。由于移居和集中安置, 导致灾民失去原有的土地, 这对灾民的生产、生活产生重大影响。农民失去最基本的就业岗位, 失去一种低成本的生活方式, 失去生存和发展的物质保障基础, 直接导致贫困的产生。

(2) 灾民的生活方式和人际交往方式发生变化, 面临适应性挑战。原本分散居住、自由自在的生活方式和人际交往方式因为移居和集中安置, 而发生了鲜明的变化, 需要时间去适应、融合。

(3) 灾民社会关系网发生变化, 需要重构。集中安置以后, 灾民们原来的社会支持网络发生了很大变化, 对他们也产生了很大的心理冲击。

(4) 可能产生新的社会矛盾。由于前述负债、社会关系重构等带来的生活压力问题, 很容易引发一些新的人际纠纷、利益冲突或其他社会矛盾。

(5) 产生新的环境问题 (这一问题将在 "环境保护和生态建设" 部分具体阐述)。

(三) 生产建设与产业发展面临的挑战

1. 地方政府资金配套实力有限, 产业扶贫发展受限

产业恢复重建和扶贫开发都需要政府主导、长期巨额的资金投入, 但灾后贫困村的资金非常有限, 在基础设施和公共事业建设方面尚且投入不足, 资金缺口大, 在产业扶贫开发方面的资金缺口就更大。而目前无论是中央、省内, 还是对口援建的省份, 包括国际援助和其他社会资金的援助, 往往都要求地方政府拿出相应的配套资金。显然, 这对于本来就需要外来帮助的灾区来讲很难做到。以对口援建为例, 对口援建省份资金对中央和地方资金有隐性的配套要求。在绵竹市, 江苏省援建资金投入项目时, 对地方没有硬性的资金配套要求, 但是援建资金项目只管地上部分的建设, 其余的三通一平、地下管网的接入等需要中央资金和地方资金投入。这样, 援建资金实际上对中央和地方资金提出了隐性的配套要求, 即中央和地方资金跟着援建资金走, 援建资金投入多的地方, 中央和地方资金相应地就投入多, 这不仅容易放大援建资金大量投入亮点工程带来的负面效应, 同时导致在产业发展方面的资金投入非常有限, 投入到贫困村的产业扶贫方面的资金几乎是空白, 因为产业扶贫往往属于长线投资, 短期内很难见效。因此, 对口援建省份自

然不会非理性地在此方面大力投入，这样就导致关乎灾区持续发展的产业富民之路还有很漫长的道路要走。解决办法就是将对口援建机制固化，让援建省份在灾区做长期性的产业投资，形成产业链规模效应，互惠互利，共同发展。

2. 失地导致要素资源供给不足，直接影响生产建设

据统计，汶川"5·12"大地震造成四川灾区部分农民失去宅基地12 307亩，涉及4.5万多农户，15.9万人；损毁灭失耕地17.6万亩，其中约1.2万户、4.1万人的5.6万亩耕地全部灭失。土地是农民的命根子，是生存和发展的基础保障。失地农民问题事关群众的眼前利益和长远利益，事关经济建设和社会稳定大局。同时，灾后恢复重建的实施，因重建征地或集中安置，许多灾民再次失去土地。已被灾难摧毁的地方财政根本无力承担失地农民社会保障中地方政府应缴纳的统筹账户养老金和失业保险补助部分，地方政府的压力巨大。此外，灾区土地补偿标准不高，社会保障水平偏低，难以保障失地农民生存和发展的需要，致使征地难，难征地，直接影响着灾后恢复重建的进程，已成为灾区社会不稳定的一个重要因素，严重制约着灾区经济社会又好又快地进行可持续发展。

3. 贫困村（乡镇）生产建设和产业发展很低端

目前，贫困村（主要是规划试点村）借灾后重建大好机遇，经过一些捆绑式的创新性探索，已经发展起来了一批小产业。在国家扶贫开发工作重点县、"5·12"地震重灾县、革命老区、国家划定的秦巴山区连片贫困区域——四川省南江县①，目前在生计产业建设方面即取得了可喜成绩②。但也必须看到，在灾区这样的村或乡镇，产业扶贫基本上都是一些家户模式下的小产业（比如生猪养殖、水产养殖等），龙头企业很少，完整产业链条形成

---

① 南江县下辖48个乡镇、522个村、86个社区、2 408个村民小组、18.15万户、70.36万人，幅员面积3 383平方公里，有耕地42.35万亩。其中国定贫困村166个。截至2009年底，全县尚有贫困户6.9万户、贫困人口22.86万人。受汶川"5·12"大地震影响，南江县受灾人口达44.58万人，直接经济损失14.87亿元，166个贫困村全面受灾，受灾损失6.5亿元，其中极重灾贫困村32个、重灾贫困村103个、较重灾贫困村31个，分别占贫困村总数的19.3%、62%和18.7%。

② 全县贫困村灾后恢复重建已经形成了一批独具特色的"亮点村"，如元潭乡九泉村，受到称赞与好评。截至2010年3月底，九泉村通过灾后恢复重建项目带动实施整村推进、连片开发，路、水、土、"三建四改"等基础设施建设全面改善，致富产业已基本形成，已建成果林80亩，建猪圈1 200平方米，养猪1 800头，建小家禽圈舍800平方米，26户养鸭5 000只。1户5亩稻田养泥鳅15万尾，10户养羊500只，2户养兔800只，7户养鱼21 000尾。

的也很少，上规模的产业基地几乎没有。这与扶贫开发与可持续发展的要求还相距甚远。南江县九泉村取得的这些成绩是举全县各部门财力，并在香港乐施会大力支持下发展起来的。据调研，目前该村可发展的一大产业——茶叶，目前仅仅是规划新植茶叶基地 300 亩，低改茶园 250 亩，但因资金、人力、物力有限，目前还只是"规划"。这种情况在灾区很普遍，甚至在受灾严重县和贫困村目前的产业扶贫基本是空白。如在北川县，以前扶持成长起来的龙头企业在大地震中遭受了毁灭性打击，资产损毁，灾后恢复十分困难。地震前该县建成了一大批具有地方特色的增收产业，震后毁于一旦。特别适宜北川大面积种植，又能为群众稳定增收的茶叶和红豆杉、厚朴、木香、当归等草木本药材项目，具有很大的发展潜力，但是因为缺少资金投入，缺少扶持，至今得不到发展。

4. 贫困村"一村一品"未能形成产业链，不具规模效应

据报道，目前在灾后重建过程中，一些地方政府大胆地提出了一些创新性的宏大的口号，即"一村一品"发展贫困村。如四川省茂县三龙乡灾区定居点推进"一村一品"，什邡灾区发展"一村一品"打造特色旅游等。但据我们调研发现，这些灾区贫困村的产业扶持资金往往以村为单位进行操作。产业扶贫资金落实到村，固然可以确保贫困人口受益，瞄准性更强，但也存在资金分散、规模效应不强、产业层次偏低等弱点，简单走"一村一品"道路，不同产业之间相互割裂，单个产业都处于产业链的低端，没有完整的粗大结实的产业链，不能形成联动和带动效应，这是不符合市场经济规律的，也就很难具备持续的发展能力。以四川省北川县为例，中央每年分配给县扶贫局 50 万元产业扶贫基金，县扶贫局每年将 50 万元投入一村，发展一个产业，几年来在不同的村扶持了养殖、中药材、经济林种植等项目，但规模都很小，难以压低成本，抵抗市场风险的能力非常弱，显然不利于可持续发展。

（四）环境保护与生态建设方面面临的挑战

1. 生态建设是一项长期性的系统工程

灾后重建两年来，灾区环境保护和生态建设工作扎实推进，也取得了积极成效。但灾区生态建设是一项具长期性、系统性、艰巨性的大工程，依然面临诸多挑战。基础设施、公共事业、住房建设、生产建设、产业发展等只是很明显的方面，还有像生态、地质等隐性的方面。目前，前一方面的任务

基本完成，而后一方面则需要长期的重视和投入。因地震造成的经济损失短期内相对容易恢复，但地震及其相关联的滑坡、崩塌、泥石流、堰塞湖等所导致的生态毁损，不仅难以估量，且难以恢复。对灾区破碎的山河实施生态修复及其重建，将比经济重建、社会重建的难度更大，任务更艰巨，所需时间更长，所需物质技术投入也势必更大。此外，人们的环保意识、环保及生态教育、环保及生态理念、环保志愿者行动、国家及地方的环保政策与环保服务等方面不仅需要重视，更加需要在今后扶贫开发中加大资金、人力、物力的投入。否则从长远看，经济发展了，环境破坏了，得不偿失。在环境保护与经济增长的绩效目标博弈中，政府该如何权衡、取舍、平衡、协调，对于灾区而言也是一大突出的矛盾，一个头疼的问题，因为它不是一个拍拍脑袋就可以解决的问题，也不是一厢情愿的抉择，而是需要灾区政府进行理性评估和科学决策，并确保落实到位。

2. 灾区生态脆弱性加剧，防灾减灾机制的建立完善还需时日

地震导致了山体滑坡、泥石流等次生地质环境灾害，对灾区脆弱的生态环境造成了极大破坏，严重破坏了当地生态系统的平衡①。在灾后恢复重建过程中，人为活动再次给待修复的生态环境带来了巨大压力，尤其是集中安置和住房重建影响最为突出。因为人员密集，居住拥挤，一方面，直接产生巨量的生活、建设垃圾，短时期得不到及时的无害化处理，自然性地增加环境压力，破坏环境；另一方面，当地地震前各级卫生机构和群众防病组织遭到严重破坏，短期内还没有得到重建，对传染病病人缺乏预防、治疗和隔离条件，所以容易产生疾病病毒感染、传播，感染机会多。这些都加剧了地震灾区的生态脆弱性，急需要科学、完善的防灾减灾和巨灾响应机制来应对。这些工作需要长时期的科学调研、试点探索和因地制宜的科学重建，并非一蹴而就的事业。到目前为止，只有很少一部分贫困村建立起了相对完备的灾害响应机制和防灾减灾机制，这既是目前灾区贫困村防灾减灾能力建设方面的一大挑战，也是与环境保护和生态建设密切相关的一大挑战，急需着力解决。

---

① 如城市供电供水系统中断，道路阻塞，群众不得不喝坑水、沟水、游泳池水等不洁饮用水，生活于露天之中。粪便、垃圾运输和污水排放系统及城市各项卫生设施普遍被破坏，造成粪便、垃圾堆积，苍蝇大量滋生。人员伤亡严重，受条件限制，许多尸体只能临时就地处置，在气温高、雨量多的情况下，尸体迅速腐败，产生恶臭，严重污染空气和环境。

（五）能力建设与社会保障面临的挑战

1. 贫困村能力建设投入不足，水平较低

地震过后，国家、地方政府确实加大了农村地区的就业培训力度，整体上投入还比较可观，但是，相对于灾区农民的实际需求还有很大差距。据调研，我们发现，一方面，一些地方由于受灾过于严重，各种重建和扶贫资金加总也很有限，所以根本顾及不到农民的技能培训，往往把有限资金都投入到了住房、基础设施、学校等公共事业建设上。据对陕西省广坪镇骆家嘴村的调研，震后该村编撰了《贫困村灾后重建规划试点村项目汇总表》，其中"灾后重建专项"资金预算达 664.3 万元，但随着政策逐渐变化，该村所得到的重建资金逐渐变少，呈现"缩水"趋势。同时，灾区建材价格和劳动力价格上涨，这笔资金所能涵盖的项目范围变得更窄，因此，该村不得不放弃"能力建设"等方面的投入安排。另一方面，在灾区贫困村，虽然一部分人参加了由县里或者乡（镇）里组织的一些农业生产技能培训，但往往课时安排时间短，师资水平有限，培训内容也不是非常实用，村民们甚至觉得参加这类培训不如出门打工学东西快。因此，虽说灾民参加了培训，但能力提升非常有限，基本谈不上具备了持续"造血"能力，只有少部分人通过培训和其他因素提高了某方面的技能，发展起来了一些小产业，走上了发家致富的道路。

2. 贫困村专业扶贫人才匮乏

灾后重建和扶贫开发是一项复杂的系统工程，除了必需的资金投入、物资投入、政策扶持以外，核心的要素还是人才。面对百废待兴的贫困村，留守家乡的几乎都是老、弱、病、残、孕、五保户等非正常劳动力，年轻力胜的青壮年劳动力都纷纷在外打工挣钱，养家糊口。在这种情境下，要搞恢复重建和扶贫开发显然不可能，这是目前贫困村扶贫开发面临的一个突出问题。另外一个问题就是专业性人才匮乏，尤其是几乎所有的贫困村都缺乏高水平的农业技术人员、医疗卫生员、经营管理人才等。我们都知道，无论是重建还是扶贫开发，都离不开这类人才的注入并发挥作用，而现实情境下，即使有了资金投入和政策扶持，这些贫困村也很难发展起来。一些具有巨大潜力的地方产业得不到开发，当地农户生产的农产品也会面临销路不畅，或低价出售，利润很小的困境。

（六）组织发展与社区关系面临的挑战

1. 群众自主投入能力有限，村民自我发展及管理能力不强

目前，灾区贫困村很多村民处于负债状态，生计都成问题，投入资金发展产业项目基本不可能。留守在贫困村里的基本都是老人、妇女、留守儿童和一些非正常劳动力（如病、残、孕妇等），这群人的自我发展及管理能力非常薄弱。地震后贫困村灾后救援与重建工作始终一直在贯彻落实参与式扶贫方法，广泛发动当地群众参与灾后重建的问题识别、对策与措施讨论。政府部门要积极采取多种方式动员村民充分发挥群众主体作用、村民委员会自治作用、村支部战斗堡垒作用，认真落实群众的参与权、决策权、监督权和管理权，对救援与重建项目的酝酿、选择、确定、实施、验收、后续管理全程参与。但在救援与重建的实际中，在很多贫困村基本做不到这一点，只有少数的试点村做的比较好（如四川省南江县元潭乡的九泉村等）。因此，贫困村灾后重建和扶贫开发过程中面临着群众自主投入能力有限，村民自我发展及管理能力不强的挑战。

2. 政府部门职能分割，交叉严重，扶贫部门难以协调

虽然《汶川地震灾后恢复重建条例》第35条明确规定了发展改革、财政、建设、交通运输、水利、铁路、电力、通信、民政、教育、科技、文化、卫生、广播影视、体育、人力资源社会保障、商务、工商等部门的具体职责和分工，为灾区生产生活的恢复与重建作出了科学合理的安排。但在现实工作过程中就出现部门各自为政，扶贫部门职能有限，难以协调的问题。贫困村的一个重建或扶贫项目同时要对上级多个部门负责，这直接增加了村委会的工作难度和工作量，降低了工作效率。这其中最突出的问题就是扶贫资金的部门切割。发改委管理以工代赈资金，自上而下的拨付环节并没有协调沟通机制，资金到县市财政后，县市扶贫、财政部门都不知道，甚至主管扶贫的副县长都不知道，仅仅发改部门知情。这种纵向的拨付机制缺乏横向协调机制的配合，导致资金配置效率低下。

3. 重建及扶贫工作的绩效考核及激励机制难以构建

为了开展恢复重建和扶贫开发事业，政府动员形式可谓多种多样，但据调研发现，关于重建及扶贫工作的绩效评估、考核监督以及激励机制却很难构建。在灾后救援与恢复重建政策实施的过程中，政府相关职能部门积极采

取多方动员的方式，发动社会各界参与贫困村灾后的救援与重建。通过大力报道各级政府关于抗震救灾工作的决策部署，广泛宣传灾后救援与恢复重建的各项政策，借助电视、高音喇叭等载体，确保党和政府的声音在第一时间传到村民中，以此激励广大干部群众振奋精神、坚定信心、自强不息、克服困难，积极投入到生产自救中去，为开展抗震救灾工作创造良好的社会环境和舆论氛围。长期以来，这种方式在科层制模式的政府系统中使用，效果还不错，但是我们必须看到：灾后很多领导干部和普通村民一样都遭遇了伤害，心理背负着巨大的压力，还要面对接连不断的工作，因此，这就需要开发出一套人性化的激励机制和绩效评估、考核监督机制，以此更好地促进贫困村乃至灾区的经济社会事业可持续发展。

4. 对口援建组织形式固定化、长期化

两年过去了，汶川灾区对口援建工作也基本完成，援建让灾区发生了翻天覆地的变化，重新焕发出了勃勃生机。灾区农民的迫切愿望是将两年来援建省份和灾区受援县市之间结成的帮扶关系转换为一种合作关系，进一步拓宽合作渠道，创新合作模式，密切合作关系，长期延续，共同发展。这对于灾区和援建省份而言也都是一个战略性合作发展机遇。但是，对口合作援建的长期化面临巨大挑战。因为合作绝不仅仅是一个约定，签订一份协议，而是会涉及到很多方面的深层次问题，面临许多难题需要双方共同克服。比如，对口合作产业的市场定位与合作方利益的合理分配问题难以协调和平衡。另外，长期性合作离不开干部（人才）资源的培养和流动共享，需要政府进行制度性创新。如都江堰市与上海市的对口合作，已经通过编委核定编制，建立对口合作政府常设管理协调机构，而这些都是需要认真研究和理性决策的。

以上分别从四个方面分析了所面临的挑战。如果将这四个方面进行一个总体上的总结和概括，则可以归纳成以下五个方面的挑战：

挑战一：缓解灾害的影响需要一个过程。对于贫困村、贫困群体而言，缓解灾害的影响过程更加缓慢。无论是理论分析，还是现实感受，两年时间的恢复重建仅仅是早期恢复。国际经验表明，一个经受严重灾害的区域，其灾后重建需要 8 ~ 10 年的时间才有可能实现可持续发展。汶川地震灾后恢复重建提出三年任务两年基本完成，可以理解为完成早期重建，并非意味着汶川地震灾区的恢复重建已经完成。四川省委、省政府在地震两周年之际，开始把灾后重建从早期恢复转向长期重建，确定了产业发展、促进就业、扶贫济困三大长期重建主题，具有前瞻性，符合灾后重建的规律。对于贫困村，不能仅满足于两年任务完成，需要千方百计，主动动员各种政策资源和技术支持在完成早期重建的贫困村，及早开展可持续生计的恢复与重建。

挑战二：普惠性的恢复重建政策增强了贫困村和贫困群体抗风险的能力，但在一定程度上也提高了部分特困家庭的贫困脆弱性。一方面，贫困人群的心理还没有完全恢复。另一方面，大规模集中建房导致成本的提升，实际上抵消了国家建房补贴的大部分效应，加上超前的建房标准，农户形成了新的债务。由此，新的债务对他们的心理、生计恢复及可持续发展产生了负面影响。据典型调查表明，平均每户债务 4 万 ~ 5 万元时，对于一般农户，用五年左右的时间即可还清；对贫困农户而言，可能需要 8 ~ 10 年，甚至更长的时间才能还清。而且，由此产生的心理压力将对贫困农户的生产生活产生不利影响。另一个问题是，集中重建的农户，其生产生活方式、社会关系都将产生根本性变化。集中居住、集中生活，远离耕地，生活成本大幅度提高，农业已经不再是主要的生计方式，面对这些转变，农户的社会交往、社会网络都需要进行重构。如果没有必要的预防措施，其负面影响就会慢慢凸显，一旦形成群体性的问题，必然对社会的稳定和发展产生影响。此外，贫困户的能力建设并没有随着恢复重建进程得到相应的提高。

挑战三：灾后贫困村恢复重建的外部支持机制需要进一步完善。汶川地震灾后贫困村恢复重建的外部支持包括扶贫部门和其他行业部门，以及各种组织所支持的资金、项目及其整合，以及技术和培训的有效性、信息和其他服务、内源发展机制（如传统文化的作用）形成的倡导，等等。从根本上说，贫困村的恢复重建完成与可持续发展的实现，主要是靠全体村民在外界的帮助下自力更生、艰苦努力。一方面，各种外部支持需要围绕贫困村、贫困人群恢复重建与发展的需求，有效地给予帮助；另一方面，外部的帮助需要与贫困村的内源机制培育结合起来，帮助贫困村、贫困人口最终实现内源的发展。

挑战四：灾后贫困村恢复重建进程中外部环境的不可控因素多元化。恢复重建涉及诸多不可控的外部环境因素，这些因素有不断增加的趋势，给贫困村恢复重建带来了新的困难。比如，转变发展方式对贫困村、贫困人口恢复重建的影响存在不可控性。转变发展方式是国家未来发展的总体要求，是科学发展观的具体落实。各地需要根据实际情况推动发展方式的转变。但是如何转变，特别是如何确保转变能更有利于大众、更有利于穷人，则是一个新的课题，需要从理念、方针、政策、措施等方面实现转变。发展方式转变是否更有利于贫困村、贫困人口的发展，最重要的是需要在重建过程中，从资金、资源、机制设计等方面保证贫困村、贫困人口在转变发展方式中受益。再如，市场变化、灾害风险具有不可控性，发展低碳绿色产业涉及到很多联动的因素。此外，普惠性政策的益贫效果需要通过宣传、倡导、影响以提高其益贫效果。

挑战五：特殊贫困群体的需求需要特别的扶持机制。面对同样的灾害，贫困村、贫困人口所受打击更大，恢复重建的难度更大。这里的贫困人群通常包括妇女、老年人、儿童、残疾人、少数民族群体等，他们在打击中受损更大，恢复重建需求也相应更多。所以，对于这些人群，没有特殊的扶持政策，在恢复重建及今后的发展进程中就可能会落在后面，成为新的社会问题，也是影响灾后重建效果的重要因素。

参考文献：

1. 黄承伟、〔德〕彭善朴主编：《汶川地震灾后恢复重建总体规划实施社会影响评估》，社会科学文献出版社 2010 年版。

2. 李小云等：《地震灾害对贫困的影响评估报告——来自汶川地震灾区 15 个贫困村的调研》，2009 年。

3. 敬乂嘉著：《合作治理：再造公共服务的逻辑》，天津人民出版社 2009 年版。

第七章

防灾减灾/灾后重建与
扶贫开发相结合的政策建议

　　灾后重建对扶贫系统而言是一项创新性工作，把防灾减灾、灾后重建与扶贫开发结合起来，更是一个需要研究、探索的新领域。两年多防灾减灾、灾后重建与扶贫开发相结合的实践积累了一定经验，但也出现了很多问题和矛盾，需要我们继续总结经验、吸取教训，尤其是对于灾区的贫困村、贫困户和贫困人口来说，在三年任务两年完成后，所面临的问题和困难远远超过非贫困范畴的地区、村和家庭。而且从整体说，我们仅仅是在灾后重建与扶贫开发相结合方面有所探索，如何将防灾减灾与扶贫开发相结合渗透到国家整体的区域发展规划和未来的扶贫规划中，还需要在政策制度上进一步地完善和优化。

一、宏观层面的政策建议

（一）将汶川地震受灾贫困地区的恢复重建与扶贫开发纳入到国家整体发展战略之中

按照国务院对汶川地震恢复重建的总体安排，三年恢复重建任务将缩短至两年完成，灾区恢复重建整体工作即将在 2010 年下半年结束。但是，由于贫困村普遍受灾情况严重、发展条件差、自我恢复能力弱，恢复重建还将持续一个较长的时期，势必需要寻求一套将扶贫开发工作与恢复重建工作结合起来的长远机制，持续地帮助贫困地区脱贫致富。

在灾后两年的恢复重建期，国家出台的主要是中短期支持政策，两年 1 万亿的投资规模不可能长时期持续。随着大规模建设周期的结束，针对灾区的专项恢复重建资金将逐步减少，对口援建也将逐步撤出。大多数受灾地区在两年内即可以完成恢复重建，但受灾贫困地区作为一种特殊典型地区，一是两年内可能还不能完成恢复重建，二是即使恢复重建完成，还涉及到后续扶贫开发的艰巨任务。那么对于贫困地区，下一步的政策与资金扶助应该如何安排，恢复重建及扶贫开发如何与地区经济发展及地区社会结构变革相适应，则是我们需要进一步考虑的问题。

要真正帮助汶川地震受灾贫困地区完成灾后恢复重建和脱贫致富，就需要将这些受灾贫困地区作为一个特殊典型地区纳入到国家的整体发展战略中，把扶贫开发纳入国民经济和社会发展规划中，从国家层面给予专门的规划性安排和政策性支持。坚持综合开发，全面发展，加强水利、交通、电力、通讯等基础设施建设，重视科技、教育、卫生、文化事业的发展，促进贫困地区经济、社会的协调发展和全面进步。

国家层面的规划性安排和政策性支持具体要体现在：

1. 将受灾贫困地区恢复重建与扶贫开发列入国家"十二五"发展规划之中，以国家五年规划总揽贫困地区恢复重建与扶贫开发相结合的全局

2010 年正是编制国家第十二个五年规划之际。五年规划主要是对全国重大建设项目、生产力分布和国民经济重要比例关系等作出规划，为国民经济

发展远景规定目标和方向。受灾贫困地区是未来五年我国社会经济发展中极为特殊的典型地区，在《汶川地震灾后恢复重建总体规划》实施即将结束的情况下，亟需从国家层面作出恢复重建与扶贫开发的总体安排。

2. 针对受灾贫困地区恢复重建与扶贫开发安排专门性的资金，建立长效资金保障机制

灾后中短期内，国家投入的恢复重建资金非常大，按照《汶川地震灾后恢复重建总体规划》，灾后恢复重建总投入达到 1 万亿元。其中，贫困村恢复重建的主要资金来源是中央和地方灾后恢复重建专项资金。以四川省为例，该项资金达到 143 193 万元，占贫困村恢复重建资金（不含住房重建维修补贴与贷款）的 63.29%；其次是对口援建资金，为 38 266 万元，占比为 16.91%；财政专项扶贫资金仅为 10 950 万元，占比仅为 4.84%[①]。随着整体恢复重建工作的结束，专项恢复重建资金将逐步减少，对口援建也将逐步撤出。如果没有新的政策出台，贫困村恢复重建与扶贫开发仅依靠传统的财政扶贫资金显然是不够的。因此，建议从国家战略层面出发，在未来几年的财政预算中加大对灾区贫困县，特别是国家级贫困县的支持力度，增加总量资金，建立长效资金保障机制。

3. 针对受灾贫困地区生计问题突出的现实情况，出台倾斜性政策支持产业发展

在灾后一个较短时期内，灾后恢复重建重点是保障人民群众的基本生活，对贫困地区和贫困人口尤其如此。因此，恢复重建项目主要集中在住房、电力、饮水、交通、卫生医疗和教育设施等方面，对就业和生计关注相对较少。随着大规模恢复建设项目临近尾声，当地提供的务工岗位数将迅速减少。考虑到贫困村生产条件较差，贫困人口就业能力弱的现状，在下一阶段贫困人口面临的就业和生计问题可能将会凸显。受灾贫困地区本身发展产业的条件较差，因此建议从国家层面对汶川地震灾区产业发展出台倾斜性政策，尤其是对贫困村产业项目从税收、补贴等角度予以专门支持。

---

① 国务院扶贫办贫困村灾后恢复重建工作办公室："汶川地震灾后贫困村恢复重建资金落实与使用情况专题调研报告"，2010 年 3 月。

（二）抓住编制扶贫开发十年纲要的契机，加强灾区贫困人口瞄准和扶持力度

中国农村扶贫开发纲要（2001 年～2010 年）中明确提出："按照集中连片的原则，国家把贫困人口集中的中西部少数民族地区、革命老区、边疆地区和特困地区作为扶贫开发的重点，并在上述四类地区确定扶贫开发工作重点县。东部以及中西部其他地区的贫困乡、村，主要由地方政府负责扶持。"

在汶川地震灾区与贫困地区高度重合的情况下，除了少数民族地区、革命老区、边疆地区和特困地区，建议在新的中国农村扶贫开发纲要中，将汶川地震受灾贫困地区也作为一个新的扶贫开发重点，并从以下两个方面予以调整：

1. 调整和增强灾区贫困人口的瞄准性

汶川地震仅四川省受灾贫困人口就达 210 万人，因灾返贫、致贫人口近 370 万，这种高强度地震对灾区的贫困人口和贫困地区分布有很大的影响。因此，需要评价地震灾害对贫困村造成的打击以及由此触发的新增贫困及返贫情况，然后从发展的角度对贫困村灾后重建和扶贫开发的整体需求进行评估，增强政策的瞄准性。根据中国贫困农村贫困人口分布的变化，中国政府在 2001 年调整了重点扶贫的县，将以往所称的国家重点扶持贫困县改为国家扶贫开发工作重点县，全国共有 592 个县。十年过去了，各县情况有很大变化，尤其是在汶川特大地震的打击下，灾区的贫困分布变化更多，由此有必要在新的十年规划中对扶贫开发重点区域予以调整。

2. 调整灾区贫困线标准

汶川地震造成灾区贫困农户家庭资产负债表剧烈变化，新增负债严重，这是有别于其他贫困地区的特殊情况，因此，传统的贫困线标准可能不再适合灾区农村。由于住房维修和重建投资较大，而国家住房维修和重建补贴一般不能完全满足住房维修，特别是重建的需要，再加之灾后恢复重建项目集中造成当地建材价格和人力价格上涨，灾区农户为住房维修重建而高额负债的情况非常普遍。这些农户的收入可能徘徊在统一的贫困线标准上下，但高额负债使他们实际已陷入贫困。针对这种情况，在新十年纲要中调整灾区贫困线标准十分必要。

（三）将受灾贫困地区作为集中连片特殊区域，制订防灾减灾、灾后重建与扶贫开发相结合的中长期规划

随着恢复重建工作进入一个新时期，对受灾贫困地区的中短期救助性政策势必会转向长期扶持，政策着眼点将从解决当下问题转变为长期扶助贫困村。针对这种变化，建议在 2010 年下半年汶川地震灾后恢复重建工作基本结束后，将受灾贫困地区作为一个特殊类型片区，新增专项资金，制订 10年左右的防灾减灾/灾后重建与扶贫开发结合的长期规划。长期规划以贫困地区恢复重建为着眼点，以支持贫困人口生计发展为目的，以解决贫困家庭债务问题为重点，帮助受灾贫困村用 10 年左右的时间完成灾后恢复重建和脱贫致富，建立起良性的贫困村发展机制。

要达到这个目标，有必要从现在起就着手实施制订灾区防灾减灾/灾后重建与扶贫开发相结合的长期规划。该长期规划的重点不再只是硬件设施建设，而是软硬件一起抓，重点从人力资本、货币资本、社会资本和自然资本等角度入手，一方面帮助灾区贫困村建立起具备市场竞争力的产业，更好地融入区域的整体发展之中去；另一方面建立合理的社区治理结构，帮助贫困人口共享公共基础设施和公共服务，提高教育、医疗和养老等社会保障的广度和深度。

这个中长期规划是针对集中连片特殊区域的以贫困村为单元的区域性综合扶贫规划。汶川地震恢复重建中，贫困村的规划是单纯的以村为单元，不是一个整体的规划。在编制新的地震受灾贫困地区防灾减灾、灾后重建与扶贫开发相结合的长期规划时，有必要把灾区作为集中连片特殊区域进行整体层面的分类规划，因为这样才能有助于与其他部门的规划进行衔接，增强规划的针对性和协同性。同时，该规划也要以贫困为基本单元，充分体现各个贫困村的特性，使规划实施落到实处。

（四）逐级明确责任，完善防灾减灾、灾后重建与扶贫开发相结合的组织体系

贫困地区恢复重建与扶贫开发是一个复杂的系统工程，涉及方方面面。国家已经明确，恢复重建的主要责任在受灾地区各级政府。省级人民政府对本地区的灾后恢复重建负总责，统一领导、统一协调，督促检查灾后恢复重

建规划的实施。市、县人民政府统筹组织实施，分级落实到县。

对贫困村的恢复重建而言，涉及到国务院扶贫办及其各级下属单位、临时成立的灾后恢复重建委员会办公室、对口援建办、发改、财政、农业、建设、水利、交通等职能部门。为了确保震后重建政策的有效实施，就迫切需要一个专门的协调机制，保持部门间的联动和信息共享。这一协调职能通常是由发展和改革委员会来担任，但发改委并不是专职的扶贫开发部门，仅仅依靠发改委来协调有时会存在目标性偏差。另外，汶川地震灾后恢复重建工作基本完成后，各级政府下设的灾后恢复重建委员会办公室可能会逐步撤销，但贫困地区的现实情况决定了他们的灾后恢复重建又会持续一个较长的时间。这样的情况下，更需要逐级明确责任，完善防灾减灾、灾后重建与扶贫开发相结合的组织体系。

一个较好的解决方式是通过扶贫开发来带动贫困村的恢复重建，并形成制度化文件，明确由负责扶贫开发的各级常设机构——扶贫办来组织协调贫困地区的恢复重建与扶贫开发工作。国务院扶贫办主要负责规划编制和实施指导、组织试点、检查督促、监测评价、总结经验、模式推广和国际合作。而各级扶贫部门则充分发挥本级扶贫开发领导小组的作用，具体负责本区域内贫困村灾后恢复重建规划的编制和实施，并制订实施年度计划。在部门协调上，由地方扶贫开发领导小组来推进建设制度化的联系办公制度。项目相关部门在项目执行的各环节都进行联席办公，并由分管的县市领导负责主持协调联席办公，以备忘录或会议纪要的形式明确部门责任。

（五）针对恢复重建的要求，逐步扩大现有农村专项扶贫项目的资金规模和内容

中国现行的农村专项扶贫计划既有针对贫困群体的医疗、教育等救助计划，也有针对贫困地区支持特定产业的扶贫专项计划。这种专项扶贫资金在一定程度上解决了汶川地震灾区贫困群众的暂时困难，改善了当地的发展条件。但从总体来看，无论是项目资金规模，还是项目资金的用途，都与灾区贫困地区的恢复重建与扶贫开发的实际需求存在差距。

从农村专项扶贫项目内容上看，扶贫资金的用途限制很严，灵活性不强。从严格管理的角度来说，这无疑保障了资金使用规范，但同时也具有灵活性不强的缺点，不能完全适应恢复重建与扶贫开发相结合的现实需求。有时候，扶贫资金使用指南上规定的用途，灾区并不需要，而贫困村恢复重建中实际需要资金的地方，扶贫资金又不允许投入。按照现行资金用途，扶贫资金被大量地用作基础设施投资，但是经过大规模的恢复重建，贫困村的基础设施条件有很大改善，更需要的是通过形式多样的扶助政策帮助贫困农户发展生计产业，但扶贫资金在这方面的用途限制较多。

为此，需要设计一个平衡机制，中央扶贫专项资金监管要严，但使用上要灵活，扶贫资金是要让贫困户受益，而不是用在什么项目上。有关部门一方面应该继续加大财政投入力度，另一方面也应该丰富支持项目的内容，提高专项扶贫资金的使用效率，切实增强贫困地区和贫困人口自身的发展能力，增强其抵御风险的能力。

受灾贫困地区与其他贫困地区的情况有很大的差别，因此，建议在专项财政扶贫资金投向汶川地震灾区时进行专门安排。具体来说，通过近两年的大规模灾后恢复重建，绝大多数贫困县都建立了完善的交通、水利、电力、医疗和教育等公共设施和公共服务系统，因此，专项财政扶贫资金在分配上要更偏向生计支持和产业扶持，可以适当弱化基础设施建设投资。同时，专项财政扶贫资金的用途限制可以适当放宽，在加大监管力度的同时赋予基层扶贫部门更大的自主选择权，确保专项资金真正造福于灾区贫困群众。

（六）继续推进对口援建政策并使其长期化、常态化

无论是汶川地震灾后恢复重建，还是改革开放以来我国的扶贫开发工作，对口支援都是具有鲜明中国特色且卓有成效的政策之一。早在"八七扶贫攻坚计划"实施期间就提出了东西协作扶贫，国务院扶贫领导小组决定动员东部沿海的 13 个发达省市分别帮助西部的 10 个贫困省和自治区，并作出了具体帮扶安排，包括无偿捐赠物资、经济技术协作和人员双向流动等。在汶川灾后恢复重建中，中央政府动员全国经济较发达的省、市、自治区，开展了建国以来声势最为浩大的对口援建政策，截至 2010 年 5 月 12 日，18 个对口支援省（市）已确定对口支援项目 3 472 个，对口支援资金 772.3 亿元，已完成投资 587.4 亿元。可以说，对口援建对汶川地震灾区的恢复重建起到了重大的历史性作用。

在灾区贫困村恢复重建与扶贫开发领域，对口援建同样起到了关键性作用。按照国务院扶贫办的安排，扶贫系统的对口支援，要纳入本省市统一的

框架机制组织实施。在此框架内，19 个省市的扶贫（经济协作）办，重点向受援方县（市）扶贫系统倾斜，积极提供各项支持。据统计，四川省规划区内各县面上贫困村灾后恢复重建资金构成中，对口支援资金占比达到17%，仅次于中央和地方专项资金。

随着三年重建任务两年完成目标的基本实现，大规模的对口援建可能会逐渐结束。但是，考虑到汶川地震受灾贫困地区恢复重建与扶贫开发工作的长期性和艰巨性，建议将针对受灾贫困地区的对口支援政策长期化和常态化，通过将对口援建贫困村资金纳入到财政预算等方式，继续推进针对受灾贫困地区的对口支援政策。这种针对贫困村的对口支援政策，不仅体现在资金扶助层面，还体现在将东部先进的发展理念带入到内部贫困地区，从更深层次帮助贫困村恢复重建和实现可持续发展。

（七）健全社会保障制度，发挥保障性政策的益贫效应

灾后恢复重建与扶贫开发相结合的重要一环就是社会保障制度，这项制度对灾区贫困人口形成兜底作用，是防止高脆弱性人口陷入贫困的重要防线。灾区恢复重建与扶贫开发在中长期内将面临的问题包括大量青壮年伤亡后的贫困家庭老年人赡养问题、因灾致残贫困人口的保障问题、因灾致伤贫困人口的后续医疗问题等，解决这些问题都有赖于健全社会保障制度。

许多学者提出了由普遍性医疗保障制度、普惠型社会福利、选择性社会救助以及新型开发式扶贫政策组成的新阶段反贫困"四驾马车"，构建一个有层次的社会保护政策体系，与恢复重建和扶贫开发相衔接，对灾区贫困人口意义重大。这个社会保护政策体系应该有几个层次：一是新型最低生活保障和新型的"五保"、"低保"供养制度，突破财政困境，起到兜底作用；二是新型农村医疗保障，起到增加家庭抵御贫困风险的能力；三是惠农政策和农村教育保障政策，起到提高农村生产资本、技术和人力素质的作用，并与扶贫开发相互激发，提高开发式扶贫的长久效果。

目前，我国已经在农村地区推行新型农村合作医疗制度，但是现行农村合作医疗制度还存在一些有待完善的问题。在保障水平上，农村合作医疗是以大病统筹兼顾小病理赔为主的农民医疗互助共济制度，门诊、跌打损伤等不在保险范围内，但是贫困人口更多面对的是小病小伤。另外，现行农村合作医疗制度程序与城市医保相比还显繁琐。繁琐的登记、理赔程序增加了农

民的报销成本，降低了满意度。因此，在灾区特殊情况和群众的急切需求下，可以考虑试点发展和完善农村医疗保险制度，扩大保障范围、增加保障深度、简化保障程序，向城镇居民的医保制度靠拢。

我国农村地区还没有建立起全面的养老保险制度。2009 年 9 月 1 日，国务院发布了《国务院关于开展新型农村社会养老保险试点的指导意见》。2009 年的试点农村养老保险制度，覆盖全国 10% 的县。在调研中，汶川灾区群众最羡慕的就是城市工人退休后有退休工资，最企盼的就是在农村也能有养老保险制度，让老年人老有所养。汶川地震灾害导致 3 ~ 17 岁人群的大量伤亡，灾区中年人群未来的养老问题和现有老年人的赡养问题都是亟待解决的社会隐患，因此，在四川、陕西和甘肃的地震灾区全面试点农村养老保险制度迫在眉睫。2009 年 10 月，四川省阿坝州已率先在汶川县试点实施农村社会养老保险，应当鼓励这种试点在灾区尽快推广和实施。

(八) 建立和健全常态化的贫困地区风险防范与危机应对机制

防灾减灾、灾后重建与扶贫开发相结合的一个重要命题是通过灾后重建与扶贫开发达到提高贫困地区应对自然灾害能力的目的。灾后必须的各种应急政策从制定、执行到结果等方面都产生了非常大的功效，但随着灾后重建过程的不断推进，灾区民众的生产和生活基本保障有所恢复，灾区重建逐步进入了常态化阶段，因而，各种应急政策必须依据重建过程的转变和发展作出及时有效的调整。

贫困地区具有高脆弱性的特点，极易遭受灾害打击从而加深贫困或因灾返贫，因此，需要从以下几个方面在贫困地区建立和健全常态化的风险防范与危机应对机制：

1. 完善应急管理法律制度

没有法律和制度的规范，应急管理只能是临阵磨枪，既不能使危机管理行为规范化，又会为滥用紧急权力打开了方便之门。国际上破坏性地震频繁发生的发达国家都高度重视地震灾害预防工作，比如美国就制定了系统全面的应急法律体系，如《灾害救济法》（1974）、《地震灾害减轻法》（1977）、《国家地震灾害减轻计划法》（1990）。具体到我国贫困地区的风险防范与危机应对机制，完善应急管理法律制度，一是要从国家层面制定《紧急状态法》，把应急行政纳入到法制化轨道；二是要以法律法规形式明确制定针对贫困地区风险管理的外部干预与支持手段。

2. 建立灵活的应急联动机制

我国现行的抢险救援体制是按照灾害的种类分部门管理的，可以说，有多少种灾害事故，就有多少个指挥体系。这样的体制有两个弊端：一是各类救援指挥部门各自为战，难以形成合力；二是指挥系统基础建设重复，造成救援经费的极大浪费。对于贫困地区，可以建立以扶贫部门为协调主体的风险应对组织体系，协调其他专业部门应对各种自然灾害。

3. 建立健全应急资金保障制度和应急物资储备制度

建议在每个处于灾害易发地区的贫困县进行应急物资储备，各级政府要建立健全和落实应急处置专项预备金制度，将应急机制建设经费列入年度财政预算，支持应急机制建设和保障应急处置工作。按照现行事权、财权划分原则，分级负担处置危机事件所需财政负担的经费，保证应急工作的经费需要。同时，建立健全应急资金管理使用监督制度，加强财政、审计等部门对应急资金的专项管理和资金使用效果的评估工作。

4. 建议完善灾后潜在危机的应对机制

灾后贫困地区还会存在一些潜在危机，如次生灾害、泥石流等。因此，在制定新政策时，各类基层部门应当依据重建过程中的先进经验，结合目前的实际，共同研讨一个整体性强、部门分工明确、责任明晰、切实有效的应对政策来计划和组织，进而构成一套高效、完备的灾后潜在危机应对机制。

（九）针对特别人群建立特别援助机制

灾区有别于非灾区，而灾区的最大特殊性就是特殊群体和人群。例如，四川汶川地震灾区的特殊人群就包括了贫困群体（绝对贫困、相对贫困）、少数民族、残疾人、孤寡老人和儿童，以及妇女等等。这些特殊人群存在着常人所没有的困难和缺陷，对此，国家必须建立特别的援助机制予以解决。

（十）加强国际视野下的交流与合作

防灾减灾是一个全球性的难题，灾害风险也已成为全球性问题，而问题的解决需要世界各国的共同努力探索、试验、总结、交流。我国作为最大的发展中国家，也是灾害多发、频发的国家，有理由、有条件，也有义务及责任注重研究、总结、交流更多的灾害管理经验及教训。扶贫系统特别应该在防灾减灾、灾后重建与扶贫开发相结合知识的积累与分享方面，为全球灾害管理知识的丰富和发展作出贡献。

二、微观层面的政策建议

（一）在县域发展规划之中对贫困村发展做出专门安排，提高贫困村的发展与县域经济的协调性

汶川地震灾后恢复重建与扶贫开发的一个特点是规划编制以村为单位，这种方式的特点是瞄准性较强，资金较易落实到位。维系村级规划与县市规划的纽带是各级政府编制的整体恢复重建规划，可以实现村内项目与到村项目的对接。随着汶川地震灾后恢复重建基本结束，整体恢复重建规划实施也将完成，那么如何协调县域发展和贫困村后续恢复重建及扶贫开发的关系呢？我们建议在县域发展规划中对贫困村发展作出专门安排，以提高贫困村发展与县域经济的协调性。

（1）恢复重建与扶贫开发相结合工作的复杂性，决定了贫困村项目组织管理机构繁多，牵扯到扶贫部门、地方政府、教育、医疗、交通、水电等多个部门，还涉及村内的村两委、村项目实施小组、村能力建设小组等。虽然多方面的参与具有多方面支持的优势，但也存在着职责不清的问题，容易出现相互之间的依赖或者推卸责任，使部门之间的协调成本加大。要解决这个问题，就有必要从县域发展规划的高度对贫困村发展作出专门安排，协调好贫困村项目与其他项目的关系，对各个参与主体的责任、权力和义务进行明确界定。

（2）从经济发展的角度讲，如果不能协调村内产业与县域经济，就很难在贫困村内部培育起单个的、独立的产业。规模效应和贫困村资本的匮乏决定了简单的一村一品是不适合贫困村的。只有将数个村乃至乡联系起来规划产业发展，甚至将乡村产业纳入到县域或市域经济中去，才能够提高产业的市场竞争力。正是基于这种认识，我们建议将贫困村产业发展纳入到县域经济发展规划中去。首先在规划县域经济主导产业，尤其是农业主导产业的同时，也将贫困村产业发展考虑进去。比如，在发展猪肉加工业时，在贫困村建立生猪养殖基地，以县域经济带动贫困村产业。

（二）创新能力建设的内容和方式，主动适应和积极推进防灾减灾/灾后重建与扶贫开发相结合

汶川地震受灾贫困地区位于生态环境极为脆弱的山区和丘陵地区，一方面发展生产的自然条件较为恶劣，另一方面又极易遭受余震、泥石流等自然灾害的打击，因此，在能力建设的内容和方式上需要进一步创新，以适应灾区防灾减灾、灾后重建与扶贫开发相结合的需要。传统意义上的扶贫开发能力建设强调农业实用技术培训和劳动力转移培训，但是在汶川地震灾区要实现防灾减灾、灾后重建与扶贫开发相结合，能力培训的范畴就不能仅仅局限在生计能力上，而是至少包括防灾减灾能力建设、就业增收能力建设和自组织能力建设等三个方面。

（1）贫困村居民作为灾害承载体的脆弱性直接取决于农户的防灾减灾能力。如果不能增强贫困村社区和农户抵御灾害的能力，那么多年的扶贫开发成果在灾害打击下极有可能毁于一旦。因此，新增一部分投入在贫困村开展防灾减灾能力建设十分必要，这包括以下几个方面一是强化预防意识、培育预防文化；二是普及防灾减灾科普知识；三是强化村内组织的应急运行和保障机制；四是健全应急管理机构、完善人员储备；五是发展一些避灾性产业，如马铃薯种植等。抗灾性和易损性产业交错发展，不把所有鸡蛋放在一个篮子里，既可以保证在正常年份有较高的收入，又可以保障在灾害年份不绝产，从而分散产业风险。

（2）传统的就业增收能力建设。汶川地震灾区不同地区的自然条件差别很大，有的地区发展农业生产的条件较好，有的地区异地重建后失去了发展农业生产的自然基础，还有的地区接近城镇或者完全纳入了城镇。针对情况各异的贫困村，建议在能力建设上进行分类管理，出台差异化政策。有的地区通过引入龙头企业，以"合作社＋企业＋农户"等方式就地组织市场化的农业生产；有的地区重点加大对农民的技术培训和职业教育，提供各种市场信息，与基层政府配合进一步组织农民外出打工；还有的地区可以引导和扶持贫困农户向第三产业转移，抓住灾区旅游和城镇化等契机发展农家服务业。

（3）自组织能力建设。自组织能力是决定贫困农户能否越过贫困的资本陷阱，进入正常发展轨道的关键。人均资本不足是经济学公认的贫困陷阱之一。灾后恢复重建与扶贫开发就是要从外部向贫困村注入发展资本。另一方面，贫困村内部资本积累也是完成资本积累的重要手段。单纯依靠以户为单位解决资本积累问题难度相对较大，因此需要发挥社区组织的作用。帮助贫困社区增强自组织能力，建立购销合作社、生产合作社、专业合作社、资金互助社等复合性合作村，提高贫困村农户的市场竞争力和把握发展机会的能力。

（三）以县为单元、以乡和村为平台，加强部门项目间的资源整合力度

资源整合是防灾减灾、恢复重建与扶贫开发相结合的必然要求，但是这种整合与单纯的扶贫开发工作中的资源整合有所不同。防灾减灾、恢复重建与扶贫开发相结合工作的跨部门性，要求资源整合的部门范畴更大；相结合工作中贫困村需求的多样性，要求资源整合不仅要在乡村两级横向展开，还需要从纵向对资源配置进行统一安排；相结合工作的复杂性，又要求在主导部门资源的引导下形成部门资源的联动。正是基于防灾减灾、恢复重建与扶贫开发相结合的这些特殊性，建议相关部门依据相关规划，以县为单元，以乡和村两级为平台，从横向和纵向两个角度入手，增强资源整合的力度。

（1）资源整合一定要以相关规划为框架。整个防灾减灾、恢复重建与扶贫开发相结合工作的统领是规划管理，在资源整合上也是如此。在实际工作中，各个部门都想做资源整合的主导方，这就要求对资源整合的目的及方式作出统筹规划。从某种意义上来讲，做好各种规划，就是在整合资源，因为大部分资源都是针对项目进行投入，而项目安排取决于各类规划的制订。层级不同、侧重点不同的规划，都对资金尤其是政府部门资金作出了详略不同的安排。从规划层面做好项目统筹协调，自然为资金整合投入打下了基础。

（2）有别于传统上以乡和村两级为平台整合资源，防灾减灾、恢复重建与扶贫开发相结合工作中的资源整合需要以县为单元，在县一级人民政府的协调下，在乡和村两级展开具体整合。扶贫开发工作强调瞄准到贫困村，这无疑是对我国现阶段贫困特点的准确把握；但是防灾减灾、恢复重建的相关资源更多地是自上而下到达县一级财政，由县级人民政府统筹安排。同时，由于我国行政体制条块分割的原因，自上而下的资源到达乡村时较为分散，整合效率降低。因此，扶贫部门的资源要与其他防灾减灾、恢复重建资源进行衔接和整合，这就需要首先在县一级进行项目对接和资金捆绑，然后再具体落实到乡和村。

（3）资源整合需要分别从纵向和横向两个维度来对资源的分散和分布进

行切块同步整合，按各个区域的实际需要调整资源配置，并在资源整合上强调项目、资金之间的及时性和配合性。从纵向和横向两个维度整合，就是要保障不同口径资金同步推进落实。资金落实不同步的结果是项目推进进度不一，而贫困村恢复重建与扶贫开发项目之间是相互制约的，比如产业扶贫一定要建立在村道、电力、水利等项目的基础上，一个项目资金落实滞后就会影响到政策的综合效果，形成木桶效应。

（4）探索非政府资源主导方理念与本土情况结合，形成各方共识，提高资源整合效率。在恢复重建与扶贫开发工作中引入社会资源和力量，配合各级政府开展具体工作，是汶川地震灾区贫困村恢复重建与扶贫开发的一个重要特色。但社会资源和力量或公益组织，通常都有一套自己的理念和管理方法，在整合非政府资源的时候，寻找其理念、方法与本土情况的结合点至关重要。要形成共识，一是创造条件，使相关组织能够深入实地了解情况；二是及时沟通，就各种观念和方法差异进行充分交流；三是及时总结，通过不同批次项目的总结，实现逐步的求同存异。

（四）扩大灾区基层民主建设，建立适应市场经济要求的群众参与机制

参与式恢复重建与参与式扶贫已经被证明能够有效调动群众的参与积极性，保障恢复重建政策制定公平、过程公平和结果公平。但在以扶贫部门、信用社为主导的体制安排下，贫困户在扶贫项目的选择、决策和实施过程中，大都处于被动的接受和服从地位。为改变这种局面，一方面要进一步增强政策在基层的执行力，在基层推进直接民主，尤其是加大贫困人口的决策参与度，确保这些弱势群体人群能够维护自身利益，充分享受到政策照顾；另一方面，应建立适应市场经济要求的贫困群体参与机制。

推进基层直接民主，一是要保障信息传递畅通和利益诉求表达渠道畅通。越是贫困的农户，越容易在社区生活中被边缘化，一个重要表现就是他们不能及时获取重要信息，或者获得了相关信息但利益表达渠道不畅通。基层民主要求基层政府在决策制定与执行的过程中，必须做到保证将灾民应该知道的信息在第一时间向所有灾民完全公开，在弱势群体完全知情的情况下作出决策。对贫困农户利益诉求表达渠道要格外重视，降低他们的参与成本，方便这些人群参与到政策制定和执行中来。二是在决策过程中必须保证过程公平。基层政府在政策制定和执行过程中，不仅要保证信息畅通，而且还要让贫困农户充分理解他们的参与程度会对自身利益带来什么样的影响，保证他们的参与深度，而不是敷衍了事、表面公平。利益分配和政策实施的过程要公开透明，建立固定和方便的公开渠道。三是要建立政策执行的反馈和监督体制，让贫困农户有沟通的渠道，在涉及利益的敏感问题上，如低保条件的确认和补助发放上，要给予每一个相关利益者反馈意见和监督建议的渠道，疏导和减少灾民的不公平感。

建立适应市场经济要求的贫困群体参与机制，一是改变传统行政体制观念。对进村入户的扶贫项目，要让群众参与选择、管理和实施的全过程，充分尊重群众的意愿。二是健全农户贷款机制，针对财政扶贫资金因低效率而存在寻租、权势群体、精英阶层占用扶贫资源及信贷配套资金偏离目标群体的状况，可以借鉴国际小额信贷的发展经验，将扶贫资金与信贷资金整合后交由信用社按市场化模式运作，通过商业化的发放、管理、回收，实现扶贫资金的可持续利用。三是把融合资金的商业化运作与落实扶贫措施紧密联系，对投放给精英阶层、能人的融合资金，要求其必须与扶贫部门签订帮扶协议，通过他们的帮扶带动贫困群体脱贫，使相对富裕户从扶贫项目中获取的收益扩散到相对贫困户，实现真正意义上的整村推进、整村脱贫。

（五）在防灾减灾/灾后重建与扶贫开发相结合的过程中注重贫困村的环境友好与生态保持

汶川地震灾区本身处于龙门山断裂带，属地质活动活跃区，灾区贫困村又多位于生态脆弱的山区和丘陵地区，属泥石流危险带，如果生态环境遭到破坏，自然灾害造成的破坏力将不可估量。因此，资源环境是否可持续，不仅涉及到贫困村的长远发展，更关乎贫困村的现实安全。贫困村往往处在资源环境匮乏与生态环境脆弱的地区，其生态环境的友好度、保持度都是相当欠缺和急需的，加之地震所造成的连锁式损害，也在一定程度上加大了贫困村的这种环境资源脆弱性。防灾减灾/灾后重建与扶贫开发相结合的根本目的，是帮助贫困村实现可持续发展。汶川地震灾区威胁贫困村可持续发展的，不仅包括经济资本与人力资本的匮乏，还包括生态环境的高度脆弱，因此，贫困村的环境友好与生态保持是防灾减灾、灾后重建与扶贫开发相结合工作的重要一环。笔者建议从以下几个角度提高贫困村的环境友好度、强化贫困村的生态保护：

（1）在规划层面充分考虑保护资源环境的要求，在做好经济规划的同时做好环境规划，从防灾减灾、灾后重建与扶贫开发的规划源头上做好保护。注重灾后贫困村的环境友好度、生态稳定性，其实质就是在保持资源环境的前提下，切实落实灾区的可持续发展，这就要求我们在注重环境友好度和生态稳定性时不要仅仅局限于眼前，还要通过长远规划，对今后地区的发展作出准确的预期，把当前利益和长远利益结合起来，充分统筹当前的发展需要和未来的发展需要，在遵循经济规律的同时尊重自然规律。

（2）在贫困村产业设计和培育上主要与资源环境相协调，充分利用自然禀赋，但不超出环境承载力的限度。灾区贫困村多处于山区和丘陵地区，在发展产业上既需要充分利用自然禀赋，更要注重环境承载力的限度。从这个意义上讲，贫困地区防灾减灾、灾后重建与扶贫开发相结合，不仅仅是经济建设和公共设施及服务的建设，还是环境保护建设。因此，在贫困村的产业设计和培育上，应当注重保持生态的稳定性，尤其着力关注当地生态链条与产业链条上的各个环节，从各类环节入手，增强各自的抵抗力和稳定性，进而促使整体抵抗力与稳定性的提升。从灾区环境重建的角度来看，应当加大当地生态产业的培养，如农家旅游、经济林登，掌握地区内在的生态规律与经济规律，从规律出发来提高整个地区的生态恢复力的稳定性。

（3）加快资源补偿机制的建设。汶川地震灾区是我国重要的生态涵养区，位于长江重要支流岷江中上游，承担了江河源头水源涵养和生物多样性保护等重要功能，其生态环境的质量直接关系到中下游及全国广大区域。正因为生态保护的责任很重，在某种程度上也制约了灾区贫困地区的发展，因此，加快建立资源补偿机制对贫困地区和贫困农户是一种负责任的表现。建立政府、企业、社会三位一体的资源补偿机制，如企业对资源所在地的补偿、资源输入地对资源输出地的补偿和国家对地方的补偿。这样三个层次的资源补偿机制，不仅对汶川灾区防灾减灾、灾后重建与扶贫开发相结合工作有重要的推动作用，也对广大西部地区的扶贫开发工作起到了有力的助推作用。

（六）建立并健全防灾减灾与扶贫开发相结合的自然灾害应急预案与救助体系

针对我国西部贫困地区的特点，结合在汶川地震应急工作中所取得的先机经验，为切实做好贫困地区和贫困人口的自然灾害预防、应急处置和灾后生产生活恢复工作，最大限度地降低灾害带来的负面影响，保障人民群众的生命财产安全，维护灾区社会稳定，避免因灾致贫和因灾返贫现象的发生，建议在各级自然灾害应急预案中进一步突出对贫困地区与贫困人口救助的同时，建立并健全防灾减灾与扶贫开发相结合的自然灾害应急预案与救助体系。

（七）研究、把握防灾减灾、灾后重建与扶贫开发结合的内在规律，提高工作的前瞻性

（1）灾害导致风险，风险在直接导致贫困的同时，还导致贫困脆弱性的提高，从而加剧贫困。也就是说，灾害发生后产生风险，直接导致贫困；同时，贫困脆弱性的增强加剧了贫困，其结果是，贫困面的扩大和贫困程度的加深。

（2）降低风险需要防灾减灾，灾后重建也需要包含防灾减灾的措施。如果灾后重建与贫困社区防灾减灾能力的提高同步，那么，当灾害发生时，贫困社区已经可以在比较高的抵御风险水平上抗击灾害，这将大大减轻灾害对贫困的影响。

（3）提高扶贫开发的水平和效果需要防灾减灾。要预防灾害导致贫困面扩大和贫困深度加重的结果，就需要把防灾减灾的能力建设纳入扶贫开发内容，通过防灾减灾、灾后重建与扶贫开发相结合，提高抗灾能力，尽可能减轻灾害发生对贫困的影响，促进扶贫开发工作水平和效果的提高。

（4）受灾贫困村早期恢复重建工作结束后必然转入灾后扶贫开发阶段。上述分析，是对灾害、风险、脆弱性、贫困、扶贫开发内在规律的总结，把握其规律性，有利于提高工作的前瞻性。

（八）注重能力建设，着眼于可持续发展

防灾减灾、灾后重建与扶贫开发相结合的能力建设应包含扶贫系统的管理能力建设、社区自我组织管理能力建设和贫困群体自我发展能力建设，三者是一个统一体。防灾减灾、灾后重建与扶贫开发相结合的管理能力是工作开展的主要推动力；社区的自我组织能力通过重建活动和项目的实施，以及重建政策的执行得到提升，是实现社区自我发展的基础。只有着眼于贫困群体自我发展能力的提高，才能实现内源发展与外部援助互动，确保其本身的可持续发展。

参考文献：

1. 中华人民共和国国务院宪令第 526 号：《国家汶川地震重建条例》，2008 年 6 月 8 日。

2. 国务院扶贫办灾后贫困村恢复重建工作办公室：《灾害对贫困影响评估指南》，中国财政经济出版社 2010 年版。

3. 范小建："扶贫系统参与灾后重建需要解决好三个问题"，《中国扶贫》，2010 年第 10 期。

4. 黄承伟："汶川地震灾后贫困村恢复重建规划设计与实施展望"，《扶贫开发》，2008 年第 11 期。

5. 黄承伟、王小林、徐丽萍："贫困脆弱性：概念与测量方法"，《农业技术经济》，2010 年第 7 期。

6. 黄承伟、彭善朴（德）：《汶川地震灾后恢复重建总体规划社会影响评估》，社会科学文献出版社 2010 年版。

7. 国务院扶贫办灾后贫困村工作办公室：《汶川地震灾后贫困村恢复重建 2009 年度报告》，2010 年 1 月。

8. 联合国开发计划署：《中国早期恢复与灾害风险管理项目中期回顾报告》，2009 年 10 月。

9. Barrientos Armando（2007）：Does Vulnerability Creat Poverty Traps？CPRC Working Paper. 76，Institute of Development Studies at the University of Sussex，Brighton，BN19RE，UK.

10. World Bank，Dynamic Risk Management and the Poor，*Developing a Social*（2000）．

11. 李保俊、冀萌新、吕红峰、王静爱、杨春燕、葛怡："中国自然灾害备灾能力评价与地域划分"，《自然灾害学报》，2005 年第 6 期。

12. Hallie Eakin，*Weathering risk in rural Mexico：climatic，institutional，and economic change*，（University of Arizona Press，2006）．

13. 郭熙保、罗知："论贫困概念的演进"，《江西社会科学》，2005 年第 11 期。

14. 胡鞍钢、李春波："新世纪的新贫困：知识贫困"，《中国社会科学》，2001 年第 3 期。

15. 银平均：《社会排斥视角下的中国农村贫困》，知识产权出版社 2007 年版。

16. 吴理财："论贫困文化"（上），《社会》，2001 年第 8 期。

17. Chang S E，Masanobu Shinozuka. Measuring Improvements in the Disaster Resilience of Communities，*Earthquake Spectra*，（2004）．P. 20.

附录：汶川地震灾区农村恢复重建与扶贫开发相结合的典型案例

案例一

汶川地震灾区北川县胜利村
恢复重建与扶贫开发相结合的实践

导　言

　　研究目的：灾后恢复重建是一项艰巨、复杂的系统工程，要建立在灾区和灾民的实际需求上并着眼于未来。目前地震过去已快两年，两年来，全国上下众志成城搞恢复重建，那么对重建情况及经验和教训加以总结并提出今后重建工作的政策建议，具有重要意义。这同时也是对灾后重建如何与扶贫开发相结合的内在规律进行探索。基于这种考虑，本文选取重建中具有特殊性的胜利村加以调查研究，并以调查所得的资料对两年来该村重建工作进行评估和总结，进而提出下一步的政策建议。

研究方法：为实现调查目标，本文采用短期驻村田野调查的方法进行研究。在调查中，设计了访谈提纲、调查表等开展了与村干部的座谈会，同时收集文字资料，配合观察及大量农户访谈等方法进行综合的研究。

一、灾前发展形势

（一）村庄位置和自然条件

胜利村位于北川羌族自治县南大门，地处擂鼓镇西北部，属于典型的山区村，最高海拔 867 米，最低海拔 704 米，属亚热带湿润季风气候类型，大陆性季风气候特点明显。气候温和，四季分明，雨量充沛。年平均气温 15.6 摄氏度，年平均降雨量 1 399.1mm。距北川老县城 8 公里，新县城 20 公里，距原擂鼓镇 1 公里，目前已纳入擂鼓镇城镇建设范围。

受灾前，全村共 9 个村民小组，513 户农户，1 676 人，羌族人口占 57%，土地面积 2 000 亩，其中耕地 946 亩，属于土地资源较为贫乏的村庄。

（二）灾害前产业与收入状况

灾前由于北川整县发展水平较为滞后，工业基础薄弱，村庄主要以外出务工和本地种养业为主。其中种养业主要以种植蔬菜瓜果，中药材，茶叶为主，大部分销往本地。全村劳动力 1 018 个，其中富余劳动力 546 个，输出劳动力 468 人，30% 的劳动力从事种养业，13% 的劳动力从事商业经营，57% 的劳动力在县外和县内从事建筑业。2007 年底，全村年人均产粮 245 公斤，人均纯收入达到 3 580 元，收入差距不明显，仅有 20 户、76 人的人均纯收入低于 1 067 元的贫困线。60% 的农户盖起小洋楼，全村经济繁荣，人民过着安居乐业的小康生活。

（三）灾害前村庄组织概况

灾害前，村庄由九个社组成，每个社由一名社长负责，社长向村委会负责，村委会由村党委书记，团委书记，村主任，妇女主任，文书等 8 人组成。

二、灾害冲击

（一）灾害损失概况

"5·12"地震灾害给全村群众带来了重大的经济损失和人员伤亡，基础设施、电力、通讯、社会事业几乎全部毁损，村庄由以前的小康村变成了贫困村，村民的基本生活全靠各级政府救助。具体损失情况如下：

1. 人员伤亡惨重

全村死亡55人，受重伤23人，劳动力减少30人。

2. 财产全部毁损

全村共有479户农户的2 067间房屋倒塌，占农房总数2 937间的70.1%；153户农户的491间房屋变成了危房，占农户总数的16.7%；513户的粮食、家具、电器等全部毁损；501头大牲畜、2 589只小家禽和357只小家畜全部死亡。

3. 基础设施损毁严重

损毁沼气池115口，太阳能3套；损毁村道1公里，社道9公里，入户道路27公里；损毁桥梁2座，损毁灌溉渠道3公里、蓄水池155口，共减少有效灌溉面积916亩；损毁人饮管道25公里，有1 621人的饮水受到了影响，占灾后总人口数的100%。100%的农户有限电视，89.7%的农户固定电话受到了破坏；1公里的高压线路、2.4公里低压线路和1台变压器被损毁；村卫生室和村活动室损毁。损失金额高达7 425万元。

4. 耕地消失

受山体滑坡的影响，耕地面积减少13亩，后由于纳入擂鼓镇城镇建设规划区以及临时安置其他村受灾居民等原因，除9社尚有部分耕地外，其他耕地全部消失或被征用，大部分农户已无地可种。

（二）灾害对生产生活及长远发展的影响

1. 心理影响

灾难给当地人民造成很大的冲击，部分村民失去了亲人和财产，顷刻之间人财两空，心理受到创伤，遭受严重打击。地震造成的心理创伤会对受害者产生持久性的应激效应，长期影响他们的身心健康。尤其是目睹亲人震亡者，会有更深层次的应激性障碍。这在相当长的一段时间里，将会持续影响当地村民的心理健康。

2. 文化影响

胜利村是少数民族村，羌族人口超过一半，地震前存在大量的民族活动。地震后，由于释比塔和传统碉楼遭到破坏，很多正常的祭祀活动难以开展，传统的羌历年也就失去了意义。胜利村很多村民反映灾后过年仅仅是改善了一下伙食，其余的仪式活动都取消了。同时，传统的住房遭到破坏，临时板房里并没有为祭祖等活动提供场所，公共祭祀活动与地震前相比也大大简单化、表面化，许多人不太适应，表示精神生活没有得到满足，信仰有所缺失。

在调查中得知，目前胜利村统一划分为羌族，原本部分汉族也强制改换为羌族，原因则在于政府正在努力开发以羌族文化为特色的旅游文化产业。这样的安排一方面有利于弘扬羌族的文化，另一方面也使得羌文化逐渐走进了市场，被越发地"经济化"了，使得羌族的许多文化活动仅仅具有表演性质，失去了传统意义。

但是，地震也为民族文化的发展带来了有意义的一面。震后人们处于惊恐无助中，需要心理慰藉和寄托，在这种心理状况下，当地民众自发举行了多次跳锅装（羌语：跳起来，唱起来的意思）等具有民族文化特色的活动。同时，政府为了羌文化羌寨的打造，也邀请了当地的文化传承老人对村民进行多项传统艺术的培训，使村民逐渐习惯并掌握了某些正在消失的民族特色活动，部分民族文化得到传承。

3. 生活影响

（1）收入影响。地震对胜利村的种植、养殖、采集、外出务工等生产行业造成非常明显的影响。具体来看，由于受山体滑坡和城镇重建、集中安置灾民等影响，胜利村失去了几乎所有土地，种植、养殖、采集等农业几乎消失，农民无地可种，无一技之长，失去了可持续的经济来源。从外出务工方面来看，地震发生后，胜利村外出务工人员大量返乡，参与住房等基础设施的重建，同时，受地震影响城市工厂停产，建筑工程停工，就业岗位减少，外出务工人员又不得不返乡，这对于严重依赖务工收入的家庭来说是一种重大的经济损失。调查中我们也注意到，由于当地存在大量重建项目，民工需求量大，部分村民由于建筑技术成熟，在当地打工也可获得较为丰厚的收入，借助灾后重建就地解决了就业问题。这可算作地震对农民务工的积极收入。但是，应当注意到，随着灾后建筑项目重建的结束，大量失去土地的农民仍然有非常大的就业压力。

（2）支出影响。受地震影响，道路中断，运输不便，而灾区周围农产品减产，供给大量减少。同时，由于胜利村处于擂鼓镇集中安置点，该安置点共安置灾民超过 8 000 人，对蔬菜瓜果肉类等农产品需求大量增加，导致物价上涨，村民花在饮食上的支出剧增，这对因灾返贫的村民来说，无异于雪上加霜。如何创造就业，创造可持续的收入，使农民重新脱贫致富则成为当前存在的主要问题。

三、灾后恢复重建

（一）规划

胜利村是四川省贫困村灾后重建规划的试点村之一，它是山区村和因灾返贫村的代表，房屋倒塌 70% 以上，属受灾极其严重的类型。擂鼓镇灾前只有一个社区，灾后恢复重建中，有 4 个村全部或部分纳入场镇规划，进行城市化重建，而胜利村由于耕地基本灭失（灭失原因是异地重建征用了耕地），靠近擂鼓镇场镇等原因，灾后恢复重建时将其纳入了擂鼓镇的场镇规划。今后，胜利村将变更为胜利社区，村民全部由农转非。对于失去土地的胜利村村民，政府对此提出以下补偿标准：

首先，土地征用补偿标准为一亩地补偿现金 3.9 万元，补偿青苗费和地上附着物费用 1 300 元，按照胜利村所拥有的土地面积，村民人均能得到补偿 15 000 余元。其次，对于老人和儿童，政府给予特别补贴，男 60 岁、女 50 岁以上的村民，每人一次性缴纳 18 030 元，即可纳入城镇养老保险，每月可领取养老保险 414 元。对 16 岁以下的儿童，政府每人每月补助 125 元。再次，政府提出的农户住房问题解决方案为提供政府建房和自建房屋两种方案。前者是政府按照人均 30 平米的标准直接将建好的住房无偿交到村民手中；而后者则按照家庭人数多少，在场镇中提供一定数量的土地，由农户自筹资金建设住房。胜利村有 100 多户,近三分之一的村民选择了自建。虽然是自筹资金,但优势在于房屋面积不受限制。在调查中得知,每户预建面积在 200～300 平米,这将有利于将来村民发展旅游接待业。

对于胜利村来说,纳入小城镇整体规划既存在优势也存在劣势。其优势是能够带领全村人摆脱山区里恶劣的自然条件,全方位提高村民的社会保障程度,明显改善了居住和生活的条件,带来更多的商业机会,可能使村民享受到国家经济发展的成果,彻底摆脱贫困落后的状况。

而其劣势也非常明显。第一,灾前的一个以种养业为主的农村,灾后迅速城镇化,农民变为城市居民,而本身却不具备城市居民的谋生能力,并且,普通小城镇也无法消化剧增的闲置劳动力,村民除了外出打工外,别无选择。一些妇女和年岁相对较大的老人只能留守家中。这些都是在调研过程中村干部和村民普遍反映的情况。对此,村里的规划是首先考虑恢复百姓目前饮水等基本生活必需的要素以及生存环境所必需的基础设施条件,然后再考虑帮助灾民解决生产中的困难,解决灾民吃饭问题,增加收入,逐步提高他们的生活水平,一步步强化灾民的能力建设,提高他们生产自救、自我发展的能力。第二,由于纳入了城镇建设,由国家统一规划,需要协调的各方利益群体较多,涉及的人较广,导致恢复重建进度偏慢。在我们调研期间,别的灾后重建村基础设施重建基本完成,而胜利村仍然住在板房里,灾后农房重建和产业重建才刚刚开始。

(二) 资金来源

资金的主要来源是政府灾后重建安排的专项补助资金 193.07 万元,另外,新加坡连援慈善组织投资 200 余万元援建村民饮水工程,UNDP 投资 10 万元进行羌绣基地建设,香港青年基金会,香港玩具商会投资近 80 万进行村委会活动基地、社区心理服务基地建设。胜利村还有部分资金来源于村内先富者的私人投资,主要用于产业重建。

(三) 恢复重建项目

1. 基础设施重建方面

村一级的恢复重建项目包括政府投资搞基础设施建设恢复修建村道路 1 公里,投资 10 万元,社级道路 9 公里,投资 45 万元,恢复公路桥涵 2 座,投资 18 万元，合计 73 万元，解决了村民出行方面的重大问题。同时，在省扶贫基金会和北川羌族自治县扶贫开发局的协助下，新加坡连援慈善组织于 2008 年 10 月 17 日与北川羌族自治县擂鼓镇胜利村村民委员会签署饮用水援建项目协定，投资 200 多万元人民币重建人饮用水工程，解决了胜利村 1 700 多人饮水难的问题，让群众吃上了放心水。能力建设方面开展了劳动力转移培训 650 人次，投资 52 万元，合计 53.95 万元，为再就业打开了一个新的市场。

2. *产业重建方面*

产业重建对胜利村显得更为特殊，也尤为重要。因为整村城市化的原因，产业重建并不是重新发展当年的种养业、采植业，而是在耕地消失的情况下去发展第二产业或者第三产业，为村民创造可持续的收入来源。目前村里的主要规划是羌绣、山核桃工艺品加工业以及旅游产业。

地震后，在胜利村村支书的带领下，在 UNDP 的帮助下，村里开展了羌绣培训，注册成立了企业，专门负责羌绣的推广，同时还利用当地盛产野山核桃的优势开展了山核桃工艺加工。UNDP 主要资助羌绣项目，旨在提升胜利村妇女的就业能力，为农村妇女提供就业和稳定收入来源。UNDP 投资 10 万元人民币在以下两个方面进行资助：其一是建设了羌绣生产和培训作坊，其二是培训三期共 267 名妇女学习羌绣技艺。但培训中资金不足，由胜利村村支书个人补贴近 20 万元，北川县扶贫办补贴近 10 万元。项目前期取得了一定的成功，生产和培训作坊建设完成并投入使用，参与培训的 267 名妇女中，100 名左右达到了生产工艺要求，可以进行商业化劳动。

胜利村村支书个人注册了公司，该公司下属羌绣生产厂和山核桃工艺加工等生产单元。公司共投资 30 多万元，并租用 UNDP 项目建设的羌绣作坊用作生产，每年向村集体支付 2 万元租金。公司雇佣本村妇女进行生产，工资按件算，目前一名熟练工人一个月的收入在 400 元到 600 元。在对村支书个人的访问中得知，村支书对羌绣和山核桃工艺加工的发展意向是建立"公司 + 作坊 + 行业协会"的生产模式，在羌绣的整个价值链上，企业只负责市场营销，培训工人，生产由村民在家里进行，企业甚至可以不提供生产场地，而品牌塑造文化宣传等则由政府牵头的行业协会负责，这样的方式有利于整合资源，节省成本。这种企业模式也许能够成为将来农村企业发展的典范。

胜利村在纳入城镇规划后，将旅游开发纳入整个北川县的发展计划，该村由于地处进入北川老县城的必经之站，几乎所有村民都已经有意识地在修建新房时考虑旅游接待。特别是胜利村中要求自建农房的村民，他们基本上每家预计建筑面积都在 200～300 平米，可以同时容纳 15 位旅客。另外，据村里先富者村支书透露，目前他旗下的企业已经引入资金和优秀的管理团队搞羌族文化产业园区的建设，投资将会超过 5 个亿，建成后，将会解决超过 2 000 人的就业，受益者不会仅仅局限于胜利村，而是整个擂鼓镇甚至于整个北川县，旅游文化产业发展前景不可估量。

由于集中安置点人员多而且集中，该地经过灾后重建近两年的发展，已经成为一个商业聚集区，仅仅胜利村就有近 30 户村民放弃了以前的种养业，抓住小镇模式安置点这一特点，从事包括商店、网吧、餐馆、肉贩等私营经济。据调查，他们生意较好，普遍月收入超过 2 000 元，不过目前由于板房区集中拆迁，许多商铺被迫拆离，所以这一模式在擂鼓镇正式成立后是否可持续还有待进一步的考证。

（四）恢复重建工作的组织与管理

（1）擂鼓镇成立贫困村灾后恢复重建项目领导小组，负责本乡贫困村项目实施的组织领导和协调、服务工作；

（2）胜利村成立项目实施小组，由村党支部书记、村主任、文书和群众代表组成（须有妇女代表参与），下设实施组、监测组、评估组（每组都有群众代表参加），具体负责项目的组织实施管理和监测评估工作。

（3）胜利村成立了多个专项资金监督小组，其中既有投资人，也有村干部和普通村民，具体负责监督资金的运作情况。

四、防灾减灾/灾后重建与扶贫
开发相结合取得的成绩

（一）防灾减灾项目与工程

地震灾害发生后，胜利村留下了许多地质灾害区，随时威胁着村民的安全。为了去除安全隐患，国际美慈组织给该村投资 2 万元，进行防灾减灾工程的建设，修筑了防沙坝和防护堤，展开了生态治理。村民们在村委的组织领导下，采用了更科学的手段，最大限度地利用了人力、物力资源，以更快捷的方式进行了积极的配合和密切的协作。为了更好地发挥科技的力量，针对防灾减灾，国际美慈组织派专人进行多次科普宣传教育和实地演习，有效增强了全民的防灾减灾意识和应用防灾减灾科技的能力。

（二）可持续的产业发展

1. 羌绣产业

羌族刺绣，是羌族妇女完全用手工刺绣完成的民间工艺品，作为古老的少数民族的非物质文化遗产，有着羌族自己独具的审美价值和历史文化内涵。在配合北川整体旅游开发的规划中，羌绣作为提供给旅客的具有文化特色的小礼品已被提上日程。

地震发生后，羌绣的物理土壤遭到破坏，但文化土壤却变得更加肥沃了。胜利村在纳入城镇规划过后，村委为了解决当地的结业问题，彻底摆脱贫困，大力发展羌绣手工劳动。前文中提到，在 UNDP 的资助下，在村支书的带领下，胜利村已经举办了三期培训，共 267 人具备羌绣加工能力，目前已经有100 人左右在从事羌绣工作，每月收入在 500 元左右。随着羌绣在市场上获得成功，相关从业人员的收入将会大量增加。另外，胜利村创造了"公司＋作坊＋行业协会"的生产加工模式，这一模式具有非常多的优势，包括企业成本压力大减，工人工作模式更自由等等，更加符合现代经营的理念，但是否能够适应市场并提高胜利村羌绣的核心竞争力，还需要等待市场的检验。

2. 山核桃工艺加工业

山核桃是当地山区最常见的野生树种，其果实坚硬，不能食用，只能白白地浪费掉。但经过手工艺人的精心加工则可变废为宝，可以把山核桃外壳精雕细琢加工成桌子、凳子、花瓶、笔筒、横幅、狮子、奔马等工艺品。地震后，胜利村农民企业家发现了这一情况，认为其在市场上将大有可为，于是高薪从黑龙江聘请了手工艺人到胜利村，对部分村民进行培训，并注册了公司负责该工艺品的市场推广，希望通过村民把小小的山核桃做成大产业，成为当地群众增加收入的新门路。

在政府的扶持引导下，该产业得到了一定发展，目前企业拥有统一的生产车间，并注册了商标，生产上坚持规范技术、统一规格、统一价格和包装销售，解决了超过 20 人的就业问题。目前，企业处于进一步发展壮大中，远期来看，随着北川旅游业的发展，可以解决更多人的就业问题，为胜利村失去土地的村民创造一个具有可持续收入的来源。

　　3. 旅游文化业

　　"5·12"汶川大地震使得北川羌族自治县的经济和社会环境遭到严重的破坏。地震过后，百废待兴。北川县政府结合当地的实际情况，在灾后重建中提出全力发展旅游产业的规划，希望藉此实现北川县经济的可持续发展，并带动相关行业的发展，加快北川县的产业升级，实现与现代新型产业发展的有效对接。

　　北川作为震前一个鲜为人知的少数民族县，在此次"5·12"特大地震中"名声大振"，迅速提升了北川在全世界的知名度，这对北川文化旅游产业的发展极为有利。由于地震而形成的唐家山堰塞湖、正在建造的地震遗址博物馆、北川中学遗址等，这些都将成为北川文化旅游产业最具发展潜力的旅游产品。另外，羌族也因震而得名，羌文化受到越来越多人的关注。因此，北川发展羌族文化旅游业具有后发优势，只要策略政策得力，会成为北川最具有活力和发展前景的产业之一。

　　胜利村重建后，地理位置位于擂鼓镇镇中心，是北川县的南大门，安北公路穿境而过，距北川老县城（地震遗址博物馆）7.5公里，距唐家山堰塞湖10公里，且为进入的必经之路，因此，将会成为北川旅游业发展的直接受益者。擂鼓镇目前的规划依托地震遗址博物馆和唐家山堰塞湖等旅游资源，其空间结构、发展规模及功能定位将发生重大调整，彻底抛弃传统种养业，逐渐向环保型、旅游型产业转化。北川政府规划擂鼓镇为进入旅游区接待第一站，而胜利村将会成为接待游客的中心区域。根据2008年7月~2010年2月的数据来看，目前尚未开发完毕，但已有每个周末超过2000人的客流量，所以，在解决胜利村大量剩余劳动力的就业问题上，旅游业将会成为最核心的产业。

　　要大力发展旅游业，还必须抓住羌族特色这一核心优势，在大量游客涌入的情况下，胜利村应当更好地打造其窗口地位，弘扬羌禹特色文化。羌文化资源中有很多是非物质文化遗产，其旅游表现形式一类是通过民间艺人的展演，通过文艺汇演、节庆活动、文化交流赋予文化遗产新生命；一类是把传统手工技艺（例如羌绣）转化为旅游商品。这意味着胜利村可以发展的不仅仅是旅游接待，还包括羌族文化表演业，以及加工售卖以羌族文化为特色的产品的商业经济等。

目前，胜利村对于旅游接待已有整体规划，在自建农房那部分村民的规划里，已包括以农家乐为特色，提供住宿以及特色餐饮服务。另外还有前文提到的目前已培训267位能进行羌绣加工的妇女和超过20位能进行山核桃工艺加工的工人。羌绣和山核桃工艺品将会成为具有当地特色的旅游小纪念品加以售卖。这些具有高附加值的羌族文化旅游产品不仅仅增加了村民的收入来源，还能推动旅游业的进一步发展，吸引更多的游客进入。

在调查中得知，胜利村村支书已通过招商引资的方式引入资金超过5亿元以及高效的管理团队，以打造具有羌族文化特色的旅游文化产业园区，建成后将会集餐饮住宿、表演、商品售卖、休闲为一体，解决超过2 000人的就业。该园区的思路是以文化旅游产品来带动北川羌族文化旅游产业以及相关行业的发展。以羌绣现场制作售卖和民俗表演产品为核心带动支持产业群、配套产业群和衍生产业群，从而极大地推动当地经济发展。如下图：

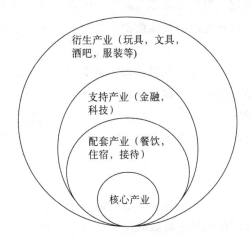

五、防灾减灾/灾后重建与扶贫开发
相结合面临的挑战

（一）羌绣加工面临的挑战

羌绣虽然具有因震得名等优势，但是在对村委书记的调研中得知，羌绣仍然面临比较严峻的市场环境。首先，在刺绣行业中，优秀者非常多，羌绣

比之苏绣，蜀绣仍然缺乏知名度，顾客对羌绣的认识不够，全凭个人喜好进行选择，讨价还价能力较强。其次，羌绣是纯手工业，较难达到大规模生产，目前也没形成完整的供应链，行业的未来发展还是未知数。最后，羌绣的可替代性比较强，虽然在针法、材料上区别于苏绣，蜀绣等等，但由于顾客一知半解，存在会被别的刺绣取代的可能性。

羌绣的市场如果打不开，胜利村将会失去一条增加可持续收入的途径，前期投入将无法收回，在胜利村可持续发展的问题上，就业问题就会越来越突出，许多村民将会由农民变成城市里的无收入者。

（二）旅游文化产业面临的挑战

1. 自然风险

北川由于地处山区和地震活跃带，一直是一个多灾多难的城市。旅游开发后更应当加强对各种可能发生的自然或人为因素造成的灾害的防范，包括地震、滑坡、泥石流、汛情及极端气候等，否则将会对旅游文化业的发展产生毁灭性的影响。只有北川的整体旅游产业得到快速发展，胜利村相应的配套产业才能从中获益。

对此，北川应当加强旅游危机管理，定期组织相关部门对灾害隐患进行全面调查，特别是对极端天气容易引起山体滑坡、泥石流等地区进行重点看护，拟订年度地质灾害防治方案和应急预案，尽量不要在灾害频发的地点建设旅游设施，同时在容易发生灾害的景区建立安全的撤离路径和场所，保障游客的生命安全。

2. 市场风险

市场风险是指旅游投入市场后的适应情况。在上述北川的旅游开发规划中，包括胜利村目前在规划中所做的投资，从投入到产出都有一段较长的时间差。而目前对旅游市场的分析并不一定能适应未来的市场状况和旅游者的心态变化等。例如，未来旅游者对地震遗址关注度下降，羌文化开发不成功或者邻县强势竞争者等，这些都会对该投资的市场前景造成影响。

六、结论与思考

地震过去了，胜利村的灾后重建将是一个相对漫长的过程，需要各方的参与和支持，需要持续的投入。传统的一次性慈善并不能帮助胜利村从贫困中走出，推动产业重建或者新的产业发展，才是一个真正创收的途径。

胜利村的重建具有特殊性，完全失去耕地，全部纳入城镇建设等特点使其成为我国城市化进程中小城镇建设的一个典型案例。由此可见，加快农村转化为城市的进程，可能成为将来贫困村进行灾后重建的一个新思路。整村推进和移民扶贫是我国扶贫开发实践中摸索出来的两个成功经验，而加快小城镇的建设则是我国城市化的必经之路。探索贫困村灾后恢复重建与城镇，尤其是小城镇灾后恢复重建相结合的机制，是将扶贫开发的成功经验和国家发展的大趋势相结合的新尝试。这种模式使得大量山区的贫困人口走出恶劣的、不适合生产生活的自然环境中，进入城市，抛弃传统的种植业、养殖业来从事第二或者第三产业，实现跳跃性的发展。但在这个模式的发展中，通过新的产业发展去解决那些失去耕地的农民的就业问题将会成为关键。胜利村利用当地优势，顺应旅游文化产业的规划，大力发展旅游接待业、羌绣、山核桃工艺加工业，成为该村灾后重建中的一个亮点，具有一定的推广意义。

灾后重建与扶贫开发
相结合的案例报告

——以四川绵竹市土门镇民乐村为例

导　言

　　研究目的：本文属于个案研究，以四川省绵竹市土门镇民乐村为例，力求总结民乐村防灾减灾、灾后重建与扶贫开发相结合的经验，为探索减灾与扶贫相结合的模式提供某一方面的参考。

　　研究方法：本文采用观察法、文献法和访谈法。观察法主要采用参与观察法，比如参与本村合作社的各种活动，包括合作社项目活动、公司董事会、合作社理事会等；利用文献法收集民乐村和合作社的有关资料；访谈对象包括本村村干部、农户（贫困户、富裕户）、基金会的工作人员、合作社的相关人员。基于需要采用录音笔，照相机等工具收集资料。

一、灾前发展形势

（一）村庄位置和自然条件（地形地貌、资源、气候）

1. 村庄位置

在行政区划位置上，民乐村位于土门镇东北部，东北靠西南镇，北面及西北面是遵道镇，处于行政区划的三角地带，行政区划位置相对其他村来说比较边远。在地理位置上，从民乐村到土门、遵道集市分别是有 20 分钟和 15 分钟的摩托车车程，但道路不好走，村到镇道路为土路，进村道路多为土路路面，村内主干道多为未硬化的路面，只有南边的路可通卡车，其余只能走摩托车。去镇上或者是去别处干活，男人们一般都是骑摩托车。妇女们去镇上赶集一般都坐三轮车，或者走二十多分钟赶公交车。与镇里其他村庄相比，民乐村算是很封闭的。

2. 气候

民乐村年平均气温为 21.00 ℃，年降水量 1235.40 毫米，适合种植水稻、玉米、花生等农作物。灌溉需靠从民乐水库提灌，但排水不好，易受涝灾。民乐村一般农时（按公历）安排如下：3 月底播种、育秧；4、5 月小麦、油菜收获；6 月插秧、种玉米；7、8 月水稻田间管理；9 月水稻、玉米收获；10 月栽油菜、小麦；11、12 月秋冬田间管理；1、2 月农闲、过年。民乐村的气候使得菜地一年四季都可收获时鲜蔬菜。

3. 自然资源

民乐村海拔 1 095.00 米，地势比较平坦，幅员面积 2 200 亩，耕地面积 1 920 亩（其中水田 1 885 亩，旱田 35 亩），人均 1 亩地，每户一分四的自留地。

4. 公共服务资源

村内无学校、图书室等设施，孩子们到邓林村念小学，到土门镇念初中，初中生一般都住校，村里每队一般有 1～3 名大学生，六队有一人在清华念博士。村两委的办公用房已成危房，需重建。村里有小诊所、家电、摩托修理铺、碾米铺，村民一般在村诊所买药，在镇卫生院看病。经济情况好一些的家庭一般都买了养老保险。村民统一按照国家政策，都享受到了农村合作医疗。在三、五队交界处有"村文化活动中心"和"公共信息服务中心"，村民在这家打麻将、厂牌的较多。这里亦代理中国移动代充话费的业务。村内有一个老年活动中心，主要作用是组织村里的老年妇女学佛，成员估计有 70 人以上，其中男性学员有 4～5 人。中心每 5 天活动一次。村里每个队有小卖部和麻将点，小卖部为大家提供基本生活用品，麻将点为年轻人提供休闲娱乐场所。

（二）村庄产业构成和居民收入

民乐村的产业构成主要是第一产业和第三产业。地震以前村里的主要收入就是第一产业：种植业、养殖业。村里的主要农作物有水稻、小麦、油菜、玉米、红苕、土豆、各类蔬菜。该村小麦亩产 600～700 斤左右，水稻 1 000～1 200 斤。每家平均可收粮食 6 000～8 000 斤。多余的粮食一般用来喂猪、鹅等。部分农户将自家地租给外来公司种植经济作物银柳，合计面积 230 余亩。出租收入每亩每年 300 元，租期三年。牲畜及家禽有生猪、肉牛、鹅、鸡。前些年一般每户猪出栏 7～8 头，其中有 1～2 头过年自家用。现因瘟疫及地震影响，各队家里有存猪的农户很少。地震后很多农户现在都没有盖后房养猪。另外，村里还有几个商店、诊所、麻将点（挣茶水钱）属于村里的第三产业。和很多农村一样，民乐村的种植业、养殖业依然是每家每户各种各的，各养各的，没有形成规模效益。

2007 年，全村农民人均收入 4 200 元（土门镇统计数字，村支书报的数字为 3 000 元），农民主要收入来源为种殖业（占收入的 30%）、养殖业和外出务工（占收入的 70%）。养殖业以猪、鸭为主，近几年由于疫病肆虐，几无收入。外出务工人员达 400～500 人，绝大多数在绵竹市区及周围乡镇酒厂、建筑队等从事简单体力工作或服务行业，平均工资 800～1 000 元。从大中专毕业的掌握机床操作的年轻人的收入为 2 000～3 000 元。村里有 50～60 人在外省打工。地震之前，本地杂工的工资为 20～30 元/天，地震后为 50～60 元/天。村内无厂矿和任何形式的工业。每队基本上有一两人从事钢材、木料、建筑、饲料生意，家底好一点的也有上百万元。每个队都有一家小卖部，一般卖烟、酒、饮料、小零食、毛巾、牙膏、洗衣粉等日用品。家境好的一般都是有一两个家人在外面打工，单纯靠种植、养殖挣钱的农户家里一般都不富裕。

（三）灾害前村庄组织概况

村两委组织：村干部主要构成如下：书记陈大才，主任王远会（女），会计曹时云，妇女主任江怀琼。一至七队各队长分别为：罗金华、曾维清、唐志明、胡友明、杨富云、焦顺富、叶贤洪。书记、主任、会计、妇女主任每月可从镇上支取300元补贴。队长每月100元。工资一般都在春节前统一发放。村里有党员28名，其中40岁以下党员5人，全部在外打工。但村里人对村两委的评价并不是很好，普遍反映村里的事都不知道，对村两委的信任度不是很高。

由村内能人连接的人员网络：地震以前本村出现过手工编织和刺绣手艺能人，也曾带动几户人家参与，但地震后这些带头人都出去打工，这两个网络也就散了。地震之前也有几家养猪的，有一户家里养了20多头，地震之后由于房屋倒塌全部卖了。还有一家养鸭，但不在本村养，在郊区租了地搞了个稍具规模的养鸭场，但他是自己养，没有和村里合伙。这个能人网络在本村发展不完善。

老年人组织：组织结构包括组长陈大千，副组长王远会，成员曹世云、江怀琼、罗兴华、唐治明，焦顺富、叶贤江、胡友朋。村里人反应平时该组织也没什么活动，会计曹世云坦诚地说这只是个摆设。

信仰团体组织：村内有一个老年活动中心，是一个60多岁的老人组织的，中心原用房已倒塌，现在原址用帆布、木料搭了暂时的活动场所。中心的主要作用是组织村老年妇女学佛。成员估计有70人以上，其中男性学员有4~5人，中心每5天活动一次。这个组织和老年人组织并不是同一个组织，但里面有些活动会交叉。

由此可见，本村的政治组织、社会组织发展比较完善，但地震前由村里能人自发组织的经济网络刚出现萌芽便被地震给挫败了。

二、灾害冲击

（一）灾害损失概况

民乐村在地震以前由于其村庄所处位置偏僻，交通不便，资源缺乏，导致村民收入来源单一，产业发展不起来，是典型的贫困村。"5·12"特大地震后更是雪上加霜，人力资源方面：伤亡人数很多，其中受伤 9 人、死亡 27 人（学生 4 人、劳动力 4 人、其他 19 人）。基础设施方面是村里发展的硬件服务设施，这些东西损坏直接影响村民的生计恢复。其中村道受损 2.2 公里，桥梁受损一座，地震后电力全部中断，变压器受损 7 台，农田水利设施全部受损，台沟 17 条，共 6 650 米，抽水设备损坏 10 台，受灾严重。农户房屋倒塌损失状况：倒塌房屋 2 217 间，面积 50 950 平方米，危房 155 间，面积 3 492 平方米，房屋倒塌率 93.2%，受灾人数 100%（见下表）；农户的家庭财产损失状况：村民的家电 1 227 台，家具 863 件，交通工具 689 辆，农用工具损失 195 台，牲畜 254 头，小家禽损失 17 548 只，还有损失的粮食等财产损失；耕地面积受损 100 余亩，全村直接经济损失估计达 3 000 万人民币。

房屋损失状况

项　目	单位	小计	房屋倒塌	严重损毁	一般损毁	无房户
户数	户	537	492	39	1	5
一般户	户	518	473	39	1	
低保户	户	8	8	0	0	
五保户	户	11	11	0	0	
人口	人	1 422	1 301	112	3	6
倒房间数	间	2 378	2 217	155	6	

（二）灾害对生产、生活及长远发展的影响

地震之后，民乐村的食品、药品、衣服等日常用品供应紧张，物价飞涨。村里小卖部以前两块钱的啤酒卖到四五块钱。市场上的建材价格也涨了

很多，有时候有钱也买不到材料。不过，从事建筑的工人工资比地震前高了许多，男杂工从震前的二三十元/天涨到五六十元/天，女的相应会低十多快钱。稍微懂点砌砖技术的男工一天能够挣上一百多元。地震后村里的水、路、电和水库、渠道等农田水利设施也都遭到了破坏，对当年的农业生产造成了很大的影响，村民没法种稻子，田里只是种了玉米。农作物无法种植直接降低了第二年的收入，也使得农户家可供喂养牲畜的饲料直接减少。另外，农户家的后房都塌了，牲畜和家禽没地方可养，影响了当地农户养殖业的恢复。民乐村农户用其过去多年的种植、养殖以及外出务工所得的积累下，修建了住房，购置了必要的生产和生活消费品，这些家产的添置对于村民来讲，短则需要五六年，长则需要十几年的时间才能积累起来的财富，地震一下子将其毁于一旦，对于村民来说，无论是心理上还是经济上都是很大的打击。基金会的统计结果显示：全村贫困户的数量从 79 户增加到 309 户，贫困发生率从 14.7% 上升到 57.5% 。现在对于大多农户来讲，后房没修，还要还贷款，没到考虑生计的那一步。民乐村四十岁以下的年轻人大都选择出去打工，四十岁以上的人留在村里想把副业再搞起来，但手头又没钱，当被问及对于家里以后的发展有什么打算的时候，大多农户还是选择打工，搞副业（养猪鸡鸭等），走一步算一步。

三、灾后重建

（一）规划

地震之后，中国扶贫基金会是最早进入民乐村的非政府组织，从政府房屋建设补贴的发放、其他 NGO 组织的进入到村里的重要灾后重建工作，都是由中国扶贫基金会组织实施的，连最初的民乐村发展规划的制订和实施也是由基金会组织完成的。基金会认为村庄的灾后重建以及可持续发展的主体是农民，必须在充分发挥农民的主人翁作用的基础上借助外来机构、政府、专家的力量才能顺利达到恢复重建和发展的目的。他们委托专家组通过参与式的方法了解村民对村庄发展的看法，并对民乐村制订了初步的发展规划，立足于将灾后生计系统的重建与扶贫的两大目标结合在一起。民乐村灾后可持续生计重建规划将计划在三年内实施，重建实施周期为 2008 年 11 月 ~ 2011 年 11 月。规划的目标是利用三年的时间在社区层面建立起可持续的生计支持系统，该支持系统将具体包括基础设施系统、公共服务供给系统和制度支持系统；利用三年时间在农户层面帮助农户建立起能抵御风险的生计资产系统；利用三年时间在农户层面培育出可持续和多样化的生计发展系统①。

（二）资金来源

民乐村的资金来源包括以下几个部分：地方政府补贴灾民房屋建设约 1 000 万资金（三口之家补贴 1.6 万；四口之家补贴 1.9 万，五口之家补贴 2.2 万）；特殊党费 60 万；江苏援建每户 5 000 元，总共约 442.8 万元；中国扶贫基金会投入救灾资金 500 万，其中 250 万用于建房补贴（重建户每户 1 200 元，加固户每户 1 000 元），其余 250 万用于民乐村的生计重建和乡村治理；每家贷款 2 万元，总共 510.36 万元；发改委给民乐村 60 万元用于道路建设；市政府农村工作办公室给民乐村约 60 万元用于打井。

（三）恢复重建项目

民乐村的恢复重建项目包括房屋、基础设施、公共服务设施、产业恢复项目。民乐村有 530 户需要重建，8 户需要加固。住房建设是一个很大的工程，包括资金发放、设计、施工等，处理不好不利于民心的稳定，也会耽误后面的生计恢复。基础设施建设包括道路、灌溉系统、电力设施的恢复与重建。公共服务设施项目包括民乐村活动中心和村两委合作社办公场所的重建。民乐村的产业恢复项目是基金会的工作重点，产业项目的基本做法是：在房屋建设工程完成的差不多的时候，民乐种养专业合作社也随之成立了，基金会把 260 万扶贫基金以股份的形式量化到户，每户都有股权证书，资金不分给大家，集中使用，交由当地村民成立农民合作社。资金分三部分使用，第一部分用于创办适合集约化、规模化、产业化经营的现代农业企业；第二部分用于支持农户及农户的联合体发展小项目；最后的资金用于和当地金融机构合作，给农户项目以小额贷款的方式予以支持。到目前为止，合作社主要有三个产业项目：一是总投资 160 万的四川民富现代农业有限公司，该公司解决了村内 60 多名妇女的就业问题，第一批产品也将在 2010 年年初

---

① 中国扶贫基金会《民乐村灾后可持续生计重建规划》2008 年 10 月。

上市。二是兔场项目兔场目前有 400 只兔子，经营还比较顺利，准备扩大规模，合作社投资 70 万，外来公司投资 30 万办养殖场，同时扶持、带动农户发展。三是鹅场项目，目前也正在积极筹划中。

（四）重建项目的组织与管理

1. 房屋建设方面

民乐村有 530 户住房属于重建，只有九户属于加固户，重建户采用统一选址、统一的房屋结构设计、统一的宅基地面积（每人 30 平方米的住房面积和 10 平方米的生产用房）进行重建。居住点的选择和住房结构的设计是由基金会和"震后造家"组织共同完成的，基金会组织当地测绘公司完成了对民乐村地形的详细测绘，并完成了 1∶500 地形图的绘制。"震后造家"负责民乐村的空间规划和户型设计，不同的设计师设计的房子很不相同，经过村民的筛选，北京超城建筑车飞老师设计的户型为大部分村民所接受，民乐村基本按照这个设计开始施工。在确定户型，完成招标后，准确而及时地把国家和基金会的补助资金发到建房农户手中。民乐村建房期间最初成立了村民房屋建设委员会，负责材料的购买，进度监督等，但在实际进程中作用不大。每个队里的施工队都是通过招标的形式进来的，本队有部分村民参与建筑，男工 100 人，女工 60 人，技工 120 人左右。在建房的过程中，来自美国的非营利性建筑工程机构 Build Change 在美慈提供的资金支持下，在民乐村义务开展工作，为村民房的重建提供质量监理，对农民和施工队提供技术培训，为部分农户提供针对特定需求的户型设计。期间，房屋建设资金也并不是一次性发给农户的，而是根据工程进度分批次发给他们，再由农户交给施工队，这样既防止农户把用来建房的钱挪作他用，也防止施工队在房屋质量上有意疏漏。

2. 基础设施方面

道路规划的原则主要是以方便大家出行为原则，连接队与队、村与镇之间的交通。道路建设是在房屋建设完之后开始的，为了避免道路被建筑垃圾压坏，由村里负责雇佣了一支施工队来组织修建的。村里的电力设施由供电局统一安排。村里的灌溉设施包括沟渠和井，沟渠由村里的人承包，井由每个队的队长找人打，每人每天的工资是 40 元 ~ 50 元，属于以工代赈。

3. 公共服务设施

本村需要重建的公共服务设施主要有活动中心、村两委办公室、民乐村村专业合作社办公室、沼气池、垃圾池。村里的活动中心、村两委办公室、民乐村村专业合作社办公室的设计是由"震后造家"负责设计。目前，活动中心由外面雇佣的施工队主持修建；村两委办公室和民乐村村专业合作社办公室还没有开始施工。民乐村沼气池不是每家每户都有，对于需要建沼气的农户，政府帮忙安排人，补助水泥、沙石。这部分补贴约有 1 000 元。

4. 产业恢复重建

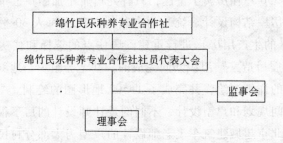

民乐种养专业本合作社的组织结构

上图是民乐种养专业本合作社的组织结构图。组织机构由社员大会、社员代表大会、理事会、监事会构成。社员大会由全体社员组成，是本合作社的最高权力机构。在本合作社社员中，1、2、3 组各选举产生 3 名社员代表，4、5、6、7 组各选举产生 4 名社员代表，村党支部书记、村委会主任自然成为社员代表，中国扶贫基金会派出 1 名代表，共计 28 名社员代表共同组成社员代表大会。社员代表大会履行社员大会职权。社员大会选举产生的社员代表任期 3 年，可以连选连任，但连任不得超过两届。理事会和监事会应在召开社员代表大会时选举产生。理事会成员应尽量在各村民小组中保持均衡，确保各组的利益平衡。理事会成员中应严格控制在任的村两委及村民小组的干部数量。理事长和监事长分别从理事会、监事会中选举产生，在任村两委领导不宜出任理事长，可视情况出任监事长。合作社成立后，就要选择产业项目，农业产业项目的选择遵循"面向社会、广选项目"的原则，通过新闻媒体等渠道，发布项目征集及人员招聘信息，进而考察投标项目，组织项目评审及项目负责人面试会，最终对拟定发展的规模化产业项目再进行论证后，方可确定并发展该项目①。

---

① 《绵竹市民乐种养专业合作社章程》2009 年 5 月 8 日。

这些项目的主要操作模式如下：合作社是项目的主要投资方，占80%～90%的股份，项目经理人及合作方占剩余股份并以现金入股。合作社理事长任项目公司的董事长。项目经理人选择外聘或者是任用本村有能力的人，负责经营及管理工作。每个项目由合作社选派一人配合外来经理协助其开展工作。合作社成立采购和销售小组，并派会计和出纳直接监管各项目企业的财会工作。项目经营团队按照经营情况按比例提取利润分红。各项目经理可根据实际情况确定是否注册成立公司。

合作社的管理靠制度，由全体成员或代表通过本合作社的章程是其最高制度。合作社依照本社实际，设置完备、规范，且具有操作性的财会制度、审批制度以及现金管理制度。此外，合作社的出纳和会计人员由合作社聘任，并且定期召开理事会，讨论通过合作社的重大决策。根据项目操作实际，合作社理事会要进行适度分工，保证权责明确，以便顺利而有效地开展工作。

四、防灾减灾/灾后重建与扶贫开发
相结合取得的成绩

民乐村防灾减灾、灾后重建与扶贫开发结合的最好的就是在建房和产业发展方面，在这两个方面不论是村庄村貌还是农户能力和村庄组织方面都有提高。

（一）房屋建设方面

在房屋建设过程中，Build Change 对农户有一定的培训，包括合同签订的要点，每个施工步骤的详细施工方法，注意事项和专业技能的培训。告诉农户合同怎样签，什么样的房屋是抗震的，各种屋顶设计的优缺点，怎样的地圈梁抗震，墙体怎样才能牢固等等一系列问题，并在建房的过程中和农户一起对施工过程进行质量监督。这样的一个过程使得农户即使在 Build Change 离开之后，也可以了解更多关于房屋抗震的知识，学会修建房屋的方法。另外，以前农户盖房和施工队没有签订过合同，就算房屋质量有问题，也没有办法挽回自己的损失，通过合同签订的培训，他们掌握了一种规避风险，维护自己利益的方式。在建房过程中，村里临时组建的村民房屋建设委员会的建立，说明农民合作的萌芽出现了。我们相信，这样一个组织在和施工队谈判的过程中会比农户单独和施工队讨价还价有利得多。

（二）产业发展方面

扶贫基金会捐款成立民乐种养专业合作社给民乐村提供了发展经济的平台。通过这个平台，村里有养殖种植经验，又有资金的几家或十几家农户可以联合起来与合作社合作，也就是在民乐种养专业合作社下面发展一个小型的合作社，在这个小型合作社里面，农户可以交流种植养殖经验，学习更好的技术。另外，合作社、基金会和外来经理人共同投资组建了四川绵竹民乐菌业有限责任公司，由于蘑菇场刚刚组建，还吸收不了更多的民乐村剩余劳动力，它所雇佣的工人基本是村里出租给公司土地的农户，这部分农户在蘑菇场打工，女工每天 25 元，男工每天 45 元，每年有 300 元钱的土地租金，另外还有合作社分红。同时，也可以在其中学习种植蘑菇的技术，了解企业的运转等知识。合作社本来还想做小额贷款，扶持农户发展经济，但目前大部分村民想把搞产业的钱分到个人的想法，故为了保障资金的安全，这个方案在民乐村还没有实施。村里的很多人可能没有机会参与到蘑菇场里，只是享受在年底分红，对于这部分人需要做好沟通工作，使他们认识到现在只是起步阶段，等将来合作社和企业运转好了以后，村里的经济条件、设施状况也就会改变，他们同样可以享受到经济发展带来的成果。在村庄组织方面，地震之前，村里没有正式的经济组织，合作社的成立填补了这一空白。随着合作社的发展，民乐村的村两委、老年中心等组织的发展也会越来越有活力。

五、防灾减灾/灾后重建与扶贫开发相结合面临的挑战

（一）农户合作难问题

民乐村在灾后重建与扶贫开发相结合的过程中面临的挑战就是农户合作难的问题，这个问题表现在农户之间的合作和农户对民乐种养专业合作社的

态度上。

1. 农户之间的合作

地震前民乐村几乎每家每户都养猪、养鸭、养鹅，虽然赚不了多少钱，但看到别人养他们也养，所养的牲畜和家禽都用来自己消费。当问及想没想过和别人合伙搞养殖时，大部分人觉得不符合实际，还是自己养比较放心，农户联合容易产生矛盾。民乐村也有一户在绵竹市郊区租了一块场地建了个养鹅场，他的鹅场是雇人经营的。当被问及有没有想过联合其他农户时，他说："几家农户联合不好操作，如果赔了，责任不好分配，容易产生矛盾，自己管理的话，赔赚都是自己的，也没什么怨言"。另外，还有几家养兔子的，他们的回答也是如此。有几户人家想联合起来搞个养牛场，欲向合作社贷款，但部分村民觉的他们是想通过这种途径要回股金，他们的依据是这几户想养牛的家里都不缺钱。农户合作难的问题是目前中国农村普遍存在的问题，缺乏合作使得农户在面临市场风险和瘟疫、虫害等灾害时处于不利的地位。

2. 村民对合作社的态度

由于基金会捐助民乐村搞生计是在大家忙于建房的资金短缺的时候，所以大部分农户都很反对合作社的成立。他们觉的这些钱是基金会捐给大家的，不应该让某些人拿着大家的钱去冒风险，应该把钱直接分给大家，理由如下：a. 现在建房大家都缺钱，你们却要把钱捏着；b. 集体的事没有成功的，从以前的大锅饭到前几年村里办的鸡场；c. 钱自己会跑，搞项目只会喂肥少数人；d. 两三年后，所有的项目肯定会垮台，到时候村民只是背个被捐助的名声，基金会却可以安然逃脱。

（二）合作社理事会存在的问题

民乐村合作社是由基金会捐钱成立的，与村里的能人自发组织的合作社不同，自发组织的合作社理事会的成员参与合作社项目的管理与运转，工作会比较积极，但民乐村合作社里面的理事会成员对合作社的项目并不积极，表现在理事会开会的时候到会人数不够、迟到，或者是到会却不发言，对项目的运转参与性不高。举个例子来说，兔子场卖兔子时要求理事会、村两委的人都参加，但给九个理事打电话要他们来，有三个说要开会，一个要下地干活，一个怎么也不愿来，还有两个要上班，最后就剩基金会的代表，和另外一个理事来参加。理事会成员对合作社的事务积极性不高的可能有以下几个原因：a. 理事会成员在合作社运转初步阶段没有工资，积极性不高。b. 和大多数村民一样，对合作社尤其是下面的企业项目的信心不大。c. 理事会成员有自己的事，也得打工种地，没时间。另外，就是合作社与下面项目公司的关系问题，合作社对公司要进行监督，提供发展方面的意见，但不能过多地参与到企业的运转与管理当中。

六、结论和思考

在目前的中国农村是在工业化过程之外的，原因就在于大量的农村劳动力和人口没有从农村转移出去，只能进行小规模的经营，而小规模的经营无法实现农业的产业化①。独户家庭生产方式往往是零散的、小规模的，处在产业链的最底端，农业产业无法实现规模化、组织化经营，也很难应对市场风险，因此就有必要进行资金、资源、人员的整合，建立农村合作社，以法人的身份与市场上的其他法人相竞争。民乐村村民基于目前的生活困难和以前的合作经验，不愿合作，使得本村的合作社一开始得不到村民的支持。但是，由于农民的生产生活环境、知识、性格、经济、态度等因素，自我发展能力普遍不足，因此，就有必要选择本村和外村能人与合作社共同投资建立一个经营权和所有权相分离的现代化企业，以公司的形式经营，使得合作社能持续运转下去。基金会选择这种模式的优点在于：一方面，合作社下面的公司连接了市场和农户，抓住了农户因能力不足而错失了的发展产业的机会，也减少了单独农户经营所面对的市场风险。另一方面，合作社下的企业不同于一般企业，一般的企业只重视效率，没有考虑到公平问题，不会照顾到企业以外的人。合作社控股下的企业既可以保障企业的独立运转，又可以保障其成果惠及到本村的贫困人口。民乐村合作社的运转刚刚起步，我们有必要对其存在的问题进行思考，比如合作社与项目公司的关系处理问题、现代化制度与农村文化环境相适应的问题、合作社项目人才引进的问题等都需要我们予以关注。

---

① 孙立平：《断裂20世纪90年代以来的中国社会》，社会科学出版社2003年版。

案例三

社区参与下的贫困村灾后恢复重建与扶贫开发相结合

——南江县九泉村的案例

导　言

　　研究目的：通过对南江县元谭乡九泉村的深入调研，展示九泉村灾后恢复重建与扶贫开发相结合所取得的成绩，并总结该村在灾后恢复重建和扶贫开发相结合过程中所存在的问题以及教训，进而分析九泉村灾后重建与扶贫开发相结合所取得的成绩背后具有普遍意义的做法和产生问题的深层原因，以期从九泉村恢复重建与扶贫开发相结合的个案中提炼出可以为其他灾区贫困村所借鉴的机制和模式，同时也为后续灾区贫困村恢复重建与扶贫开发相结合提供理论和实践上的指导和依据。

研究方法：

1. 文献法

通过收集县、乡、村的各种报表，总结，规划书等现有文字材料，了解九泉村灾前与灾后的基本状况，以及恢复重建与扶贫开发相结合的项目是如何开展、如何实施，和实施过程中的困难等情况。

2. 访谈法

采用随机抽样和立意抽样相结合的方法选取访谈对象，主要操作方法是按照九泉村六个村民小组的划分方式，首先在每个小组中选取村干部、贫困户、富裕户以及其他有代表性的人物（如养殖大户）进行访谈，然后再在各小组随机抽取几户进行访谈。通过访谈，了解村中各个群体对灾后重建与扶贫开发相结合对他们的生产、生活改变状况的认识和态度以及后续脱贫致富有什么需求和困难。

一、灾前发展形势

（一）村庄位置和自然条件

九泉村位于南江县西南部，距县城 70 公里，距巴中市 23 公里，距元潭乡政府 8 公里。九泉村地处元潭乡的西北部，属典型的山区村，最高海拔 1 150 米，最低海拔 700 米，气候温和，四季分明，雨量充沛，年平均气温 16℃，年平均降雨量 1 238 毫米。

村内基础设施薄弱，村级公路 9 公里，通社泥碎石道路 11.2 公里，入户路 3 公里，晴通雨阻，等级低。现有山坪塘 14 口，灌溉渠道 11.5 公里，有效灌面 435 亩，仅占耕地面积的 27%。人工井 120 口，人饮管道 25 公里，仅能满足 469 人的饮水需求，稍遇天旱，人畜饮水十分困难。

（二）灾害前产业与收入状况

九泉村农作物播种面积为 2 561 亩。粮食作物有水稻 650 亩、玉米 380

亩、小麦 350 亩，其他 440 亩，共计 1 820 亩，粮食总产量为 660 吨，人均粮食为 560 公斤；经济作物为 741 亩，其中茶树 100 亩、水果 50 亩、蔬菜 235 亩、烟叶 6 亩，其他 350 亩；在养殖业方面，养猪 950 头、牛 260 头、羊 450 只，其他家禽 1 800 只。

（三）灾害前村庄组织概况

全村辖 6 个村民小组，共 314 户，1 177 人。外出务工 305 人，留守老人 129 人，留守儿童 68 人，劳动力 509 个，其中，贫困户 69 户，共 218 人，低保户 27 户，共 98 人。2007 年农民人均纯收入 2 226 元。全村有耕地 874.3 亩，其中田 700 亩、地 174.3 亩。该村是 2001 年实施的扶贫重点村。

二、灾害冲击

（一）灾害损失概况

1. 农房严重毁损

全村共有 11 户农户的 63 间房屋倒塌，16 户农户的 86 间房屋严重毁损，146 户的 730 间房屋中度受损，130 户农户的 650 间房屋轻微受损，240 间畜禽圈舍损毁。

2. 校舍毁损

村小学地基变形，75% 的瓦掉落，墙体多处裂缝，成为危房。

3. 基础设施损毁严重

损毁社道路 3.7 公里；损毁灌溉渠道 3 公里、山坪塘 2 口，减少有效灌溉面积 201 亩；损毁人工井 40 口、人饮管道 7 公里，导致 84 户的 345 人饮水困难；损毁 1 公里高压线路和 1 台变压器。

（二）灾害对生产生活及长远发展的影响

房屋倒塌和损毁造成部分村民无处可居，而那些住在危房中的村民时刻面临着房屋倒塌的可能，这对村民的生命安全构成极大威胁。同时，房屋和圈舍的损毁也对本来就贫穷的村庄造成很大的经济损失；校舍地基变形损坏影响对学生的教育教学进程并威胁着学生的生命；社道损坏造成村民出行难，交通运输不便，农产品生产出来但运不出去或增加了运输成本；灌溉渠道、山平塘、人工井、人饮管道以及高压线等的损坏造成村民灌溉困难、饮水难、用电难。这些都严重影响了居民的正常生产与生活。

三、灾后恢复重建

（一）与香港乐施会合作进行灾后恢复重建规划

2008 年 10 月，九泉村被确定为国务院扶贫办第二批 20 个贫困村灾后重建试点村之一，香港乐施会做为九泉村的资助方之一成立了规划小组，参与了九泉村的灾后恢复重建规划并对规划进行指导。规划主要是运用参与式方法进行，以典型贫困村灾后恢复重建规划为基础，由点到面进行规划。此次规划坚持灾后重建与整村推进扶贫开发相结合、物质资本恢复与人力资源开发相结合，注重生态环境改善，创新扶贫开发机制，引进社区主导理念，实现可持续发展理念。灾后恢复重建规划的实施分六个步骤。

1. 开展调查

2008 年 10 月 29 日，规划组成员奔赴南江县元潭乡九泉村，开展了农户灾情调查，绘制了相关图表，完成了基本情况调查。一是开展农户灾情调查。通过逐户排查统计，完成了九泉村农户受灾情况调查表，在此基础上进行汇总，形成"九泉村灾情调查表"。二是开展基本情况调查。通过走访该村德高望重的村民代表，召开村社干部、党员、妇女代表等座谈会，调查该村农户信息、基础设施、电力通讯、土地资源、公共服务等基本情况，完成了九泉村"5·12"地震基本情况调查表。三是绘制相关图表。在实地勘测该村地形、地貌的基础上，与村民一道绘制了九泉村平面图、九泉村灾后重建规划图、九泉村剖面图，与有经验的农民一道编制了九泉村农事季节历。

2. 召开农户大会

九泉村农户大多忙于灾后重建中，经规划组与乡、村干部研究，决定控制参会人员规模，参加人员有村社干部、党员代表、教师、农户代表和妇女代表共 85 人。大会采用参与式方法讨论灾后存在的困难和问题，分析农户项目意愿和灾后重建需求。一是规划组以大字报的形式将该村受灾情况、基本情况、平面图、剖面图、农事季节历向参会的村民进行逐一介绍，让村民讨论和识别，提出修改意见。二是由村民提出存在的主要困难和问题。分析地震灾害给本村造成的损失和当前存在的困难，提出了制约社区生存与发展的 10 个主要问题，由参会村民进行选择排序（本次参加会议的人员共 85 人，其中男 58 人、女 27 人），排序结果如下：人畜饮水困难、缺灌溉用水、通行难、缺恢复重建资金、无骨干产业、缺乏实用技术等问题是该村当前的主要困难。三是疏理九泉村村民项目意愿清单，由参会的 58 名男性村民和 27 名女性村民分别对村民项目意愿进行了排序，排序结果如下：村社道路（包括入户路）、饮水、恢复用电、水利设施、上学难等。这些是村民们面临的主要困难和问题。

3. 项目意愿的修改

2008 年 10 月 30 日上午，规划组与南江县扶贫办全体成员就该村村民提出的项目意愿清单进行讨论，对农户提出的项目意愿进行逐一分析，包括项目技术标准、投资单价、技术可行性和市场可行性，并充分考虑整合效应，对农户项目意愿、合理项目予以保留，将受资金、环保或行业等因素限制的项目予以剔除，从而形成了项目框架。

4. 反馈项目框架

2008 年 10 月 30 日下午，规划组将形成的项目框架向九泉村支部、村委反馈，再次征求村干部和村民的意见，并与他们一道对项目内容、技术标准、单价及项目实施地点和管理办法进行了讨论。在规划组和村支部、村委意见一致的情况下，形成了《九泉村灾后重建规划初步方案》。

5. 编制村级规划

2008 年 10 月 31 日至 11 月 4 日，规划组根据《四川省贫困村灾害重建村级规划试点工作方案》和南江县扶贫办等有关业务部门讨论的技术标准和单位投资概算、资金额度与性质、村级发展的具体内容与先后顺序及发展目标，结合九泉村的项目框架编制了《南江县元潭乡九泉村村级规划》。

6. 项目实施方案

根据农户贫困问题分析和项目意愿排序，以及与相关部门座谈形成了项目实施方案，确定了以下项目：恢复 3.7 公里社道公路、1.8 公里文明路；恢复人工井 40 口、供水管道 6.14 公里；整治山坪塘 2 口，修复石河堰 3 公里；恢复高压线路 1.16 公里、变压器 1 台。农业实用技术培训 800 人次，劳动力转移培训 10 人次；重建社道路 2.5 公里、入户路 2 公里；铺设人饮管道 1 公里；建沼气池 150 口、垃圾池 120 处；补助贫困户生产启动资金 21 人、一般户生产启动资金 85 人；新植茶叶 500 亩，养殖生猪 420 头。

（二）资金来源

项目资金来源有香港乐施会 100 万元、国内配套资金 50 万元、部门资金为 35.6 万元、农户投入 194.4 万元，合计 380 万元。

（三）恢复重建工作的组织与管理

1. 管理团队的构成

项目管理团队主要由县项目工作组、乡项目工作组、村项目工作组构成。

县、乡项目工作组，主要从以下几个方面对项目进行管理：（1）在项目的设计、预算、实施监督各个环节向当地村民赋权，让村民充分参与讨论、监督、管理。（2）聘请水务局技术人员对五、六社人饮工程，交通局技术员对文明路分别进行测量设计，进行技术指导、培训、质量监督，解决工程中遇到的技术难题，保证工程质量。（3）监督检查安全工作。（4）指导并监督村民用好资金。（5）如有纠纷，负责土地、山林调处工作。（6）项目工程的监督、管理、验收。由此可见，县、乡项目工作组着眼于实施项目宏观上的指导和监管。

村项目工作组全体成员是通过召开村民代表大会由村民民主选举产生的。组长由村支书、村主任刘从银担任。村项目工作组由施工管理小组、项目监督小组、项目物资采购小组、物资保管小组、资金管理小组构成。村项目工作组主要从以下几个方面进行管理：（1）负责召集村民会议，讨论确定投工、投劳任务，讨论施工物资的购买和保管办法，讨论项目资金的监督办法，制订后续管理办法，投工投劳时要关注减少弱势人口的负担。（2）有劳动能力的村民有责任参与工程施工，对其进行质量监督，并服从技术人员技术指导。（3）强化管理，妥善保管各类施工物资。（4）负责安全施工。（5）负责组织施工所需的水、电、机械设备等。由此可见，村项目工作组的工作注重动员村民参与项目的实施，以及实施过程的具体事宜，如质量监督、安全施工、施工设备的管理等。

2. 工作方法

参与式方法贯穿于项目从决策到实施的整个过程之中，在具体实施方法上以村民自建方式实施，并且有严格的项目实施保障措施和档案管理制度。

（1）采取参与式方法。通过召开村民代表大会让村民自主决策建设什么项目、采取什么建设方式、民主选举项目小组管理人员、确定投工投劳方案等，这样能够保证村民积极参与到项目建设的整个过程当中，有利于村民社区归属感的培育。

（2）采取村民自建方式实施。根据村民意愿，并考虑到项目资金额度，工程中除购水泥、沙、石子等材料费和聘请技工工资、设备费、设计费、管理费由项目资金解决外，其他全部由村民投工投劳解决。

（3）严格保障措施。为保证项目建设，由村民民主选举5个工程建设工作小组。施工组具体负责按设计进行施工和技术指导，保证按时完工；物资采购组具体负责按时间进度采购水泥、沙、石等建筑材料；物资保管组具体负责采购物资的进出库登记，妥善保管所有采购回的物资；资金管理组具体负责管理项目资金，保证资金使用效益并及时向村民公布项目收支情况；监督组具体负责监督工程建设进度和质量，投工投劳情况，建筑材料质量、价格、数量，资金使用情况等。

（4）注重痕迹（档案）管理。项目实施中，财务信息、文件、报销凭据、照片等均归档整理，建立项目档案，保证了项目的决策、实施、资金使用等操作的公开透明和有据可查。

3. 项目实施措施以及工作流程

在项目实施前，村主任刘从银召开了村民代表大会，经过民主选举，选出项目管理小组成员。项目管理小组主要负责项目的各项管理工作，同时还研究确定了文明路的初步走向，然后聘请水利和交通部门技术员进行实地测量设计，提出可行的施工意见书。由于项目施工采取村民自建的方式进行，在项目实施前项目管理组还请技术人员对村民进行技术培训与安全施工培训，并再次召开村民会议讨论确定项目投工投劳任务分配方案和资金、物资管理方案及土地、林木调处方案。分子项目成立施工管理小组、资金管理小组、物资采购小组、物资保管小组、监督小组。在项目施工管理方面，村民按确定的方案进行施工，交通局和水务局到现场进行技术指导和工程质量监督，确保项目建设符合技术要求，质量合格，同时督促村民遵守安全规程，杜绝和预防安全事故的发生，要求村民全程参与项目的建设工作。在资金、物资管理方面，县扶贫办根据项目工程进度需要拨付资金，物资采购由项目物资采购小组3人以上一起采购，县扶贫办派人监督。采购回来的物资由村上安排人员管理，做好入库、出库登记，当天采购的物资于当天或第二天向村民公布采购数量、价格和开支情况，并向村民公布物资入库、出库，及出库后的使用情况，做到账目清楚、账物相符。待项目竣工后，所有的农户代表一起对财务进行审查，公布整个项目的财务收支情况。制定好后续养护、管理公约。

项目管理及实施流程如下图所示：

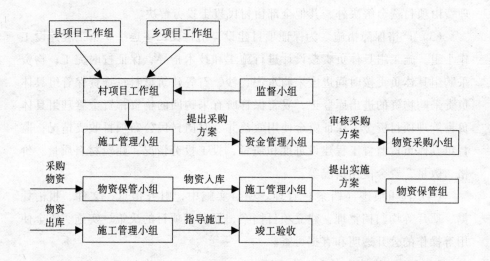

4. 资金管理制度

项目采取报账制管理，资金由县扶贫办根据项目进度拨付到村项目工作组。到位资金由村项目工作组具体管理，专款专用。每批资金使用完毕后，带上所有正规票据到县扶贫办审核报账。采购物资商品，必须有正规发票，并有村项目工作组组长、物资采购组组长、监督组组长签字，并附询价记录。采购物资一般要由三个人以上进行，采购情况于当日口头或定期向村民公布。暂时未使用的项目资金要存入银行，会计掌握存折，出纳掌握存折密码。领款由2人以上共同参与，出纳付款1 000元以下现金支付，1 000元以上转账支付或实行县级直接支付制，出纳库存现金不超过1 000元。除了采购物资商品为当日向村民口头公布外，每个礼拜要张榜公开一次账目。资金公开内容包括收入、开支、经费用途等情况。项目资金摆放在南江县老区建设促进会账户上，本项目单独建账，会计、出纳每个礼拜核账一次。

四、防灾减灾/灾后重建与扶贫开发相结合所取得的成绩

（一）防灾减灾项目和工程

1. 修路项目

九泉村新建社道公路选址在五、六社之间，因为五、六社的村民住在山上，所以在修建公路的过程中，首先考虑到的是公路的修建是否对周围生态环境有所破坏。公路沿线尽量多穿过一些农户，少破坏一些植被，并且沿公路都建有排水沟能够及时排水，以免对山体和公路造成损坏，引发山洪和泥石流，同时也注重公路沿线的植被保护。

2. 房屋改建项目

在九泉村实施的"三建四改"项目中包括改房和建沼气池两项。改房不但使房屋建得漂亮，而且比以前更加坚固。建沼气池一方面满足村民日常生活需要，另一方面也在一定程度上减少了农户烧柴的数量，从而降低了树木的砍伐程度，保护了植被。

（二）项目产生的社会效益

通过恢复重建项目的建设实施，一是解决了五、六社群众饮水困难的问题；二是解决了学生出行和群众运输生活生产资料的难题；三是解决了学生缺乏课外活动场地的问题；四是解决了张家湾至杨家河、九股水至余家坎路段群众出行难的问题，同时加快了灾后重建步伐。人畜饮水问题的解决，有利于加快人民生活质量进一步提高的步伐。通过对文明路的建设，从而推动村域经济的全面发展。村小学操场的硬化，将有力推动村教育事业的全面进步。建设中尽可能避免对环境破坏和耕地山林的占用，确保生态环境，促进人与自然、建设与环境的和谐统一。

（三）农户社区归属感增强和参与社区建设的能力得到提升

1. 参与式规划有利于社区归属感的增强

地震发生对九泉村村民的影响很大，重建家园的决心使他们紧紧地凝聚在一起。村支书刘从银在震后多方奔走，争取资金并组织村民进行灾后恢复重建工作。通过竞争，九泉村争取到乐施会的 100 万元资金和政府相关资金，同时，乐施会也将参与式方法运用到社区恢复重建的规划之中。通过入户调查、召开村民代表大会，让村民提出村庄建设需要和自身发展需要，并对其意愿进行排序。然后，规划组根据项目的可行性向村民反馈实施项目建议，再次与村民讨论并最终确定实施项目。这样可以让村民自始至终都参与项目的规划，让村民知道实施什么项目、为什么实施这些项目。从而提高了村民参与社区建设的积极性和能力，进一步增强了村民的社区归属感和认同感。

2. 农户自建并投工投劳提高了农户参与社区建设的能力

因为九泉村的修路项目和房屋修建项目预算耗资超出了乐施会和政府部门的资金投入，所以九泉村召开村民代表大会与村民协商由农户投入部分资金和人力进行修路和房屋改建。由于农户全程参与了修路和房屋改建的过程，这使得他们更加认同道路是自己的，更愿意全力投入到道路建设当中，同时对政府和乐施会的资金投入更加感恩。

3. 项目接受农户监督

定期向村民公布项目的实施进度和资金使用状况，使村民对项目的进度和资金使用情况有所了解。如果村民对项目资金使用状况有不清楚的地方，可以查阅项目档案，这样就提高了项目实施和资金使用的透明度，赢得了村民对项目工作组的信任和支持，从而也提高了村民参与社区建设的能力。

（四）具备市场前景和可持续性的产业发展

九泉村的产业发展大体分为返乡农民工创办的产业、传统农村家庭养殖业、集体产业。

1. 返乡农民工创办的产业

通过调查我们发现，九泉村有 305 人外出务工，以青壮年为主，而这部分人中有很大一部分认为在外面打工不是长久之计，主要是趁年轻在外面挣些钱以供家用。当这些外出务工人员返乡之后，他们大多数愿意自己搞一些产业。他们主要以个体经营的小型养殖场为主，运用科学的养殖方法，圈舍材料、饮料、设备等均从市场上购买，不雇佣工人，自己进行管理，生产出的产品以市场为导向，以赚取最大利润为目的。

2. 传统农村家庭养殖业

九泉村几乎家家户户都或多或少饲养一些牲畜，如土鸡、鸭、猪、牛、黄羊等。喂养这些牲畜的饲料主要是地里生产出来的粮食、猪草等。一般农户早晨六点左右就起床做饲料，天天如此，从事这项工作的主要是农家妇女。这种传统养殖方式养殖出来的鸡、鸭、猪等牲畜，生长较慢，部分用来自家使用，有剩余的话就卖到市场上。这种家庭养殖业并不是真正的以市场为导向进行经营。

3. 集体产业

这里所讲的集体产业主要是指村支书刘从银经营的 100 亩山茶。这 100 亩山茶田是集体的土地，由刘从银承包。在采茶的时节，村民去山上采茶，刘从银付给他们手工费。这个茶田主要生产出生茶，刘从银将生茶卖到附近的茶厂。在年底时，刘从银再按每户在茶田的土地数量为每户分红（一般是茶叶再加几十元钱）。近几年由于茶树品种老化，刘从银正在山下培育一些新品种以待更新。由于茶叶加工厂需要较多资金，所以这个茶田主要出售生茶，利润每年在 3 万元左右。

五、防灾减灾/灾后重建与扶贫开发相结合所面临的挑战

（一）自然灾害风险

虽然九泉村在修路、改房、建沼气池等方面做了一些工作来抵御自然灾害的侵袭，且在地震发生后，村民的防灾意识比以前有所增强，但是，九泉村并没有建立起一套抵御风险的机制以处理自然风险。

（二）市场风险

九泉村的产业经营模式，分为返乡农民工创办的产业、传统家庭养殖

业、集体产业三种。

1. 返乡农民工创办的产业

返乡农民工创办的产业以个体经营为主，规模较小，主要是依靠创办者自己的关系网络联系买家。他们产品的买家不确定，可能是小贩，也可能是某个企业或工厂，这主要看怎么能以最短的时间赚取最大的利润，经营往往不会考虑社会效益或其他影响。返乡农民工在创办产业时往往存在资金短缺问题，这一方面需要政府相关部门的扶持，另一方面需要他们向银行贷款。此外，缺乏相应的管理经验，也成为了制约返乡农民工产业发展的瓶颈。

2. 传统家庭养殖业

传统家庭养殖业规模较小，只有当周围几个村庄都搞家庭养殖业才稍具规模。这种养殖模式生产出来的牲畜如土鸡、鸭等往往都是市场上供不应求的原生态产品，但是销路较好的原生态产品一般都是加盟一些品牌企业之后才能卖到好价钱。九泉村这种家庭养殖模式规模小，大型企业不屑于去专门收购这些农产品，因此这些产品的价格并不是很高，加之村民的市场风险意识不强，有时甚至会赔本。这一方面需要政府在以后的扶贫开发过程中注意将连片开发与招商引资相结合，同时也要提高村民的市场风险意识。

3. 集体产业

村里面的集体经济，如刘从银的茶园，一方面茶树品种有待更新，另一方面，产品有待于精深加工。

六、结论与思考

通过九泉村的案例，我们看到社区参与在灾后恢复重建与扶贫开发相结合过程中的重要性。首先，在香港乐施会指导下的参与式规划需要社区大众的充分参与才能实现最佳效果。如果社区大众不能充分地参与到规划过程中，那么规划就不能真正代表民意，规划实施的项目也就不能真正为大众带来福祉。其次，社区大众的充分参与实施项目，一方面解决了项目实施过程中的资金不足的问题，另一方面，村民自建并投工投劳提高了村民建设社区的能力，增强了社区凝聚力和归属感。再次，政府赋权社区进行项目建设并成立相应的项目小组，改变了传统的政府大包大揽，结束"出力不讨好"的局面，同时也提高了社区组织建设能力。最后，村庄的产业建设也需要社区大众的积极参与才能有更好的发展。

虽然社区参与在九泉村灾后重建与扶贫开发过程中起到了重要作用，但是贫困村的灾后恢复重建与扶贫开发仅仅靠社区大众的积极参与是远远不够的，它也需要政府、NGO 等组织提供政策指导和资源支持等方面的服务，才能真正实现贫困村的脱贫致富。诚然就九泉村的案例来看，政府、NGO 在基础设施建设方面提供了许多服务和引导。那么，政府、NGO 如何在灾后重建与扶贫开发的生计建设方面提供政策指导和资源支持也许是我们下一步要研究的课题。

国际 NGO 参与下的灾后
恢复重建与扶贫开发相结合

——康县安家坝村的案例

导　言

　　2008 年 9 月 21 日，国务院扶贫办在广元市利州区马口村举行了"贫困村灾后重建项目试点规划实施启动仪式"，这表明贫困村灾后重建开始进入实施阶段。按照贫困村灾后重建规划的要求，灾后重建试点村在重建过程中始终坚持灾后重建与扶贫开发项目相结合的原则。本案例所要研究的是作为扶贫项目的具体实施单位——县级扶贫办在灾后重建项目实施中如何贯彻灾后重建与扶贫开发相结合的原则，并形成了怎样的机制和可借鉴的经验。本研究的案例——安家坝村是灾后重建与扶贫开发相结合试点村，在社区内公共基础设施、生产恢复等项目内容上都有香港乐施会与县级扶贫系统合作的支持。在调查期间，村内公共设施等社区硬件重建已经基本完工，而生产恢复、产业发展等灾后重建与扶贫开发相结合的更进一步阶段项目还在准备阶段。因此，政府与非政府组织合作、非政府组织与社区的互动以及国际NGO在参与灾后重建与扶贫开发结合前期阶段的作用等都是本案例分析讨论的一个重点。

　　本案例研究主要采用访谈法和文献法收集案例村庄的灾后重建与扶贫开发相结合的相关资料。在访谈法中主要运用的有入户访谈和小组访谈法。在入户访谈中，笔者选择了不同类型农户（贫困户、富裕户，能人户）进行半结构访谈方式，从不同视角（各类农户的视角）"观察"了安家坝村在灾后重建中取得的成绩和存在的问题。在小组访谈中，通过对村组干部的访谈，了解灾后重建各个项目实施的过程。文献法主要通过地方志、村级统计报表、会议总结、报告、文件等收集相关资料。

一、灾前发展形势

（一）康县情况

　　康县位于甘肃省东南部，嘉陵江上游，西汉水之滨，地处西秦岭南麓，陕、甘、川三省交界地带，是一个传统的山区农业县。东经105°18′~105°58′，北纬32°53′~33°39′，南北长84.9公里，东西宽64.2公里。全县辖21个乡（镇），350个村，1 640个合作社，4.28万户，总人口

康县在甘肃省的位置

兰州市　　西安市

20.32万人，其中农业人口17.95万人，总面积2 958.46平方公里，其中常耕地面积36万亩（山地面积21.4万亩，梯田地12万亩，川坝地2.6万

亩），人均耕地 1.8 亩，林地面积 235.58 万亩，草地 115.36 万亩，林草覆盖率 51%。境内气候属于北亚热带向暖温带过渡区，最高海拔 2 483 米，最低海拔 560 米，年均气温 11℃，无霜期 210 天，降雨量 550 至 1 100 毫米。特殊的地貌地势形成了以万家大梁和牛头山为界的南、北、中三种不同类型的生态经济区。南部 5 乡镇山大沟深，温暖湿润，雨量充沛，适宜多种植物生长，是多种经营主产区，特别适合茶叶的生长；中部 6 乡镇高寒阴湿，土地瘠薄，是康县扶贫开发的主战区；北部 10 乡镇人口密集，林草稀疏，土地条件好，是全县粮、桑、椒主产区。全县粮食作物以小麦、玉米、黄豆为主，主导产业以核桃、茶叶、花椒、蚕桑和中药材为主，畜牧业以猪、鸡、牛为主。2007 年共有扶贫重点村 238 个，贫困人口 4.93 万人，其中绝对贫困人口 2.07 万人，低收入人口 2.86 万人。2007 年国民生产总值 60 756 万元，粮食总产量 58 789 吨，农民人均纯收入 1 536 元。

（二）村庄位置和自然条件

碾坝乡安家坝村位于康县中部，距离康县城区 6 公里，地处燕子河上游，属于康县中部高寒阴湿、土地瘠薄的扶贫开发的主战区。安家坝村海拔 1 200 米，气候湿润，高寒阴湿，冬季封冻早、时间长、气温低。全村 6 个合作社，293 户，1 268 人，600 个劳动力。境内总面积 17 平方公里，耕地面积 1 405 亩，人均耕地 1.4 亩，林地面积 1 525 亩，荒山荒坡 2 400 亩。农业生产以玉米、小麦、洋芋为主，一年一熟，小麦亩产 400 公斤。玉米亩产 420 公斤，洋芋亩产 800 公斤。经济作物以核桃和中药材为主，全村有核桃 2 000 亩，村内通路、通电、通广播。2007 年年底，全村农民人均纯收入 1 450 元，人均占有粮食 432 公斤。村庄家庭收入主要靠种植、养殖和劳务输出，劳务收入占总收入的 40%。虽然属于国家扶贫工作重点县的贫困村，但是安家坝村在汶川地震之前还没有实施整村推进各类项目。因此，安家坝村在地震之前除了村委会等传统的村庄组织外，并没有其他的村庄组织。农户产业还处于传统的自给自足状态，在农业产业上并没有进行农业产业化方面的探索。由于土地瘠薄、人均耕地偏低（人均耕地 1.4 亩，绝大部分是川坝地），农业生产只是维持家庭日常生活，农户增收和积蓄主要靠外出务工。从这里我们也可以看出，安家坝村的农户收入差距主要是由家庭外出务工人数和家庭成员的身体健康状况决定的。贫困户主要是由于家庭外出务工人数少，家庭医疗、教育开支大等造成的。该村是国定贫困县中没有进行整村推进的贫困村。

二、灾害冲击

（一）灾害损失概况

"5·12"大地震波及的康县，震级达6.5级，烈度达8度。安家坝村地处碾坝乡砂棕壤和黄棕壤土层上，土质疏松，震感强烈。大地震给刚刚具备了发展条件的安家坝村造成毁灭性的打击，使得多年努力建成的家园和生产、生活基础设施被震毁。全村共死亡1人，有20人受伤；全村293户村民全部受灾，损坏房屋1 499间，其中，倒塌房屋133户、665间，危房180户、834间；死亡大牲畜142头，倒塌牲畜棚圈280间；毁坏供水点6处，人饮管道6公里，价值18.5万元；全村有6所卫生室受损，村活动室受损严重；全村损坏村内道路1公里，村组道路2条，共3公里；损坏桥涵11座；外出务工返乡造成劳务收入减少近190万元。此次地震给安家坝村的群众财产造成了巨大损失，造成直接经济损失1 246.7万元，贫困群众生产生活困难加剧，全村整体返贫现象严重。

（二）灾害对生产生活及长远发展的影响

地震给安家坝村造成巨大财产损失，对当地的农业生产、农村发展、农民生活造成了极大破坏，对农村灾民的精神造成了极大伤害，对农村未来的建设带来了极大影响，对贫困地区造成的损失和影响更严重，进一步加剧了灾区的贫困程度。全村受灾贫困户293户，共1 269人，133户房屋全部倒塌。因灾返贫143户，共572人，全村贫困户达253户，占总户数的86.3%，贫困人口达1 012人，贫困面达86%。

地震灾害导致安家坝村农业收入大幅下滑，2007年农民人均纯收入为1 450元，灾后下降至1 120元以下，加上因灾返贫人口，全村贫困面由2007年的37%上升到86%。

三、灾后恢复重建

（一）灾后重建及扶贫开发需求调查

地震发生一个多月以后，在康县扶贫办、碾坝乡政府的领导和组织下，安家坝村村组干部将工作重心从抗震救灾转向灾后重建上来。村委会成立一个灾情评估领导小组，对全村六个社进行逐户查看摸底，全面评议灾情，得出如下重建项目及扶贫开发需求：

（1）安置受灾人口1 012人，需要救助的受伤人员20人，需要帮助孤寡老人及未成年人170人。

（2）需要安置农户293户，其中重建245户，维修15户。

（3）需要恢复村社道路6公里（其中村内道路硬化2公里，村社公路改造4公里），修建人饮供水点2处，维修人畜饮水工程5处，需重建沼气池120座，安装太阳能150台，修护村河提2 000米，修建卫生所1处，加固维修活动室6间，修建桥涵2座。

（4）需要整理和复垦农田52亩。

（5）培育扶贫产业项目核桃200亩，发展养殖户100户，配套沼气池建设120户。

（6）开展劳务技能培训。结合产业培育开展劳务培训200人（次），科技培训300人（次）。

（二）灾后重建绩效

地震发生之后不久，安家坝村被确定为康县第二批灾后重建试点村，并开始启动实施试点村灾后重建。在灾后重建与扶贫开发相结合的工作中，按照"安全、经济、适用、省地"的方针，坚持"政府引导、部门帮扶、群众参与、分布实施"的原则，通过国家扶贫部门和香港乐施会联村帮扶（该村属香港乐施会和扶贫部门共同参与的试点村，其中扶贫部门投资50万元，乐施会投资100万元）民主决策、科学规划、置换土地39亩，对两个社81户受灾群众进行整体异地搬迁，180户进行原址零星重建。在社会各界的大力支持下，全村农房重建基本完成，维修加固全部完成，基础设施建设及群众增收项目正在逐步推进。

1. 农户住房建设

（1）农户住房重建 261 户已基本完成主体工程。安家坝村农房重建分为两类，一类是异地搬迁集中重建，共 81 户，有玄麻湾和左家坪两个异地集中重建点，其中玄麻湾 41 户，左家坪 40 户。异地集中农房重建坚持灾后重建与推进社会主义新农村建设相结合的原则，按照全县统一标准，对该村左家坪社和玄麻湾社农户集中安置点住房建设每户按砖混结构一层，最低不少于 3 间进行重建统一规划。另外一类是分散原址重建，分散原址重建户为 180 户。分散原址重建在房屋样式和结构上由农户自己设计建设。农户住房建设资金来源有：中央财政专项资金投资 277 万元，中国红十字会投资 245 万元。

（2）农户住房维修 32 户已全部完成维修，中央财政专项资金投资 9.6 万元。

2. 基础设施

基础设施包括两个异地搬迁集中重建点 52 平方米巷道硬化，3 000 米道路沟渠，由乐施会援助 637 011 元，扶贫办投资 12 万元；桥涵包括玄麻湾大桥，由发改委投资 20 万元，玄麻湾便民桥，由扶贫办投资 5 万元；圈舍配套设施，每户补助 2 000 元，乐施会援助 176 000 元，由县扶贫办具体实施；沼气池 160 户，由能源办用国债资金统一实施，投资 144 000 元；人饮工程包括修建玄麻湾、左家坪两个社的人饮工程和河堤工程 300 米，由县水利局投资 40 万元；县爱委会投资改厕项目 6.4 万元。

项目实施情况：两个异地搬迁集中安置点巷道约 3 公里和巷道沟渠已经全部完成并投入使用；玄麻湾大桥正在建设中，玄麻湾便民桥已经建成并投入使用；沼气池建设已完成 160 座；圈厕建设正在实施，目前完成总体工程的 70%；人饮工程中，玄麻湾已经完成，左家坪正在实施，玄麻湾 300 米河堤工程已经完成并投入使用；县爱委会投资的改厕项目正在实施。

3. 公共服务设施建设

建设组织活动室 1 处，组织部配套投资 10 万元，扶贫办配套 5 万元，共 15 万元；新架设安家坝村左家坪、玄麻湾社农电线路 3 公里，安装 30 千瓦变压器 2 台，乐施会援助 6 万元，电力局负责实施。

项目实施情况：扶贫办投资的村活动室项目目前正在实施中，活动室主体工程已经完工；乐施会援助，电力局具体实施的弄电线路项目，左家坪集中安置点架设农网 1 公里已经基本完工，但是左家坪集中安置点由于整体重建并没有完成，所以农户并没能使用上新架设电网的点，入住的农户是在原来的住所上拉线用电，玄麻湾异地集中安置点没有电力局投资架设电网，也是从原住址拉线用电。

4. 产业开发

养猪 200 头，需投资 12 万元，由扶贫办投资 10 万元，群众自筹 2 万元；安排村级发展互助资金 15 万元，由扶贫办投资。

项目实施情况：养殖项目还没有实施，正在规划当中；互助资金项目已经成立安家坝村互助资金协会，正办理注册登记和组织、动员群众入股。

5. 农户能力建设

农民技能培训项目，包括 600 人次，由扶贫投资 3 万元。目前，农户技能培训正在实施中，已经组织农民技能培训 400 余人次，村民参与核桃种植、管理技术培训、钢筋工培训、粉刷墙体培训等。

（三）灾后重建与扶贫开发相结合的机制

1. 将灾后重建纳入整村推进项目管理

康县属于国家级贫困县，全县共国家扶贫工作重点村 248 个，占全县总村数的 68%。中国政府颁布和实施《农村扶贫开发纲要（2001—2010）》以来，康县每年实施整村推进 10 个左右，按照贫困村人口分配资金，每个贫困村实施整村推进资金 50 万~70 万元。安家坝村虽然是贫困村，但在汶川地震之前还没有开展贫困村整村推进项目。地震发生之后，县扶贫办根据贫困村受灾情况，将安家坝村确定为第二批贫困村灾后重建试点村。在确定为灾后重建试点村之后，安家坝村灾后重建规划按照灾后恢复重建与扶贫开发相结合的要求，灾后重建的项目要与扶贫开发规划项目相互衔接、相互补充、相互依赖，按查漏补缺，注重灾后重建，体现扶贫产业的经济支撑和为贫困人口增加收入来源的原则。安家坝村按照整村推进扶贫开发的程序开展灾后重建项目的确定与实施。

（1）在灾情调查上由县、乡、村干部，技术人员组成安家坝村灾后重建规划工作组，共 10 人。规划工作组先后召开村组干部座谈会、村民代表会议进行宣传动员，并宣传国家和省里关于灾后重建的有关政策，启动引导群众参与灾后重建和扶贫开发的积极性、主动性。同时，规划工作组采用入户访谈，调查，召开村干部会、村民代表会、妇女代表会、贫困户代表会等方式，调查了解村情及受灾情况，与有关方面专家一起开展灾情分析评估，获取基础数据。

（2）规划工作组和专家组对群众提出的项目进行现场勘查和初步论证。分析安家坝村灾后重建面临的困难，根据受灾情况，切合当前实际，了解群众对灾后重建项目的意愿；专家组对群众提出的项目进行实地考察、分析、初步设计和投资估算；规划工作组对专家组的意见进行汇总，提出初步项目建设意见；由规划工作组将初步项目建设意见向群众反馈，由群众再次进行酝酿讨论，为群众最终选择、确定项目提供依据；由村"两委"召开村民代表会议，讨论推荐并酝酿产生村规划实施小组、分项目实施小组和监督小组候选人，讨论草拟各组职责分工。

（3）规划工作组、专家组与县发改委等业务部门进行衔接，提出安家坝村灾后重建项目的初步方案。

（4）召开村民大会，确定优先实施的项目和实施小组成员。由每户选一名代表参加村民大会，其中妇女占三分之一，规划组人员、专家组人员参加会议。向全体村民介绍说明安家坝村灾后重建规划的目的、意义、方法、步骤，动员全体村民参与规划的制订和实施。投票选择优先扶持的项目，专家组、规划组和村民代表共同讨论酝酿，提出安家坝村需要发展的项目，由参加会议的村民代表投票选择优先发展的项目。选举村实施小组和监督小组成员，首先宣读选举办法、候选人及职责，清点选举人数是否符合规定，进行选举；以举手表决的方法，选举出安家坝村灾后重建实施小组和监督小组；由村实施小组根据规划中确定的项目自行研究，确定分项目实施小组成员。

（5）技术论证：项目最终选择确定以后，由县直有关部门专业技术人员组成的专家组对项目的可行性再次进行实地考察、分析，通过科学、实事求是的论证，提出项目设计方案。

（6）张榜公示：《规划》（草案）编制结束后，规划人员分别深入到全村每个社，采用召开村民会和张榜公布的形式向全体村民公示《规划》。

（7）列入年度资金计划：村实施小组和乡政府逐级将《规划》（草案）上报到县扶贫领导小组审查研究后，按照规划中的项目管理权限和资金筹措渠道，由有关部门将完善后的规划列入当年项目资金计划，逐级上报市办、省办及有关部门立项审批。

（8）实施规划。根据省、市的批复，县里及时向乡、村下达项目计划，乡、村接到计划后要按照省、市、县提供的新理念、新方法在村党支部、村委会的领导下组织村实施小组和能力建设小组成员及群众代表研究制订出实施方案，即年度各项目投资计划、培训计划、采购计划和项目日程安排等。同时，在方案中对项目实施的时间、地点、资金数量、受益农户姓名及需要采购的物资数量、培训方法等都要做明确要求，并由村实施小组将方案向乡政府上报；乡里接到上报的方案后及时组织有关技术人员到村里召开现场办公会，对村里提出的方案进行讨论确认，然后转报到县直有关部门，按项目管理权限分别进行批复，由村实施小组和各建设小组按各自的职责组织实施项目。

2. 灾后重建与扶贫开发相结合是社区可持续发展的基础

一方面，村庄的灾后重建使得农田水利、村组道路等生产生活基础设施得到整体改善，因此，社区生产生活设施条件的提高有利于防灾减灾和农户发展生产。另一方面，灾后重建特别是农房重建使得农户背负了沉重的债务，扶贫开发与灾后重建共同实施可以较好地解决单个农户发展生产的资金不足和外出务工缺乏技能和渠道的困难。

地震发生之后，对于受灾的贫困村来说，住房的维修与重建无疑是整个灾后重建工作的核心。从资金投入上看，安家坝村在住房重建的资金是灾后重建的五大类项目中投入最高的①。住房重建投入为 531.6 万元，而其他四个大类的项目投入共 253.2 万元，还不到住房投入的一半。住房重建是灾后恢复重建工作的重中之重。安家坝村的灾后重建户为 261 户，占整个村庄农户的近 90%。农户为了重建住房不仅花光了家庭所有的储蓄，还欠下 3 万 ~ 5 万元债务。因为住房建设而背负的沉重债务和随之而来的高额利息是农户在今后发展面临的一个主要的困难。据笔者入户访谈了解到，偿还三年无息贷款成为村民住房建成后面临的一个大问题。农民从自己的角度考虑，普遍认为国家将还贷期限再往后延长是他们目前最大的希望。同时，住房重建带来的债务包袱进一步压缩了贫困村农户发展的融资空间。

异地重建农民 A 为安家坝村的文书，丈夫是店子乡的计生专干。地震之前住在山上，地震之后在玄麻湾集中重建点建房两层，共花费 20 万元。漂亮的新房建好了，但是也欠下了 5 万元的债务，包括 3 万元的银行三年无息

---

① 康县贫困村灾后恢复重建规划项目分为住房重建、基础设施、公共服务设施建设、产业开发、能力建设 5 个大类项目。

贷款和 2 万的私人借贷（10.8% 的年利率）。到笔者调查为止，三年无息贷款期已经过了两年，而私人借贷的 2 万元每年都要还几千元的利息。

农民 B，60 岁，安家坝村的养殖大户，家里共有七口人。地震之前，家庭主要收入是养猪和打工，家里有一个劳动力（女婿）常年在外打工，家里耕地一亩多，家庭农业主要是养猪，女儿曾经自费到四川某地参加养猪学习一年，家里最多一年养猪 20 头。打工和养猪每年毛收入 1.5 万元左右。地震之后，房屋瓦片全部落掉，一亩多的猪圈部分被摇坏。全家在玄麻湾集中重建点建成了一幢 2 层的新房，目前主体工程已经完成，花了 10 万元，预计室内装修还要花 4 万元，目前欠银行 3 万元，私人借款 1 万元。B 是一位具有丰富养猪经验的农民，如果资金充裕，B 打算按照在外地学习的经验建立一个具备现代养殖管理和技术的养猪场，但目前由于缺乏养猪的流动资金（预计 1 万）所以停止大规模的养猪，只是养了两头肉猪。

劳动力转移培训和技能培训有利于受灾农户在农房建成之后较快地投入农业生产或进入工厂打工，扫除农户在生产和家庭增收上的各种障碍，解决农民住房重建中积累的超负荷债务负担。从农民 C 的案例来看，具有技术和稳定的打工渠道是农民增收和还清债务的重要途径。

农民 C，年龄在二十到三十岁之间，未婚。家里共有三口人，包括父亲、母亲，农民 C 和一个妹妹（妹妹已经出嫁，所以在户籍上不算是一家人）。父母都有 60 多岁了，父亲身体不怎么好，经常有些小病。地震前家住玄麻湾山上，地震之后，家里房屋全部倒塌。截至笔者调查为止，农民 C 在玄麻湾集中安置点的一幢三间一层的农房已经基本完工，还差室内装修和庭院前后的厨房、猪圈等，估计 2010 年下半年可以入住。家里的收入来源主要是他到深圳的打工所得。在集中安置点重建之后，家里的耕地就更加少了。他外出打工已经有四年了，目前到深圳的一家鞋厂打工，一个月可以拿到 3 000 元的工资，一天上八个小时的班，包住，每个月有 60 元的伙食补贴。但从农房重建到现在，农民 C 已经有一年多没有到外地打工了。2010年下半年入住新房之后，C 还打算到以前那家鞋厂打工。他认为，按照目前的工资收入还清欠下的银行 30 000 元贷款和一些私人贷款是没有问题的，并且他还有再建一层的打算。

3. 国际 NGO 的积极参与

安家坝村是康县灾后重建与扶贫开发相结合的试点村，在灾后重建与扶贫开发相结合中积极吸收非政府组织援助力量。以"助人自助，对抗贫穷"为宗旨的香港乐施会通过与康县扶贫系统合作，积极参与安家坝村的灾后重建工作。在双方的合作中，康县扶贫办投入财政扶贫资金50万元，香港乐施会援助资金100万元。双方的合作有乐施会与国家级扶贫系统合作框架的宏观政策环境（香港乐施会与中国国际扶贫中心等国家级扶贫部门进行灾后重建合作），因此，香港乐施会与康县扶贫的积极合作的内容在宏观政策的约束下主要集中在灾后重建与扶贫开发相结合的项目上。如在香港乐施会与中国国际扶贫中心等国家级别的灾后重建合作中规定，双方合作项目的内容包括村内基础设施、生产恢复、能力和环境等方面的建设，其中，基础设施建设包括村内道路、小型农田灌溉设施、村内饮水设施、可再生能源设施、入户供电设施和基本农田。生产恢复可通过建立村级互助资金，有偿使用，滚动发展，为贫困农户提供生产启动资金。能力建设主要是开展使用技术、管理、劳动力转移技能、减灾防灾、健康与环境教育，以及村级组织管理能力等方面的培训，还包括必要的灾后紧急物资救援等援助。香港乐施会的积极参与，对安家坝村灾后重建与扶贫开发相结合起到积极的推动作用。

在援助项目实施过程中，香港乐施会要求建立村民广泛参与管理机制（成立由村民自主推荐的规划监督小组等），通过村民参与式的灾后重建项目将灾后重建与扶贫开发有机地结合在一起。村内巷道硬化和排水系统工程等都是在社区广泛参与下进行规划和实施的。香港乐施会、康县扶贫办、社区等多方共同参与使得香港乐施会援助项目尽可能满足村民最迫切的需求，同时也使得灾后重建项目与扶贫开发相衔接。正如在扶贫办与乐施会合作的安家坝村灾后重建与扶贫开发相结合的项目书中所指出的：农户住房已基本完成之后，通过参与式需求评估得出农户最迫切需要解决的困难问题，即在玄麻湾社和左家坪社二个集中重建点的81户进行村内道路硬化、排水处理工程、全村新建农村沼气池及配套圈厕工程。这些项目不仅是因为受灾群众建房已用尽了全部积蓄，多数农户都用贷款或借款修建，已无能力进行道路硬化和其他项目活动，最主要的是巷道路面硬化、排水处理工程和农村沼气池是改善群众生活条件，保障群众生命和财产安全，促进当地生产发展，增强社区防灾、减灾、抗灾能力的重要保障。通过新修村社道路和排水工程，可以彻底解决雨水对村民房屋的浸泡和内涝问题，提高住房安全性，方便村民生产和生活，提高综合生产能力和社区扶贫水平，且属于村组路中的主要交通通道部分，受益面能覆盖较多的农户。此外，由于当地（建房所在地）属于低洼地带，需要考虑泡水的危害，增强社区防灾、减灾、抗灾能力。沼气池项目的实施则一方面可以使农户用上清洁卫生的能源，减少树木砍伐，保护生态环境；另一方面可以解决农村环境脏、乱、差问题，减轻妇女劳动强度，改善居民生产、生活条件，提高村民生活质量，促进社区和谐发展。

专栏 1

香港乐施会简介

香港乐施会是一个独立的发展及人道救援机构，致力于消除贫困，以及与贫困有关的不公平现象。乐施会的总部位于中华人民共和国香港特别行政区，并在全球 10 多个城市设有办事处。乐施会跨越种族、性别、宗教和政治的界限，与政府部门、社会各界及贫穷人群合作，一起努力解决贫困问题，并让贫穷人群得到尊重和关怀。"助人自助，对抗贫穷"是乐施会的宗旨和目标。

乐施会于 1976 年由一群关注贫困问题的志愿者在香港成立，1988 年在香港注册成为独立的扶贫、发展和救援机构，先后在全球超过 70 个国家推行扶贫及救灾工作，开展综合发展、紧急救助、教育、卫生和水利等项目，帮助贫穷人改善生活、自力更生。

由 1987 年开始，乐施会在中国推行扶贫发展及防灾救灾工作，项目内容包括：农村综合发展、增收活动、小型基本建设、卫生服务、教育、能力建设及政策倡议等。1991 年至 2008 年底，乐施会在国内 28 个省市开展赈灾与扶贫发展工作，投入资金总额超过 5 亿元人民币，受益群体主要是边远山区的贫困农户、少数民族、妇女和儿童，农民工及艾滋病感染者等。

1992 年，乐施会在昆明开设了其在香港以外地区的第一个项目实施机构，后相继在北京、贵州、兰州和成都设立项目办公室，项目活动内容和规模也随之增加和扩大。中国大陆是乐施会的重点工作地区，目前一半以上的项目在中国，重点工作地区是云南、贵州、广西、广东、甘肃、陕西、四川和北京。为回应需求和挑战，2004 年正式成立乐施会中国部，专门管理日益扩展的中国项目。

四、灾后重建中政府、国际NGO及社区的互动

在汶川地震贫困村灾后重建中，安家坝村被确定为贫困村灾后重建第二批试点村，同时也是香港乐施会与扶贫系统灾后重建合作试点村。为了便于在灾后重建中分析政府、国际NGO组织以及乡村社区之间的互动，笔者将安家坝村灾后重建合作主体简化为三个，即政府（包括县扶贫办、碾坝乡政府、县交通局）、乐施会和社区精英（包括安家坝村委会和村民项目管理小组），其他的参与者还有工程施工队、监理公司等。这三个参与主体都属于不同类型的组织，在组织能力、动员能力、项目实施能力和技术及项目管理方式上存在着较大差异。政府（县扶贫办、县交通局和碾坝乡政府）确定项目设施的合法性、执行力和技术支持；香港乐施会提供资金援助，强调社区广泛参与理念，并有一整套完整而严格的项目管理方法；以村组干部为主体的社区精英则起到号召和动员社区成员参与项目的不可替代的作用。以贫困村为平台的扶贫项目在选项、规划、实施和验收的整个过程，也是这三个不同类型的合作主体之间逐渐理解、适应、协调合作的过程。我们从三个方面来展示在安家坝村灾后重建中香港乐施会与扶贫办系统的合作项目所取得的成功经验。

（一）政府、NGO和社区三个合作主体组成专门的项目管理团队，在项目管理制度上各主体都有明确的分工和职责规定

在项目管理团队中，香港乐施会负责项目监督和评估，为项目的实施提供资金并审计。康县扶贫办总体负责项目实施，对项目实施的具体过程进行管理、督促和检查；主管项目财务，对项目各项支出进行监督审查并报表；与当地合作伙伴一起撰写季度报告、年度报告和项目总结等；负责项目监测与评估；康县交通局和县有关业务部门负责提供技术指导和服务，配合搞好培训和质量监督、竣工验收，提供报账资料。碾坝乡人民政府协调社区参与项目的组织实施，具体协调村社在实施项目中所要解决的问题；具体落实项目任务和进度；负责登记造册和初验；随时向县扶贫办沟通，提供项目进展中的必要信息。安家坝村村委会在乡政府的领导下，积极组织村民项目管理

小组开展工作，及时向乡政府报告工作，协调解决出现的各种困难和问题；督促检查项目实施；组织召开村民大会，听取实施小组工作情况汇报；组织村委委员积极参与和支持项目实施，发挥模范带头作用。村民项目管理小组负责监督项目的实施，组织物资发放和登记造册，以及项目后续管理，并负责项目监督与评估。

（二）合作团队中的互动机制

虽然在项目管理制度上对合作团队中各组织的分工进行了明确界定，但是合作主体之间由于在理念、行为习惯等方面存在较大差异，因此在分工的合作中难免会出现某种程度上的不协调和不适应。安家坝村乐施会合作项目尽管还有不足，但是在合作中还是取得了一些好的经验。

1. 乐施会与社区良性互动及信任的建立

汶川地震发生后不久，乐施会就给安家坝村灾民提供水、方便面等日常生活必需品。这些生活必需品也传达了乐施会对灾区群众的关怀。2008年冬天，香港乐施会为村民捐煤27吨，解决了全村受灾户的取暖问题。在分煤的过程中，乐施会坚持公平、平等原则，并且要亲眼看到煤发到每一个灾民手中，并且亲眼看到他们自己拿走。由于在分煤的问题上香港乐施会项目官员与乡政府官员存在分歧，故在之后的实施阶段，香港乐施会捐助的煤主要由两个乐施会的项目官员在组织分发。分煤那天，一直分到凌晨2点钟才将27吨煤分到每一个灾民手中。乐施会项目官员坚持公平、平等的原则的做法受到村民的普遍欢迎，香港乐施会项目官员认真负责的精神也感动了村民们。村委会文书写了一封长达3页的感谢信来感谢香港乐施会的项目官员。香港乐施会在灾后重建与扶贫开发相结合的决策及选择过程坚持社区参与式方法，项目官员坚持"与农民一起工作"的理念，将农民看成是自己平等的工作伙伴，农民在参与项目中得到了充分的表达权利和应有的尊重。

香港乐施会捐助物资时始终坚持平等原则，让全体社区成员比较公平地获得了援助物资。在项目决策和选择阶段，香港乐施会项目官员深入受灾农户了解灾民需求及困难，积极推动村民参与式方法，使得村民特别是贫困户和妇女等弱势群体在援助项目规划中享有了充分的参与权利。重视受益主体的参与和建议使得香港乐施会在与安家坝村村委会等社区组织的多次互动中建立了彼此的信任，双方的互动也向良性方向发展。

2. 香港乐施会与扶贫系统的互动

县扶贫办是代表县政府负责全县扶贫开发工作的职能部门。县世行项目办设在县扶贫办，负责世行贷款项目的实施管理工作。在全县 350 个村实施了扶贫和世行项目规划的农村基础设施、产业开发、整村推进、培训及管理、劳务输转、社会帮扶等活动，积累了一整套项目实施及管理经验。乐施会是独立的非政府组织，在致力于对抗贫困项目的实施过程中，坚持并运用其项目实施理念和项目管理经验。安家坝村灾后重建与扶贫开发相结合的项目也是康县扶贫办与乐施会的第一次合作项目，在项目的实施过程中，会碰到应该遵循哪种项目管理方式，受益主体如何参与、资源如何分配与管理等等问题。这些问题在双方合作的过程中如何得到解决，扶贫系统在扶贫项目管理上又需得到怎样的提高和转变，是我们需要思考的问题。

首先，在县级扶贫系统与乐施会合作中，问题的有效解决得益于国务院扶贫办与香港乐施会合作宏观制度的指导。乐施会与国务院扶贫办外资项目管理中心和中国国际扶贫中心签订有关汶川地震重建合作协议。国务院扶贫办外资项目管理中心和中国国际扶贫中心在与乐施会的合作中制定了相关的制度，如合作工作规则、合作项目实施程序和合作项目框架协议等等。这些制度和规则保证了双方在相关的法律和制度的约束下建立规范的合作分工。因此，县扶贫系统与乐施会的合作在项目规划，项目审批程序，拨款办法，建设内容和资金规模，资金使用管理，项目实施、监督和验收等方面都得到了明确的规范。例如，在项目资金的使用和管理上，各方投入资金按照国办调研小组确定的实施计划和实施方案统一使用，香港乐施会的援助资金则根据香港乐施会的有关规定进行审核、批准、监督和审计，直接拨付到县（区）级扶贫办；在建设内容上，建设项目主要投入在村内基础设施建设、生产恢复、能力和环境改善等四个方面的建设。正是由于在宏观上制定了双方合作的制度规则，才使得康县扶贫系统与乐施会在具体的项目实施和管理上的合作能够有序而规范地进行。

其次，进一步强化了政府部门实施扶贫项目的参与式方式理念，改善其农村项目的传统思维和做法。以往康县扶贫办在开展整村推进扶贫项目时也会编制村级规划，也运用了相应的参与式方式。但政府在实施参与式村级规划时，在某些理念上还是带有传统的看法，如农民组织化意识很低，农民的意见很难统一起来等。传统观念的存在使得政府在实施扶贫项目的时候即使运用了参与式方法来制订村级发展规划也很难做到严格恪守。康县扶贫办在与香港乐施会合作的过程中可以学习国际非政府组织在社区的参与方法的经验，完善县扶贫系统社区发展的参与式方法，提高康县扶贫办操作社区参与式村级发展规划的水平。

（三）NGO 参与贫困村灾后重建的作用

进入扶贫开发新时期之后，多部门合作与资源整合在扶贫开发中日益受到重视，如整村推进就十分重视整合各部门资源，针对贫困村的致贫原因实施综合性扶贫。特别是在十年扶贫开发纲要实施的后期，政府多部门合作与资源整合中及非政府组织合作与资源整合日益增多。由于汶川地震为政府与非政府组织的合作提供了有利的政策空间和平台，非政府组织发挥自身优势，积极与政府各部门合作，广泛参与抗震救灾和灾后重建工作。从安家坝村的案例中可以看出，国际 NGO 在扶贫开发中有一整套理念和成熟的项目实施方法，政府与其合作共同实施灾后重建扶贫开发项目至少可以有四个方面的作用：（1）提升政府在社区发展项目上的管理水平，推进扶贫项目的科学管理；（2）推进参与式方法的普及。香港乐施会的参与也在灾后重建项目的决策及选择过程中给政府进行了"示范"。以往的政府项目官员往往在"我们为农民工作"思想的"指导"下，以居高临下的姿态对待农民，通常认为"我们"比农民更有知识、更高明、更重要，因为"我们"管理着政策和项目，是"高人一等的"。而真正的农民参与式重建项目则需要从"我们为农民工作"转变为"我们和农民一起工作"；（3）促进贫困村参与社区公共事业工程的积极性，提高村民社区项目的管理水平，增强其民主参与意识；（4）为后期的社区重建起到很好的机制建立示范作用。

五、存在的问题和面临的挑战

安家坝村灾后重建与扶贫开发相结合的项目于 2009 年 4 月进行项目需求评估，2009 年下半年开始实施。到笔者调查为止，村内基础设施建设项目基本完成，而生产恢复项目还在准备或是实施当中。安家坝村灾后恢复重建与扶贫开发相结合的项目不仅在防灾减灾上起到了积极的作用，而且也改善了社区居民居住环境，并提高了村民的生活质量，如村内巷道和排水工程可以解决雨水对村民房屋的浸泡和内涝问题，提高住房的安全性；已经部分投入使用的沼气池项目可以节约能源、解决农村社区环境脏、乱、差的问题，同时可以减轻扶贫劳动强度，提高村民生活质量。虽然安家坝村灾后重建与扶贫开发取得了较好的成绩，但是仍然存在一些问题并面临一些挑战。

（一）存在的问题

村内巷道和排水工程已经完成，沼气池项目也接近尾声，但是与村民生活高度相关的社区供电供水项目还没有完成，并且没有得到应有的重视。玄麻湾集中重建安置点，供水项目中的铺设水管和修复水堡工程已经完成，入住新居的村民可以比较方便地用到水，但是左家坪集中重建点的供水项目却迟迟没有进行，农户只好从原来的住址用水管接水使用，很不方便。在供电项目上，两个集中安置点都没有得到解决。玄麻湾供电项目还在申请中，农户生活用电只好从原住址接线，既给农户带来了生活上的不便，也加大了农民生活的安全隐患。而左家坪虽然将电线拉到了集中重建点，政府将供电作为促进农户加快建设住房的进度的动力，但由于部分农户的住房建设还没有完工，导致整个集中安置点虽然有新的电线拉到了家门口，但仍然需要从原住址拉线用电，农户生活极不方便，并存在安全隐患。玄麻湾集中重建点供电项目由于项目资金不足的问题还没有实施，而且在没有进行很好的沟通的情况下，政府便将供电作为农户加快农房建设的条件（如左家坪集中安置点供电）。

（二）面临的挑战

安家坝村在灾后重建与扶贫开发相结合中面临以下挑战。

首先，村民生活条件在一定时间内难以达到预期的生活质量要求。在灾后重建与扶贫开发相结合的项目中由于受到各种因素的影响，供水和供电项目的实施比较滞后，村民生活质量的提高由于受到用水用电不方便的限制，在一定时间内难以达到预期的水平。随着农户住房重建的基本完成，入住新房的农户越来越多，村民生活垃圾处理问题越来越突出，而在项目规划中缺乏生活垃圾处理工程。

其次，农户增收困难与沉重的债务。由于政府在灾后重建中向灾区农户提供各种补贴（如重建住房补助和贴息贷款等），客观上增强了灾民通过借贷建房的信心, 使得住房债务超出了农户正常的偿还能力 (大部分农户借债3—5 万元不等)。三年重建已经过去两年, 银行三年无息贷款期限越来越近, 农民还债压力增大。在访谈中, 很多农户认为难以在三年内将银行的债务还清。而由于地理环境的限制, 安家坝村的产业增收项目目前看来仍然没有找到突破口, 而传统的打工收入在一定的时期内也不会有较大的提高。

再次, 由于对社区异质性的认同, 现代农村发展规划的重点正在由 "全国性规划" 向 "较大区域规划", 再向社区规划作战略性的转移。社区发展越来越注重根据千差万别的社区特性来选择其相适应的社区发展方案。灾后重建是一个复杂的外部干预过程。从调查中得知, 在灾后重建与扶贫开发相结合的过程中, 社区内部的个人或组织与社区外部进行了有效的合作。但是, 在灾后重建中, 实现社区全方位的深度参与, 并能够协助社区居民增加基本技能, 充分发挥自己的乡土知识去理解他们所面临的新问题、新情况, 同时充分利用他们的创新潜力和能力去发展自己的社区, 仍是灾后重建与扶贫开发相结合的过程中所需要面临的一个重要挑战。

六、结 论

安家坝村是灾后重建与扶贫开发相结合的第二批试点村, 灾后重建与扶贫开发结合项目的实施都比较晚。在我们进行社区调查期间, 灾后重建与扶贫开发的结合主要体现在社区公共基础设施层面, 而生产恢复与发展项目还在准备阶段。从调查所得的安家坝村灾后重建与扶贫开发相结合的前期阶段项目实施经验中, 对于防灾减灾、灾后重建与扶贫开发相结合我们应该得出以下几点结论和思考。

1. 可以从制定灾后重建村级规划上将防灾减灾、灾后重建与扶贫开发相结合起来

安家坝村的经验就是将灾后重建纳入整村推进项目管理中, 按照整村推进的程序来确定各类项目的实施与管理。

2. 防灾减灾、灾后重建与扶贫开发也存在着千丝万缕的联系, 而非毫不相关

灾害一直就是导致贫困的主要因素之一, 防灾减灾与扶贫开发都可以降

低贫困发生率，二者可以有机结合。例如，排水系统既可以将村民居住地的水排到河内，也可以将河水引来灌溉农田；而灾后重建各类设施如卫生室、文化活动室、村组道路等既是灾后重建的重要内容，也提高了农户生活质量并有利于村民发展生产。

3. 灾后重建与扶贫开发相结合是村庄和谐健康发展的需要

灾区重建启动以来，国家出台了一整套支持灾后重建的优惠政策，如住房补助、无息贷款等等，这些政策一方面增强了农户重建家园的信心，保障了灾区重建，特别是农村社区重建的顺利进行。但另一方面，随着灾后重建接近尾声，农民住房重建的债务问题日益凸显，农民还债压力增大，扶贫开发项目的实施有利于促进农民尽快投入到生产当中，促进农民增收，减轻农户还债压力。

4. 国际 NGO 参与贫困村灾后重建有利于推动贫困村灾后重建与扶贫开发有机结合

香港乐施会与康县扶贫办合作项目如村内巷道路面硬化和排水系统、沼气池等不仅是灾后重建中公共设施重建的重要内容，而且也有利于社区防灾减灾和扶贫开发工作的进一步开展。香港乐施会的参与也在项目的决策及选择过程中给政府进行了"示范"。政府项目官员往往在"我们为农民工作"思想的"指导"下，通常会以居高临下的姿态对待农民，认为"我们"比农民更有知识、更高明、更重要，因为"我们"管理着政策和项目，是"高人一等的"。而真正的农民参与式重建项目则需要从"我们为农民工作"转变为"我们和农民一起工作"。

附表 1　　　康县碾坝乡安家坝村灾后重建与扶贫开发需求调查表

	项目	单位	规模	金额（万元）		项目	单位	规模	金额（万元）
住房重建	安置农户	户	260	n	公共服务	学校	处		
	重建房屋	间	245	1 390		卫生室	处	3	24
安置人员	伤残人员	人	20			村活动室			
	孤寡老人及未成年人	人	170		道路	村道	公里	10	50
农村能源	女性单亲家庭		10			社道	公里	5	85
	沼气	套	228	80		入户路	公里		
	其他	套			发展增收产业	种植业			
人饮工程	供电设施	万元	6	12		粮食作物	亩	400	40
	集中供水站	处				经济作物	亩	100	10
	人饮管道	公里	8	50		其他	亩		
	水窖	口				养殖业			
	其他					牲畜	头	580	58
灌溉设施	灌溉渠	公里·				家禽	只	1 200	5
	水库	处				特色养殖	亩	4	20
	蓄水池	处				林果业	亩	1 000	60
	提灌站	处				加工业	人	10	20
	其他					商饮业	人		
耕地恢复	农田	亩			能力建设	劳动力转移技能培训（人）		200	6
						其中：两后生技能培训（人）			
						农业实用技术培训（人）		300	1.5

附表 2

康县碾坝乡安家坝村灾后重建项目建设规划表

项目名称	项目建设内容和规模	受益范围	投资概算				投资来源							效益	项目负责单位	项目实施单位
			总投资	2008 年	2009 年	2010 年	财政专项	扶贫资金	部门投入	乐施会捐赠	社会帮扶	银行贷款	农户自筹			
合计			1 614		1 614		560.5	50	60	100		556	287.5			
一、住房建设																
1. 农户住房重建	245 户拆除重建	245	1 390		1 390		556					556	278			
2. 农户住房维修	15 户维修房屋	15	12		12		4.5						7.5			
二、基础设施建设																
1. 灌溉	管引 2 公里	168	20		20				20							
2. 人饮		81	68		68			12		56						
3. 道路	村内道路硬化 3 公里	111	6		6					6						
4. 供电	111 户照明电及部分动力电 3 公里	120	44		44				20	24						
5. 沼气池	120 户沼气池，配套圈舍，厕所	81	14		14					14						
6. 排水管道	集中重建点新修排水管道 1 000 米	293	25		25			5	20							
7. 河堤																
8. 桥涵	2 座															

续表

项目名称	项目建设内容和规模	受益范围	投资概算				投资来源							效益	项目负责单位	项目实施单位
			总投资	2008年	2009年	2010年	财政专项	扶贫资金	部门投入	乐施会捐赠	社会帮扶	银行贷款	农户自筹			
三、公共服务设施																
1. 学校																
2. 卫生所																
3. 活动室	1处	293	5		5			5								
四、产业开发																
1. 种植业																
2. 养殖业	100户，养猪400头，养羊300只	100	12		12			10					2			
3. 村级发展互助资金	村级发展互助资金15万元		15		15			15								
五、心理重建和能力建设																
1. 培训	劳务培训200人次，科技培训300人次	500人次	3		3			3								
2. 政策宣传																
3. 心理辅导																

乡镇统一规划、整村推进的模式
及加强农村基础设施建设
和产业发展相结合

——以陕西省略阳县郭镇西沟村为例

导　言

　　研究目的：通过对灾后重建和扶贫开发相结合中典型案例试点村的调研和经验总结，归纳和分析出试点村重建和扶贫结合中值得推广和借鉴的发展模式，为国家新阶段的恢复重建和扶贫开发中政策的制定和具体方案的实施提供具体可操作的建议和方向性引导，目的是进一步推进国家的扶贫开发进程和提高扶贫效度，力争使更多的受灾村庄和受灾百姓尽早重建家园和恢复生产，发展和扶持农户增收产业和村庄主导产业，推动受灾村庄走向良性的可持续发展的脱贫道路。

本报告选取西沟村作为研究案例。西沟村是略阳县扶贫办确定的灾后恢复重建和扶贫开发相结合的试点村，该试点村自重建项目启动实施以来，经过近两年的不懈努力，基本完成试点村项目建设任务，重建工作和扶贫工作均取得一定的成效。通过对西沟重建工作的研究，分析总结出其成功的特色经验和发展模式，为国家其他受灾地区的恢复重建和扶贫开发提供事例性借鉴和证实。

2. 研究方法：本研究主要使用的是文献法和访谈法。文献法主要包括收集到的关于西沟村的各种报表、工作总结和项目规划书等现有的文字材料。访谈法分为小组访谈和入户访谈，小组访谈包括村干部的小组访谈和村民的小组访谈。此外，访谈主要采取的是重点访谈，包括对个别村干部、贫困户、富裕户、能人，及其他代表性人物的访谈。

一、灾前发展形势

（一）村庄位置和自然条件

略阳县位于秦岭南麓，汉中盆地西缘，地处陕甘川三省交界地带，是通向陇蜀铁路和公路的交通要塞，素有"秦蜀襟带"之称。此县地属北亚热带北缘山地暖温带湿润季风气候，夏无酷暑，冬无严寒；年平均气温 13.2 摄氏度，年平均降雨量 860 毫米。境内山大沟深，地质地貌复杂，自然灾害频发，经济发展相对滞后，特别是农村基础条件较差，农民收入增长缓慢。

西沟村是略阳县郭镇下属的一个贫困村。该村位于陕西省汉中市略阳县西部边缘，与甘肃省康县交界，距略阳县城 42 公里处，距郭镇 1 公里处，属于北亚热带北缘暖温带湿润季风区，四季分明，夏无酷暑，冬无严寒。境内地势高差大，立体性气候明显，最高海拔 2 020 米，最低海拔 878 米，属于高寒地带。年平均降水量 800 ~ 900 毫米。

西沟村全村总面积16平方公里，辖4个村居小组235户1 013人，现有耕地面积2 053亩，人均基本农田1.2亩。乐素河自西向东在村庄外围流过，村内有西沟河沿着狭长河道穿行而过。西沟山地植被覆盖率高，加上国家退耕还林政策的实施，目前全村山地森林覆盖率达到60%。村内地下水资源和山泉资源丰富，不但可以满足居民日常生活饮水需要，而且可以满足基本农田的灌溉。村庄经济果木和中药材目前已形成规模种植，这为西沟村未来的产业发展打下良好的基础。除此之外，在政府的鼓励号召和村干部的带动影响下，西沟村为提高村民的经济增收水平办起了生猪养殖专业合作社和互助资金合作社，成立了天麻种植基地、核桃示范园等产业项目，帮助村民恢复发展生产，创造经济增长点，尽早实现脱贫致富。

（二）灾害前产业与收入状况

西沟村是国家多年来扶贫的重点村。村庄基础设施建设落后，农民生活困难，经济发展水平落后。扶贫开发以来，国家投入很大力度加强农村地区基础设施建设，改善和提高农村的基础条件。灾害前西沟村的基础设施建设基本完成，基本实现了三通工程，即通路、通水、通电。受灾前村庄未形成增收产业，村民的经济收入来自多方面，总结起来主要包括：农户退耕还林的国家补贴、年轻劳力外出务工收入、核桃板栗和中药材收入以及倒卖山货的收入、家庭培植木耳的收入。基本农田的粮食种植、家禽养殖主要是满足农户日常生活消费，在居民经济收入中占很小的比例。在这些收入中，国家补贴退耕还林收入和外出务工收入是西沟村最主要的两大经济收入来源，其他的收入还是很有限的。西沟村民的平均收入水平维持在2 000元左右。

村民收入是有差距的，主要是收入来源上的差距。一般情况下有年轻劳力外出务工的和退耕还林土地较多的家庭经济收入水平就相对高些，其他农户家庭经济收入相对就低些。据了解，目前年轻劳力外出务工的收入已经成为村庄最主要的经济收入。全村1 013人中外出务工人员达到270人，超过了总人口的25%。除了这些常年外出务工人员外，还有部分农工就近打工挣钱。

（三）灾害前村庄组织概况

村庄组织是农村的基层组织结构，是负责村庄管理和秩序的主要组织结构。村庄组织的健全与否直接关系到村庄的发展状况。据了解，受灾前西沟村庄组织建设主要包括村民委员会和村民监督委员会、计生协会、村支部委员会，其中村支部委员会又包括妇女联合会、民兵连和团支部。

村民委员会是村民自我管理、自我教育、自我服务的基层群众性自治组织，可以说，村民委员会集政治、经济和社会职能于一身，主要办理本村的公共事务和公益事业，调解民间纠纷，协助维护社会治安，向人民政府反映村民的意见、要求和提出建议，主要负责决定和实施村里的重大事宜，争取和讨论关乎民生的重大问题。

村民监督委员会是在村党组织领导和村民代表会议授权下的监督机构。村民监督委员会根据村民会议或村民代表会议通过的章程，紧紧依靠村党组织和全体村民开展工作，享有建议权、监督权，主要负责监督村委会的决策和执行，监督公共财产的落实和实施情况，监督村干部的行为作风和办事能力，发挥社会民主和人民当家作主的作用。

计生协会主要负责村里的计划生育工作，宣传国家的生育政策和方针，提倡晚婚晚育，少生优生，男女平等。

村妇联主要负责农村妇女工作，组织和带动广大的农村妇女学习和落实党和国家的方针政策、法律法规，带动妇女参与灾后重建和扶贫开发，组织大家互帮互助发展家庭养殖和种植，增加农户家庭收入。妇联在宣传动员农村妇女了解国家新政策、组织妇女学习新技术、改变传统的家庭经营理念和方式、调节妇女矛盾和纠纷方面发挥着重要作用。

民兵连主要是负责维持和保障村里的治安和社会秩序，监督雨季河水暴涨情况，预防冬季森林起火等事宜。

团支部主要负责发展村里的年轻团员和壮大党组织队伍，组织带动年轻团员、党员学习党的方针政策和国内国际大事。

二、灾害冲击

（一）灾害损失概况

汶川地震给西沟村造成了前所未有的损失，农户住房、基础设施、农业项目损失惨重，全村共坍塌房屋 12 户 57 间，造成严重危房 142 户 399 间，一般受损房屋 48 户 180 间，倒塌厕所圈舍 46 间，垮塌石坎梯地 140 亩，损毁人饮工程管道 9 处，受灾农户 202 户 869 人，造成直接经济损失 1 315 万元，导致 154 户 625 人因灾返贫。

（二）灾害对生产生活及长远发展的影响

我们应全面认识和把握灾害对村民生产生活造成的影响。

灾害对西沟村民生产生活造成的负面影响主要表现为：地震给大多数村民留下了心理阴影，地震带来的恐慌和忙乱还在影响着村民。灾后村民忙于重建新房或异地搬迁建房，原本有序的生产生活秩序被打乱。重建以来，村民的经济收入水平下降，负债沉重，给村民的生活生产带来很大压力。有些农户由于缺乏资金，家庭养殖无法进行下去，这样就会减少村民的家庭经济收入，生活就会变得拮据。

灾害对西沟村民生产生活长远发展带来的负面影响表现在：一是农户建房债务压力大，偿还能力低。受灾后农户大多都向银行贷款建房，虽然国家和社会各界给了不少援助，但是农户还是自筹了很大一部分资金用于建房，农户自筹的这部分资金不但花光了农户原本不多的积蓄，还背负了银行的还贷压力。就农户目前的经济收入水平来看，大多数农户的还贷能力是非常有限的，所以未来几年对农户影响最大的应该就是对银行的还贷，这也是短期内农户头上最大的压力。也就是说，未来几年农户都会在银行的催款压力下生活，这会对农户的精神生活状况产生很大的影响。二是由于地震，西沟有 23 户居民房屋严重受损，需要从山上迁移下来，安置在灾后重建移民集中安置点内。这部分农户远离自己的农田和生活环境，需要在政府指定的地方重建家园，这种状况可能会对农户未来的生活造成诸多不便。他们要重新选择适合自己的发展产业和提高家庭经济收入的方式，这会是移民户今后面临的一个现实考验。

除了灾害造成的这些负面影响外，还存在一些可能会对西沟未来的发展产生很大推动力的正面影响。灾害损毁了农户的住房，但是国家的恢复重建政策帮助农户重新建起了更为科学、美观、抗震的新房，拓宽了道路，建立了防洪大堤，这种恢复重建彻底改变了西沟原本落后的面貌，使得西沟村提前跨进了社会主义新农村的道路。与此同时，恢复重建和扶贫开发的大力结合，使得西沟村的产业扶持进度也大大加快。目前，西沟除了基础设施建设完善外，产业发展也初现端倪，开始受益扶贫开发产业项目。这些产业将会成为西沟未来发展的主导产业和主要经济增长点，是一项长远的可持续的发展项目。

三、灾后恢复重建

西沟村是国家灾后恢复重建和扶贫开发相结合的试点村，在恢复重建和扶贫开发相结合的过程中积累了很多宝贵经验，主要是乡镇政府的统一规划和整村推进的发展模式，以及大力加强和完善农村基础设施建设和产业发展。西沟村恢复重建的完成除了要求村民积极配合和参与外，还需要政府的大力支持和帮助，具体表现在灾后恢复重建中对试点村的统一规划和整村推进，以及加强资金、项目、组织、人力的捆绑和整合。

（一）乡镇统一规划和整村推进

为确保重建试点村项目的有序推进，乡镇政府对西沟村的重建工作进行了科学、统一的规划，既要满足灾民建房需求，又要符合国家重建方针政策的要求。西沟村的灾后重建工作是在县扶贫办的统一指导下，按照贫困村灾后恢复重建的总体要求，大力实施县指定的重建项目，即"一池两建三改四化五统一"，力求把西沟村打造成灾后重建和扶贫开发相结合的模范试点村。

乡镇的统一规划和整村推进就是在乡镇政府的宏观指导下整合各方资源，对西沟村的重建工作进行统一部署，主要表现在以下几个方面：

1. 因地制宜，统筹确定重建项目

在规划实施过程中，乡镇政府本着尊重实际、区别对待的原则，统筹谋划，综合考虑贫困村灾后重建项目，将农户住房、基础设施、公共服务设施、产业项目、自我发展能力及环境整治等一并纳入规划重建项目建设内容。区分轻重缓急，按照先群众住房、后基础设施、再产业项目的建设顺序，加快受灾群众的住房建设进度，保证了群众"居有其所、日有三餐"。同时，加大资金投入力度，抓紧建设基础设施，逐步改善受灾群众的生产生活条件，在此基础上整合财力、物力、人力资源，按照重建项目规划，有计划、分步骤地逐个抓好实施，使贫困村的重建工作得到有效推进。

2. 整合重建资源，整村推进，强化资金监管

针对贫困村重建量大面广、资金缺口量大等实际问题，乡镇政府大力推行"三捆绑"（项目、资金、人力三捆绑）、"四结合"（坚持贫困村灾后重建与扶贫重点村建设和移民搬迁相结合、与新农村建设相结合、与农业综合开发相结合、与行业扶贫和社会扶贫相结合）、"五到村"（水、电、路、通讯、广播电视到村入户）的贫困村灾后重建与扶贫开发工作新机制，采取整村推进的方式争取扶持一村，见效一村，变化一村。

3. 统一方法步骤，注重重建实效

在重建贫困村，实施农户人居环境整治的过程中，我们坚持因村制宜、科学规划，对移民集中安置点按照"五统一"要求（即统一规划设计、统一建设标准、统一拆除危房、统一房屋造型、统一整治环境），大力实施"一池"（配套沼气池）、"两建"（建住房、建庭院）、"三改"（改厨、改厕、改圈）、"四化"（燃料汽化、户道硬化、庭院绿化、环境美化）项目。同时，强化质量监督管理，严格把关，统一验收，收到了明显效果，为推动贫困村灾后重建工作提供了指导依据。

4. 实行点面结合，整村推进重建

坚持"集中资金、集中项目、集中区域"的原则，在乡镇政府的统一规划和整村推进中，试点村重建项目实施进度快，质量高，水电路配套，新建房屋抗震等级高，做到了质量和形象的统一，为指导其他贫困村灾后重建工作提供了成功经验。在贫困村灾后恢复重建试点工作中，始终坚持把贫困村人居环境整治与贫困村灾后重建、新农村建设和移民搬迁等项目有机结合，对项目所在村人口聚集地农户重点实施以道路、桥梁、河堤为主的基础设施项目，以"一池、二建、三改、四化、五统一"为主的人居环境整治项目，以提高贫困人口自我发展能力为主的能力建设项目，以乡镇村公共服务设施建设为主的社会事业项目。

（二）　重建资金的来源和整合

实施贫困试点村灾后重建项目，坚持资金捆绑和整村推进的模式，在积极争取上级扶持资金和社会援建资金的同时，坚持群众自我投入为主，国家扶持援助为辅的原则，广泛动员群众筹资投劳，并积极拓宽筹资渠道，大力

整合部门项目资金，集中支持贫困试点村重建工作。同时按照省市有关文件精神，遵循"渠道不乱、用途不变、各尽其力、各记其功"的原则，整合交通、农业、林业、水利、卫生、城建等涉农项目资金，集中各方面力量搞好贫困村灾后恢复重建工作。

西沟村作为灾后恢复重建试点村，其重建资金得到了国家和社会各界的大力支持和帮助。以村民建房为例，在建房方面，镇政府牢固树立群众灾后重建主体的意识，充分调动群众的积极性、创造性与参与性，发扬自力更生重建家园的主观能动性，遵照"四个一点"的原则筹集资金，即群众拿一点、银行部门贷一点、亲戚朋友借一点、政府补贴一点，有效地解决了建房资金问题。通过大量资金的投入和各级各部门的大力支持，西沟村灾后恢复重建工作已取得明显成效，现已达到或超过震前水平，为西沟村的未来发展奠定了坚实的物质基础。总之，西沟村灾后恢复重建累计投入资金 1 744.2 万元，其中民政建房补助资金 462 万元，移民资金 109.2 万元，天津援建基础设施项目资金 86 万元，其他资金 67 万元，灾后恢复重建中央包干资金 100 万元，农户自筹 920 万元。

（三）恢复重建项目

扶持贫困村灾后重建资金主要用于贫困村灾后重建规划中的小型基础设施建设、人居环境整治、扶持增收产业和农户能力建设四大类建设项目。其中每类大项目下又包含了一些子项目，比如基础设施建设项目里包含了村组道路、组户道路、入户道路和河堤、桥梁等小项目。人居环境整治包含了住房维修、加固粉刷、三改、建沼气池、庭院硬化、庭院美化绿化等项目。扶持增收产业包含产业园建设、互助资金和扶持增收项目贴息等。农户能力建设包含劳动力技能培训和农业实用技术培训。

截至 2009 年年底，西沟村灾后恢复重建工作取得了显著成效，恢复重建项目基本完成。恢复重建以来，全村共新建房屋 230 户 690 间（其中完成灾后建房 154 户，移民建房 76 户）；水泥硬化村组道路 2.29 公里，集中安置点街道 360 米，入户道路 7.45 公里，排洪沟 3 道 276 米，新建安置点河堤 512.2 米，厨、厕、圈等"三改"160 户，沼气池 47 个，硬化庭院 6 400 平方米，庭院美化、绿化 156 平方米，环境美化 23 户，建立协会 2 个，发展主导产业核桃、乌鸡、生猪共 3 个，社会事业方面共新建村级卫生室 4 间，文化广场 60 平方米，新建通讯基站 1 个。

（四）恢复重建工作的组织与管理

灾区恢复重建工作的实施离不开一个强有力的领导班子。以试点村西沟的恢复重建为例，自上而下形成了一个强大的扶贫重建领导系统。面对地震造成的重大损失，县委、县政府始终坚持把灾后重建，尤其是贫困村灾后重建作为压倒一切的头等大事来抓，迅速成立了由县政府主要领导为组长，县委、政府分管领导为副组长，相关部门负责人为成员的重点贫困村灾后恢复重建工作领导小组，并从县扶贫办抽调精干力量，组成了重点贫困村灾后恢复重建工作办公室，对实施重点贫困村重建项目乡镇，实行一名县级领导牵头、一个部门包抓、一班人员指导、一套班子落实的"四个一"工作机制，逐乡镇夯实了重建工作包抓责任，使贫困村的重建工作事事有人管，实施项目有人抓，有效地保证了贫困村灾后重建工作的顺利推进。此外，村级干部的大力支持和组织动员为恢复重建工作起到了很大的推动作用，成为贫困村灾后重建得以顺利实施的最后保障。

四、防灾减灾/灾后重建与扶贫开发相结合所取得的成绩

西沟村在防灾减灾，灾后重建与扶贫开发相结合中取得明显成绩，主要表现在防灾减灾项目和工程的修建、具备市场前景的可持续性发展产业的扶持，农户能力的提高和村庄组织的建设四个方面。

（一）防灾减灾项目和工程

汶川地震给西沟村造成前所未有的灾难和损失，灾后恢复重建以来，在国家的高度关注、各级领导的大力支持以及西沟村民的积极配合参与下，西沟村加强了防灾减灾项目和工程的建设。目前已完成的防灾减灾项目和工程有：在地震中房屋坍塌和受到严重损害的农户基本完成房屋的重建和加固维修，新建住房抗震等级高，经济实用美观。西沟村新建移民安置点一处，23户房屋倒塌的村民从山上迁移下来，政府为集中安置点的农户统一建造新

房，完成了"一池、两建、三改、四化"项目。新建住房和环境整治大大提高和改善了农户的居住环境。恢复重建中由国家出资在西沟河道上修筑了一条长达512.2米的防洪大堤，还修建了排洪沟3组276米，以抵制和缓解汛期雨水集中造成的水灾危害。此外，为方便村民外出和生产经营，恢复重建中将原有的入村3米宽的石灰硬化道路加宽加长，现在全村硬化道路全程达到5.5公里。此外，西沟村还建立了防灾预警系统，随时可以关注当地的天气状况，一旦发生危险情况，预警信号会自动鸣叫报警。

总体来讲，灾后恢复重建以来，西沟村在完善原有的水、电、路基础设施的建设上，基本完成"一池、二建、三改、四化"工程。"一池"即配套沼气池；"二建"即建住房、建庭院；"三改"即改厨、改厕、改圈；"四化"即户道硬化、庭院绿化，环境美化，燃料汽化。"五统一"即统一规划设计、统一建设标准、统一拆除危房、统一房屋造型、统一整治环境。西沟村的防灾减灾工程基本完成并接受了上级部门的统一检查和验收。

（二）具备市场前景和可持续性的发展产业

灾后恢复重建和扶贫开发有效紧密结合起来，国家对灾区的产业扶贫力度加大。在农村产业扶持过程中，坚持依靠地区地理条件和资源优势，坚持干部推动、典型带动、村民参与的方式，突出村庄特色，主抓1~2个骨干项目，形成一个地区产业模式，大力培育村庄主导产业和农户常规增收项目。在灾后重建和扶贫开发相结合的过程中，西沟村在产业发展方面取得一定成绩。

扶贫开发和退耕还林以来，在政府的号召和带动下，西沟村民种植了大量的经济作物，主要包括核桃、板栗、柴胡和中药材，目前已初具规模。种植核桃面积达到541亩，种植板栗1 160亩，嫁接核桃达到5 400多株，原生核桃还有4 000多株，并成立了核桃示范园一处，优质嫁接的核桃生产目前年产值可达20万元以上。核桃生产效益初现，虽然还远远未成为西沟村民的主要收入，但是它的发展潜力还是很大的。在中药材种植方面，发展杜仲2 235亩，柴胡1 950亩，并由村干部牵头成立了天麻种植基地。目前西沟村的中药材种植业已形成规模，未来的发展和壮大的出路就在于为中药材寻找良好的销售渠道，扩大中药材的销售范围。灾后恢复重建中，西沟村还在国家政策的大力支持下发展了生猪养殖专业合作社，并达到年出栏200头以上。截至 2009 年年底，全村农民人均纯收入达到 3 715 元，高于全镇平均水平（3 033 元）。虽然很多产业目前还在起步和发展阶段，但是它们的未来发展前景还是可观的。要使得这些扶持产业发展成具有可持续性的发展产业，则需要政府和村民的共同努力，为产业发展提供良好的市场环境和资本投入，拓展产业的销售渠道，关注产业的管理和技术，一定要确保产业的发展和市场接轨，在市场环境的竞争下求得生存和壮大。

（三）农户能力的提高

在灾后重建和扶贫开发相结合的过程中，农户能力的提高主要体现在劳动力技能培训和农业实用技术培训两个方面。

实施灾后重建以来，多半农户在重建中都是向银行贷款建房，平均贷款户均 2 万元。目前，农户的主要增收产业是退耕还林政府补贴、外出务工、家庭养殖，木耳养殖，还有就是核桃、中药材种植，再有就是山货买卖。

为培植农户新的经济增长点，提高农民收入水平，政府在种植、养殖、外出务工方面给农户提供了很多优惠，以免费加补贴的形式为农户开展一系列相关技能培训，比如生猪养殖培训、优质核桃嫁接培训、木耳栽培技术培训、劳务输出技能培训等等。农户的生产生活技能得到了很大提高，慢慢学会了科学养殖、种植和管理，具备了一定的市场意识，懂得发展经济要和市场接轨，适应市场需求。外出务工人员开始摆脱盲目的体力支出，学习基本技术操作，掌握了一定的劳务技能，为以后的务工发展打下良好的基础。国家大力提高农户的能力就是要一步步培养社会主义新农村的新型农民。

（四）村庄组织建设

灾前和灾后比较，西沟村的村庄组织结构并没发生多大变化。但是灾后重建和扶贫开发以来，村庄组织的整体协调、管理、运作能力有了明显提高，村庄组织变得更为完善和强大。

具体来说，村干部在恢复重建中进一步明确了各自的职责，在协调、组织、动员村民参与重建的过程中不仅密切了干群关系，而且提高了为村民服务的水平。村委会在讨论实施重大项目时能够更多地考虑多数村民的最大利益和最迫切需求，倾听群众的心声和建议；村民监督委员会能够更好地实施自己的监督职权，代表民声，反映民意，保证村务公开、公正、透明。其他的村庄组织在实行各自原有的职能的同时，又各自加强了一些职能，以保证村里各项工作的实施和运转。以上主要是行政方面的组织建设情况。

除此之外，在灾后恢复重建中，村庄还成立了一些经济组织，主要包括互助资金合作社、生猪养殖合作社等等。互助资金合作社鼓励村民积极入股参与，并向农户发放小额贷款，帮助农户发展小型产业或解燃眉之需。生猪养殖专业合作社带动村民发展生猪养殖，提高经济收入。

五、防灾减灾/灾后重建与扶贫开发相结合所面临的挑战

西沟村在灾后重建和扶贫开发相结合中取得很大的成绩，不仅按期完成规划中的主要项目建设，而且还突出了它在恢复重建中的特色模式——乡镇统一规划和整村推进，关注贫困灾区的基础设施建设和产业发展。但是防灾减灾、灾后重建与扶贫开发结合中不可避免会面临各种挑战，总的来说，这种挑战主要来自两个方面：一方面是来自自然灾害的风险；一方面是来自市场的风险。

（一）来自自然灾害的风险

自古以来，中国就是一个自然灾害频发的国家。因灾致贫、返贫的村庄比比皆是。工业社会以来，随着科技水平的提高和知识的丰富，人们对自然灾害的了解和防治水平有了很大提高，来自自然灾害的风险对人类的生产生活的影响不再占主导和统治地位。但是由于自然灾害风险的不可控性、发生的周期性以及引发灾难的共沾性，导致我们对自然灾害的实际控制能力很弱，自然灾害风险依然是人类面临的一大风险挑战。

据调查了解，西沟村历史上曾多次发生自然灾害，主要是水灾和虫灾。西沟村地处低洼，村庄沿狭长的河道分布。雨季来临时水势很猛，由于缺少防洪设施，河水经常会漫溢河道，直接危害村民的住房和农田，阻碍农民外出。灾后重建时，政府投资为村庄修筑了长达512.2米的防洪大堤，但这只是西沟村狭长一带河道中很短的一部分，潜在的洪水灾害依然存在。再有就是来自虫害的困扰，虫害曾一度危害山上的果木，造成大批核桃、板栗等经

济林木的死亡，损失惨重。加强农林管理和提高村民的防虫害意识是今后西沟农林发展的一大重点。

此外，由于村庄四面环山，地大沟深，地质地貌复杂，余震经常会波及这个狭长地带，但影响不是很大。汶川地震是西沟有史以来遭遇的最强也是损失最大的一次地震。虽然没有造成人身伤亡，但是因此震塌、损毁的房屋以及由此给村民造成的生产和生活的影响却是很大的。

未来的工作中，我们虽然不能阻止类似自然灾害的发生，但是我们可以凭借我们的努力，借助高科技，预防此类悲剧的重演，最大限度地降低灾害的损失，提高农民的防灾减灾的意识和自我保护、发展的能力。面对自然灾害风险的挑战，我们应时刻保持清醒和理智的头脑，在专业人士的指导下制定一套自然灾害风险评估系统、预警系统和防治措施，防患于未然。

（二）来自市场风险的挑战

由于市场环境的多变性和不确定性，市场风险对村庄灾后重建和扶贫开发形成很大挑战。市场风险的影响无处不在。灾后重建和扶贫开发以及今后的产业发展和村庄发展都会受到市场风险的影响。

灾后重建面临的一个很大的挑战是来自市场供求和价格波动对农户住房重建的影响。汶川地震造成西沟很多农户住房坍塌或严重受损。灾后重建以来，在国家和社会的大力帮扶下，西沟村受灾农户开始重建新房。大量农户的建房需求导致市场建房材料供应出现严重短缺现象，原材料价格出现大幅度波动。据村民反映，一时之间建房材料供应紧俏，红砖、水泥和石灰供不应求。按照市场价格波动原理不难看出，重建期间建房材料价格上涨，价格翻了近一倍。这样农户的建房成本就相应大大增加。虽然国家灾后重建补贴很多，但是农户重建新房还是要自筹一定资金，这样一来，农户不得不向银行贷款，新房建成的同时，农户也背负了一定的债务。按照农户目前的经济增收能力看，要他们短期内完全还清银行贷款和利息还是很困难的。所以说，灾后重建后部分农户会为偿还债务承受很大的心理压力，短期内甚至会导致部分增收能力有限的农户陷入返贫风险。同时，多数农户的还贷负担会直接造成农户的生活水平下降和消费水平的下降，这对拉动地方经济发展和社会发展也会产生一定的影响。所以说，在一定形势下，除了要充分发挥市场的主导作用外，还需要政府的适当调控，防止市场上商品价格大幅度波动，稳定市场秩序，保证重建物资的流通渠道畅通，避免因供求失衡带来市场的混乱和无序，同时也可以确保灾民的重建成本降到最小。

扶贫开发中面临的一个挑战来自于市场信息的缺乏和无知对灾后村民增收产业发展的影响。对西沟村集中移民安置点的农户来说，汶川地震不仅改变了他们原本的生活环境，也改变了他们原来的生产方式。面对新的住房环境和新的生活需求，他们必须要选择和发展增收产业。由于市场信息的缺乏和无知，农户在选择增收产业发展方面呈现盲目跟从性和滞后性，他们不清楚目前需要种植什么，养殖什么，怎么适应市场需求，盲目跟从可能会使农户受到因市场变动带来的巨大损失和伤害。

同时，由于市场环境的不确定性和多变性，未来产业发展也存在很大风险。西沟村扶贫开发着力发展经济果木和中药材的种植。目前，核桃、板栗、柴胡的种植已经形成规模，为未来的产业发展打下了良好的基础。灾后重建以来，西沟村还发展了生猪养殖合作社，天麻种植和优质嫁接核桃示范园。国家和政府的目标是明确的，就是帮助灾区发展特色产业，增加农户收入，尽早脱贫致富。但是我们应该清醒地看到现在处于一个瞬息万变的市场环境之中，市场信息的不确定性和多变性，使得我们很难断定一个产业的培植在今后的市场竞争中就一定会胜利，会盈利。产业的发展需要相关的技术扶持，管理跟踪，还应考虑到它今后的销售渠道和市场前景，如果其中任何一项跟不上或者出现意外都可能会影响到扶贫产业未来的发展。

如何应对来自自然灾害和市场风险的挑战，需要一个周密长期的规划，需要国家、各级政府和村民的大力支持和互相配合。我们在今后的重建和扶贫开发工作中必须正视这种现象，端正态度，迎接挑战，不断探索和思考更为优越和完备的发展模式和方式。

六、结论与思考

西沟村作为国家灾后重建和扶贫开发相结合的试点村，在恢复重建和扶贫开发中，西沟村基本完成了灾后重建规划项目，扶贫开发取得阶段性成效。这为国家新阶段的扶贫开发和恢复重建提供了典型的示范作用和可供借鉴的发展模式和方式。总结起来，西沟村灾后重建和扶贫开发相结合取得良好成绩的一个很重要的经验就是以乡镇政府为单位对灾后试点村重建工作进行统一规划以及采取整村推进的方式，重点加强试点村的基础设施建设和产业扶持。

统一规划和整村推进的重建和扶贫模式使得重建工作有了统一的方法和步骤，重建项目在科学规划的指导下有序合理地推进，并且，统一规划和整村推进的模式最大限度地整合重建资源，实行重建资金、人力、项目的捆绑，集中重建资源和调动群众资源共同参与到灾后重建工作中来，达到重建资源的优化配置。试点村的重建工作获得国家和政府的一致认可和好评。

灾后重建，要充分考虑农户的最大需求。农户最先也是最急迫的要求就是建房，其次就是基础设施建设。当这两者都完成时就要考虑贫困村的产业发展方面了。在这里，政府创造了灾后恢复重建和扶贫开发相结合的新机制，在实施灾后重建、完善基础设施建设的同时关注贫困村的产业扶持。西沟村作为政府的重建和扶贫结合试点村，有它自身的优势，村民居住相对集中，而且村内基础设施建设基本完成，这样才能为村内产业发展和村庄发展奠定良好的物质基础。同时，村庄产业扶持目前已经初具规模和初显效益。对比西沟村，我们可以看到郭镇很多贫困村的基础设施建设还很落后。以铧场沟为例，灾前这个村子就已经是多年的小康村，可是这个小康村的基础设施建设是滞后的，很明显的就是入户道路不通，便民桥缺失，很多农户一到雨季河水上涨时便无法出行。同时村民集中居住地和农田集中区地势低，由于缺乏防洪设施，河水漫灌农田和住房的现象时有发生。此外，村里还有几里山路没有修成公路，散落着 30 多户羌族农户，他们的住房建设、人居环境建设都很差劲和落后。所以我们认为对贫困村的灾后重建一是要满足居民的建房需求，可以适度进行移民集中安置；二是加强农村基础设施建设，改善人居环境。

基础设施建设和产业发展相结合，这是新时期灾后恢复重建和扶贫开发的一个可取经验。加强基础设施建设为产业发展打下良好的物质基础和根基。我们恢复重建和扶贫开发的最终目的是要农户脱贫致富，而要达到这个目的就得增加农户的收入。扶持贫困村的产业发展，培植适合当地的特色产业。利用当地自然优势资源发展产业，不仅有利于产业的发展和壮大，而且也可以为当地村民创造经济增收点，提高村民收入水平。西沟村的产业发展将是依托当地的规模化种植，加强管理和相关人员的技术培训，结合郭镇的集市发展，建立一定规模和组织的中药材、核桃、板栗的批发零售集散地。同时，生猪养殖也将以合作社为单位进行生猪远销，获取更多利益。

　　一般情况下，产业的成片发展需要一个物资中转中心，这个中心就是靠近村庄的集镇建设。农产品需要拿到市场上转换成商品，才能产生经济效益。所以，加强集镇建设也是农村扶贫开发后续工作的一个很重要的方面。西沟村的产业发展方向就在于此。

后记....

　　"防灾减灾/灾后重建与扶贫开发相结合的机制与模式研究——以汶川地震为例"是联合国开发计划署"支持建设中国国际扶贫中心项目"的内容之一。本书是该项目的研究成果，也是由王国良先生担任主编的"防灾减灾/灾后重建与扶贫开发相结合机制模式研究丛书"之一。

　　本项目从立项和实施，到最后完成，尽管不到一年时间，但由于参与课题的核心专家成员在汶川地震发生后，多次深入灾区调研，深刻感受了灾区恢复重建的全过程，真实目睹了灾区贫困村恢复重建的每一个重要环节，包括应急响应、灾后重建规划的制订、规划实施调研评估、住房建设、道路建设、灾后重建项目计划编制、资金落实、管理实施、组织协调、监测评估、贫困村产业恢复发展、劳动力培训、群众积极参与等。这些经历，都为课题研究获得了第一手资料。

　　本研究得到了国务院扶贫办王国良副主任、北京师范大学常务副校长史培军教授的直接指导，得到了时任国务院扶贫办规划财务司司长徐晖、中国国际扶贫中心主任吴忠的大力支持！中国国际扶贫中心研究处处长王小林博士在课题开题论证和课题讨论中提出了许多宝贵的意见和建议。民政部减灾中心灾害评估与应急部吴建副主任、四川省扶贫办外资项目管理中心向兴华副主任、甘肃省扶贫办外资项目管理中心陈宏利处长、陕西省扶贫办吴峰副处长作为课题指导委员对本课题提供了指导和支持。四川省扶贫办外资项目管理中心副主任向兴华、甘肃省扶贫办陈宏利处长和赵永宏副处长、陕西省扶贫办张小林副处长等为课题组赴四川、甘肃、陕西三省灾区贫困县、贫困村调研提供了各种便利。调研组所到的市、县政府领导，扶贫办及有关部门负责人参加了座谈会及调研活动，保证了调研计划的顺利完成。本书的出版，得到了中国财政经济出版社陆广德主任及其团队的大力支持。借此机会，课题组对为本研究顺利完成和本书出版发行提供了指导和支持的有关方面表示衷心感谢！

本课题研究报告和案例报告初稿完成后，黄承伟研究员主持召开了修改讨论会，张琦、陆汉文教授分别对报告进行了修改。根据第二次审稿会意见，张琦教授又进行了统稿。在此基础上，由黄承伟研究员最终修改并定稿。

本书各章的作者分别是：

第一章，防灾减灾与扶贫开发相结合理论基础：黄承伟（中国国际扶贫中心副主任、研究员），张琦（北京师范大学经济与资源管理研究院教授），王宏新（北京师范大学经济与管理研究院副教授）。

第二章，防灾减灾/灾后重建与扶贫开发相结合的国际经验：刘源（中央民族大学中国少数民族研究中心研究员）。

第三章，汶川地震对贫困的影响及其对灾害预防与应急体系的启示：徐伟（民政部——教育部减灾与应急管理研究院副教授）。

第四章，灾区防灾减灾/灾后重建与扶贫开发相结合的模式分析：陆汉文，黄承伟。

第五章，防灾减灾/灾后重建与扶贫开发相结合机制分析：张琦。

第六章，汶川地震灾区农村扶贫开发与可持续发展——机遇与挑战：王宏新。

第七章，防灾减灾/灾后重建与扶贫开发相结合的政策建议：黄承伟，张琦。

　　附　录：汶川地震灾区农村恢复重建与扶贫开发相结合案例：陆汉文、覃志敏、张春苹、岳要鹏、史翠翠（华中师范大学参与课题的硕士研究生）。

　　由于防灾减灾/灾后重建与扶贫开发相结合机制及模式研究是一个新的领域，目前仍在探索研究中，鉴于各方面所限，本书存在不足甚至错误在所难免，敬请读者批评指正！

黄承伟　张　琦

2010 年 10 月